职业教育建筑类专业系列教材

# 建筑工程施工组织与管理

主　编　于金海

副主编　甄小丽

参　编　李　伟　　高德强　　张鸿雁

　　　　黄　柯　　李红霞　　韩远兵

　　　　缪希伟

机械工业出版社

近几年，随着建筑信息模型（Building Information Modeling，BIM）的兴起，建设行业对从业人员的要求变得越来越高，整个建设过程的施工组织与管理正在悄无声息地发生着巨大的变化。本书根据我国建筑施工组织方面现行相关规范和标准，针对职业教育有关施工组织与管理的课程知识和能力的要求编写而成。全书共分为7个教学单元，内容包括施工组织、施工项目管理组织、流水施工、网络计划技术、施工组织总设计、单位工程施工组织设计和施工项目管理。

为方便教师教学和学生学习，本书有机地穿插了"教学资源""教学方法""重点难点""温馨提示""知识拓展""职业技能训练""分组讨论""资料展示""现场观摩""实习实作"等栏目，并且对近几年实际工程中的一些典型案例进行了详细解析。

本书可作为职业院校建筑工程技术、建筑施工技术、工程管理、工程建设监理、造价等相关建筑类专业的教材，也可作为企业的初级培训用书。

为方便教学，本书配有电子课件，凡选用本书作为授课教材的教师均可登录www.cmpedu.com，以教师身份免费注册下载。编辑咨询电话：010-88379934。

**图书在版编目（CIP）数据**

建筑工程施工组织与管理/于金海主编 . —北京：机械工业出版社，2017.8（2025.1重印）

职业教育建筑类专业系列教材

ISBN 978-7-111-57540-5

Ⅰ．①建… Ⅱ．①于… Ⅲ．①建筑工程－施工组织－高等职业教育－教材②建筑工程－施工管理－高等职业教育－教材 Ⅳ．①TU7

中国版本图书馆 CIP 数据核字（2017）第 178919 号

机械工业出版社（北京市百万庄大街22号 邮政编码100037）

策划编辑：刘思海 责任编辑：刘思海 何 洋
责任校对：郑 婕 封面设计：鞠 杨
责任印制：李 昂

北京捷迅佳彩印刷有限公司印刷

2025 年 1 月第 1 版第 13 次印刷

184mm×260mm · 14.75 印张 · 351 千字

标准书号：ISBN 978-7-111-57540-5

定价：45.00 元

电话服务 网络服务

客服电话．010 88361066 机 工 官 网：www.cmpbook.com
　　　　　010-88379833 机 工 官 博：weibo.com/cmp1952
　　　　　010-68326294 金 书 网：www.golden-book.com

**封底无防伪标均为盗版** 机工教育服务网：www.cmpedu.com

# 前言

　　"建筑工程施工组织与管理"是土木工程专业的一门主要专业课程。本书主要介绍了建设工程施工组织的一般规律，详细阐述了流水施工原理、网络计划技术的绘制与应用，重点介绍了施工组织总设计和单位工程施工组织设计步骤及技术要求，与此同时，针对工程项目中的质量、进度、成本、安全、环境保护和文明施工管理等内容进行了说明。

　　本书主要划分为 7 个教学单元，将理论知识和实际案例有效结合，教材中穿插了"职业技能训练""实习实作""知识拓展""分组讨论""资料展示"以及"现场观摩"等栏目，充分将先进、科学的教学理念和教学方法融合到书中，希望能够使本书更加通俗易懂，方便广大读者学习参考；训练习题紧扣教学知识点，使学生能够及时、准确地巩固所学知识。同时，本书编写中结合了建造师、造价工程师和监理工程师等工程类执业资格证书的历年考试真题，一方面方便相关专业技术人员学习，另一方面可以培养学生的专业技能，明确职业发展方向。

　　本书由成都农业科技职业学院于金海担任主编，并最终统稿；内蒙古建筑职业技术学院甄小丽担任副主编。此外，参与编写的还有山东外事职业大学李伟、山东民族中等专科学校高德强、内蒙古建筑职业技术学院张鸿雁、四川省旅游学校黄柯、山东省鄄城县职业技术教育中心李红霞、四川省自贡市富顺县职业技术学校韩远兵和徐州机电技师学院缪希伟。

　　编写过程中参考了很多专家和学者的编著、论文、工程项目的施工组织文件以及执业资格考试历年真题等，同时得到了企业专家的指导，在此表示衷心的感谢。

　　由于编者经验及知识水平有限，书中难免有不妥和错误之处，恳请广大读者和同行们批评指正，提出宝贵的修改意见。

编　者

# 目 录

# 教学单元 1

# 施工组织

**【教学要点】**

本单元主要介绍了基本建设的概念和内容，阐述基本建设程序及其相互间的关系；根据建筑产品及其生产的特点，叙述施工组织的复杂性和编制施工组织设计的必要性；介绍了施工组织的概念、分类及作用；阐述组织施工的基本原则，施工准备工作及原始资料的调查分析。

**【教学目标】**

**知识目标**

1. 能正确表述建设项目的组成、建筑产品的含义及特点。

2. 能正确表述建设程序及施工程序。

3. 能正确表述建筑施工组织设计的作用、分类、组成以及组织施工的原则。

4. 能正确表述信息收集、技术资料准备、施工现场准备、劳动组织及物资准备等施工准备工作的内容。

5. 能正确表述施工准备工作的实施要点。

**能力目标**

1. 能正确区分建设项目的组成。

2. 能正确遵循基本建设程序和建筑施工程序。

3. 能正确区分建筑工程施工组织设计类别，正确拟定建筑工程施工组织设计的组成内容。

4. 能根据施工准备工作的具体内容，正确编制施工准备工作计划。

5. 能正确组织施工准备工作计划的实施。

**【教学资源】**

建筑工程施工图、工程施工合同、预算书、建筑施工组织实例、施工现场照片、企业案例、施工现场或实训基地等。

**【教学方法】**

资料展示、现场实物对照、分组学习、案例分析、课堂讨论、多媒体教学、讲授等。

## 1.1 建筑施工组织概述

 学习目标

知识目标：了解施工组织设计概念、研究对象及作用；掌握施工组织设计的分类和内容。

能力目标：能够正确区分建筑工程施工组织设计的类别；正确拟定建筑工程施工组织设计的组成内容。

 重点难点

重点：施工组织设计的作用、分类及内容。

难点：施工组织设计的分类和内容。

### 1.1.1 施工组织设计的概念及研究对象

#### 1. 施工组织设计的概念

施工组织设计是规划和指导拟建工程从工程投标、签订承包合同、施工准备到竣工验收全过程的一个综合性的技术经济文件，是对拟建工程在人力、资金、材料、机具、施工方法和施工作业环境等主要因素上进行合理的安排，在一定的时间和空间上实现有组织、有计划、有秩序的施工，以期望在整个施工过程中达到最优效果，即工期短、耗工少、质量高、成本低、效益好。

#### 2. 施工组织设计的研究对象

建筑施工组织就是针对建筑工程施工的复杂性，研究工程建设的统筹安排与系统管理的客观规律，根据工程项目（产品）单件性生产的特点，进行特有的资源配置的生产组织。

不同的建筑物或构筑物均有不同的施工方法，即使采用同一个标准设计的建筑物或构筑物，因为建造地点的不同，其施工方法也不可能完全相同，所以没有完全统一的、固定不变的施工方法可供选择，而应根据不同的拟建工程，编制不同的施工组织设计。

【职业技能训练】（                    ）是规划和指导拟建工程从工程投标、签订承包合同、施工准备到竣工验收全过程的一个综合性的技术经济文件。

### 1.1.2 施工组织设计的作用及编制原则

#### 1. 施工组织设计的作用

（1）施工组织设计是施工准备工作的重要组成部分，同时又是做好施工准备工作的依据和保证。

（2）施工组织设计是根据工程各种具体条件拟订的施工方案、施工顺序、劳动组织和技术组织措施等，是指导开展紧凑、有序施工活动的技术依据。

（3）施工组织设计所提出的各项资源需求量计划，直接为组织材料、机具、设备、劳动力需求量的供应和使用提供数据。

（4）通过编制施工组织设计，可以合理利用和安排为施工服务的各项临时设施，可以合理地部署施工现场，确保文明施工、安全施工。

（5）通过编制施工组织设计，可以将工程的设计与施工、技术与经济、施工全局性规律与局部性规律、土建施工与设备安装、各部门之间、各专业之间有机结合、统一协调。

（6）通过编制施工组织设计，可以分析施工中的风险和矛盾，及时研究解决问题的对策和措施，从而提高施工的预见性，减少盲目性。

（7）施工组织设计是统筹安排施工企业生产的投入与产出过程的关键和依据。

（8）施工组织设计可以指导投标与签订工程承包合同，并作为投标书的内容和合同文件的一部分。

> 【分组讨论】为什么说建筑施工组织在整个施工管理过程中起着核心作用？

**2. 施工组织设计的编制原则**

在编制施工组织设计时，宜考虑以下原则：

（1）认真贯彻国家工程建设的法律法规、规程、方针和政策。

（2）严格执行工程建设程序，坚持合理的施工程序、施工顺序和施工工艺。

（3）采用现代建筑管理原理、流水施工方法和网络计划技术，组织有节奏、均衡和连续的施工。

（4）优先选用先进的施工技术，科学制订施工方案；认真编制各项实施计划，严格控制工程质量、工程进度、工程成本和安全施工。

（5）充分利用施工机械和设备，提高施工机械化和自动化程度，改善劳动条件，提高生产率。

（6）扩大预制装配范围，提高建筑工业化程度；科学安排冬期和雨期施工，保证全年施工的均衡性和连续性。

（7）坚持"安全第一，预防为主"的原则，确保安全生产和文明施工；认真做好生态环境和历史文物保护，严防建筑振动、噪声、粉尘和垃圾污染。

（8）合理布置施工平面图，尽量减少临时工程，减少施工用地，降低工程成本；尽量利用正式工程、原有或就近已有设施，做到暂设工程与既有设施相结合、与正式工程相结合；同时，要注意因地制宜、就地取材，以求尽量减少消耗，降低生产成本。

（9）优化现场物资储存量，合理确定物资储存方式，尽量减少库存量和物资损耗。

### 1.1.3　施工组织设计的分类

施工组织设计按设计阶段的不同、编制对象范围的不同和编制内容的繁简程度，有以下几种分类方式。

**1. 按设计阶段的不同分类**

施工组织按设计阶段的不同，可分为投标前编制的施工组织设计（简称标前设计）和签订工程承包合同后编制的施工组织设计（简称标后设计）。这两类施工组织设计的特点和区别见表1-1。

表1-1 两类施工组织设计的特点和区别

| 种 类 | 服务范围 | 编制时间 | 编制者 | 主要特征 | 追求主要目标 |
|---|---|---|---|---|---|
| 标前设计 | 投标与签约 | 投标书编制前 | 经营管理层 | 规划性 | 中标和经济效益 |
| 标后设计 | 施工准备至验收 | 签约后开工前 | 项目管理层 | 作业性 | 施工效率和效益 |

（1）标前设计。标前设计是以投标与签订工程承包合同为服务范围，在投标前由经营管理层编制的。标前设计的水平是能否中标的关键因素。

（2）标后设计。标后设计是以施工准备至施工验收阶段为服务范围，在签约后至开工前，由项目管理层编制的，用以指导无规划部署整个项目的施工。

**2. 按编制对象范围的不同分类**

施工组织设计按编制对象范围的不同，可分为施工组织总设计、单位（或单项）工程施工组织设计和分部（分项）工程施工组织设计。

【资料展示】教师将施工企业的施工组织总设计、单位工程施工组织设计和分部（分项）工程施工组织设计展示给学生，通过资料展示进行教学讲解。

（1）施工组织总设计。施工组织总设计是以整个建设项目或民用建筑群为对象编制的，用以指导整个工程项目施工全过程的各项施工活动的全局性、控制性文件。它是对整个建设项目的全面规划，涉及范围较广，内容比较概括。施工组织总设计一般在初步设计或扩大初步设计被批准之后，由总承包企业的总工程师负责，会同建设、设计和分包单位的工程师共同编制。

（2）单位（或单项）工程施工组织设计。单位工程施工组织设计是以一个单位工程（具备独立施工条件并能形成独立使用功能的建筑物或构筑物为一个单位工程，建筑物与构筑物的区别见表1-2）为编制对象，用以指导其施工全过程的各项施工活动的局部性、指导性文件。它是施工单位年度施工计划和施工组织总设计的具体化，用以直接指导单位工程的施工活动，是施工单位编制作业计划和制订季、月、旬施工计划的依据。

【知识拓展】

表1-2 建筑物和构筑物的区别

| 区 别 | 建 筑 物 | 构 筑 物 |
|---|---|---|
| 定义 | 供人们进行生活、生产或其他活动的房屋或场所 | 为某种工程目的而建造的、人们一般不直接在其内部进行生活和生产活动的建筑 |
| 举例 | 住宅、厂房、商场等 | 桥梁、烟囱、水塔等 |

（3）分部（分项）工程施工组织设计。分部（分项）工程施工组织设计也称为分部（分项）工程施工作业设计。它是以分部（分项）工程为编制对象，用以具体实施其分部（分项）工程施工全过程的各项施工活动的技术、经济和组织的实施性文件。一般对于工程规模大、技术复杂、施工难度大或采用新工艺、新技术施工的建筑物或构筑物，在编制单位工程施工组织设计之后，常常需要对某些重要又缺乏经验的分部（分项）工程再深入编制专业工程的具体施工设计。例如，深基础工程、大型结构安装工程、高层钢筋混凝土主体结构工程、无粘结预应力混凝土工程、定向爆破、冬期雨期施工、地下防水工程等。

施工组织总设计、单位工程施工组织设计和分部（分项）工程施工组织设计，是同一工程项目不同广度、深度和作用的三个层次。这三种施工组织设计的区别见表1-3。

表1-3 施工组织总设计、单位工程施工组织设计和分部（分项）工程施工组织设计的区别

| 区别 \ 分类 | 施工组织总设计 | 单位工程施工组织设计 | 分部（分项）工程施工组织设计 |
|---|---|---|---|
| 编制对象 | 建设项目、群体工程 | 单项工程、单位工程 | 较大、难、新、复杂的分部或分项工程 |
| 编制时间 | 初步设计、扩大初步设计 | 施工图设计完成并会审后 | 单位工程施工组织设计后 |
| 编制人员 | 总承包商的总工程师 | 直接组织施工的项目经理部技术负责人 | 单位工程的技术人员或分包方的技术人员 |
| 编制作用 | 用于指导整个建设项目施工，属于全局性、规划性的控制型技术经济文件 | 用于指导单位工程施工，较具体化、详细化，属于实施指导型技术经济文件 | 用于专业工程具体的作业设计，是单位工程施工组织设计更具体化、详细化的内容，属于实施指导与操作型的技术经济文件 |

**3. 按编制内容的繁简程度分类**

（1）完整的施工组织设计。对于重点的、工程规模大、结构复杂、技术水平高，以及采用新结构、新技术、新材料和新工艺的工程项目，必须编制内容详尽、比较全面的施工组织设计。

（2）简明的施工组织设计。对于工程规模小、结构简单、技术水平要求不高的工程项目，可以编制一般仅包括施工方案、施工进度计划和施工平面图等内容粗略、简单的施工组织设计。

【职业技能训练】

1. 施工组织设计按照设计阶段的不同可以分为（　　　　）和（　　　　）两类，其中（　　　　）的水平是能否中标的关键因素。

2. 施工组织设计按编制对象范围的不同可分为（　　　　）、（　　　　）和（　　　　）。

3. 根据工程规模、技术复杂程度不同而编制的施工组织设计是（　　　　）。

4. 某施工企业承接了某住宅小区中 10#楼的土建施工任务，项目经理部针对该施工编制的施工组织设计属于（　　　）。

A. 施工组织总设计 　　　　　　　　　B. 单项工程施工组织设计

C. 分部工程施工组织设计 　　　　　　D. 单位工程施工组织设计

### 1.1.4　施工组织设计的内容

施工组织设计的内容要结合工程对象的实际特点、施工条件和技术水平进行综合考虑，一般包括以下基本内容。

【资料展示】教师将施工企业的施工组织设计展示给学生，通过资料展示进行教学讲解，让学生熟悉并掌握施工组织设计的内容。

**1. 工程概况**

工程的基本情况、工程性质和作用，主要说明工程类型、使用功能、建设目的、建成后的地位和作用，以及施工环境及施工条件等。

**2. 施工部署及施工方案**

施工安排及施工前的准备工作，各个分部（分项）工程的施工方法及工艺。

（1）根据工程情况，结合人力、材料、机械设备、资金、施工方法等条件，全面部署施工任务，合理安排施工顺序，确定主要工程的施工方案。

（2）对拟建工程可能采用的几个施工方案进行定性、定量分析，通过技术经济评价，选择最佳方案。

**3. 施工进度计划**

（1）施工进度计划反映了最佳施工方案在时间上的安排，采用计划的形式，使工期、成本、资源等方面通过计算和调整达到优化配置，符合项目目标的要求。

（2）使工序有序地进行，使工期、成本、资源等通过优化调整达到既定目标，在此基础上编制相应的人力和时间安排计划、资源需求计划和施工准备计划。

**4. 施工平面图**

施工平面图是施工方案及施工进度计划在空间上的全面安排。它把投入的各种资源、材料、构件、机械、道路、水电供应网络、生产、生活活动场地及各种临时工程设施合理地布置在施工现场，使整个现场能有组织地进行文明施工。

**5. 主要技术经济指标**

技术经济指标用以衡量组织施工的水平，它是对施工组织设计文件的技术经济效益进行全面评价。施工组织设计的主要技术经济指标包括施工工期、施工质量、施工成本、施工安全、施工环境和施工效率，以及其他技术经济指标。

【现场观摩】教师将学生带入施工现场或实训基地，学习施工组织设计的内容及分类，并结合施工现场的施工组织设计实例，培养学生专业学习的兴趣爱好，激发学习自信心和动力。

## 1.2 基本建设程序

 学习目标

知识目标：了解基本建设的分类；掌握建设项目的组成及基本建设程序。

能力目标：能够准确区分建设项目的组成；遵循基本建设程序，培养组织建筑施工的观念和思想。

 重点难点

重点：基本建设的分类、建设项目的组成及基本建设程序。

难点：建设项目的组成、基本建设程序。

### 1.2.1 基本建设的含义和分类

**1. 基本建设的含义**

基本建设是指国民经济各部门、各单位新增固定资产的一项综合性的经济活动。它通过新建、扩建、改建和恢复工程等投资活动来完成。

**2. 基本建设项目的分类**

基本建设项目可以按不同标准、角度进行划分。

（1）按建设性质分类。基本建设项目可分为新建项目、扩建项目、改建项目、迁建项目和恢复项目，见表1-4。

表1-4 基本建设项目按建设性质分类

| 序号 | 分类 | 内 容 |
|------|------|-------|
| 1 | 新建项目 | 是指从无到有新开始建设的项目。现有企业、事业和行政单位一般没有新建项目，只有当新增加的固定资产价值超过原有全部固定资产价值（原值）3倍以上时，才可算新建项目 |
| 2 | 扩建项目 | 是指企业为扩大生产能力或新增效益而增建的生产车间或工程项目，以及事业和行政单位增建业务用房等 |
| 3 | 改建项目 | 是指为了提高生产效率、改变产品方向、提高产品质量以及综合利用原材料等而对原有固定资产或工艺流程进行技术改造的工程项目 |
| 4 | 迁建项目 | 是指现有企、事业单位为改变生产布局、考虑自身的发展前景或出于环境保护等其他特殊要求，搬迁到其他地点进行建设的项目 |
| 5 | 恢复项目 | 是指原固定资产因自然灾害或人为灾害等原因已全部或部分报废，又在原地投资重新建设的项目 |

基本建设项目按其性质分为上述五类，一个基本建设项目只能有一种性质，在项目按总

体设计全部建成之前，其建设性质是始终不变的。

【实习实作】学生根据所知所见，结合区域性建筑业发展情况，列举出当地的新建项目、扩建项目、改建项目、迁建项目和恢复项目。

（2）按投资主体分类。基本建设项目按其投资在国民经济各部门中的作用，可分为生产性建设项目和非生产性建设项目，见表1-5。

表1-5　基本建设项目按投资主体分类

| 序号 | 分类 | 内　容 | 举　例 |
|---|---|---|---|
| 1 | 生产性建设项目 | 是指直接用于物质生产或直接为物质生产服务的建设项目 | 工业建设、农业建设、基础设施建设、商业建设等 |
| 2 | 非生产性建设项目 | 是指用于满足人民物质和文化、福利需要的建设和非物质生产部门的建设 | 办公用房、居住建筑、公共建筑、其他建设等 |

（3）按建设项目建设总规模和投资的多少分类。按照国家规定的标准，基本建设项目可分为大型、中型和小型三类。

对工业项目来说，基本建设项目按项目的设计生产能力规模或总投资额划分。生产单一产品的项目，一般以产品的设计生产能力划分；生产多种产品的项目，一般按照其主要产品的设计生产能力划分；产品分类较多，不易分清主次，难以按产品的设计能力划分时，按其投资额划分。

对于非工业项目，基本建设项目按项目的经济效益或总投资额划分。

（4）按行业性质和特点划分。根据工程建设的经济效益、社会效益和市场需求等基本特性，基本建设项目可以划分为竞争性项目、基础性项目和公益性项目三种，见表1-6。

表1-6　基本建设项目按行业性质和特点分类

| 序号 | 分类 | 内　容 |
|---|---|---|
| 1 | 竞争性项目 | 是指投资效益比较高、竞争性比较强的一般建设项目 |
| 2 | 基础性项目 | 是指有自然垄断性、建设周期长、投资额大而收益低的基础设施和需要政府重点扶持的一部分基础工业项目，以及直接增强国力的符合经济规模的支柱产业项目 |
| 3 | 公益性项目 | 是指科技、文教、卫生、体育和环保等设施，公、检、法等政权机关以及政府机关、社会团体办公设施，国防建设等 |

【职业技能训练】

1. 企业为扩大生产能力或新增效益而增建的生产车间或工程项目，以及事业和行政单位增建业务用房等项目为（　　　）。

A. 新建项目　　　B. 扩建项目　　　C. 拆迁项目　　　D. 改建项目

2. 原固定资产因自然灾害或人为灾害等原因已全部或部分报废，又在原地投资重新建设的项目为（　　）。

A. 新建项目　　　　B. 恢复项目　　　　C. 迁建项目　　　　D. 改建项目

3. 下列项目不属于生产性建设项目的是（　　）。

A. 办公用房　　　　B. 农业建设　　　　C. 基础设施建设　　　D. 商业建设

4. 下列项目不属于非生产性建设项目的是（　　）。

A. 办公用房　　　　B. 居住建筑　　　　C. 公共建筑　　　　D. 基础设施建设

5. 科技、文教、卫生、体育和环保等设施，公、检、法等政权机关以及政府机关、社会团体办公设施，国防建设等项目属于（　　）。

A. 竞争性项目　　　B. 基础性项目　　　C. 公益性项目　　　　D. 生产性建设项目

### 1.2.2　基本建设程序的内容

基本建设程序是指基本建设项目从策划、选择、评估、决策、设计、施工、竣工验收到投入生产或交付使用的整个建设过程中，各项工作必须遵循的先后顺序，是拟建建设项目在整个建设过程中必须遵循的客观规律。

【模拟演练】教师将学生带入施工现场或实训基地，让学生分组扮演基本建设程序的参与单位，按照基本建设程序进行各个环节操作，完成一次过程后更换角色重新演练，让学生深刻理解并掌握基本建设程序和各阶段的内容，从而达到良好的教学效果。

我国大中型工程项目的基本建设程序可划分为八个环节，如图 1-1 所示。这八个环节还可以进一步概括为三大阶段，即项目决策阶段、项目准备阶段和项目实施阶段。

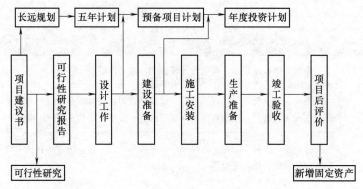

图 1-1　大中型工程项目的基本建设程序简图

#### 1. 项目建议书

项目建议书是对拟建项目的一个总体轮廓设想，是根据国家国民经济和社会发展长期规划、行业规划和地区规划，以及国家产业政策，经过调查研究、市场预测及技术分析，着重从宏观上对项目建设的必要性做出分析，并初步分析项目建设的可行性。对于大中型项目，有的工艺技术复杂、涉及面广、协调量大的项目，还要编制可行性研究报告，作为项目建议书的主要附件之一。

**2. 可行性研究报告**

项目建议书经批准后，即可进行可行性研究工作。

建设项目可行性研究报告的内容可概括为三大部分：首先是市场研究，包括拟建项目的市场调查和预测研究，这是项目可行性研究的前提和基础，其主要任务是解决项目的"必要性"问题；其次是技术研究，即技术方案和建设条件研究，它要解决项目在技术上的"可行性"问题；最后是效益研究，即经济效益的分析和评价，这是项目可行性研究的核心部分，主要解决项目在经济上的"合理性"问题。

【温馨提示】可行性研究经批准，建设项目才算正式"立项"。经批准的可行性研究报告是初步设计的依据，不得随意修改和变更。凡是可行性研究未通过的项目，不得进行下一步工作。

**3. 设计工作**

设计是对拟建工程的实施在技术和经济上所进行的全面而详尽的安排。它是基本建设计划的具体化，同时也是组织施工的依据。

（1）初步设计。初步设计是根据批准的可行性研究报告或设计任务书编制的初步设计文件。初步设计文件由设计说明书（包括设计总说明和各专业的设计说明）、设计图、主要设备及材料表和工程概算书四部分内容组成。

（2）技术设计。技术设计是在初步设计的基础上，进一步解决建筑、结构、工艺流程、设备选型及数量确定等各种技术问题，并修改总概算。要明确平、立、剖面的主要尺寸，做出主要的建筑构造，选定主要构配件和设备，并解决好各专业之间的矛盾。技术设计是进行施工图设计的基础，也是设备订货和施工准备的依据。

（3）施工图设计。施工图设计是建筑设计的最后阶段。施工图设计的内容主要包括：确定全部工程尺寸和用料；绘制建筑结构、设备等全部施工图；编制工程说明书、结构计算书以及施工图预算书等。

【温馨提示】按我国现行规定，对于重要的、大型的、复杂的工程项目要进行三段设计：初步设计、技术设计和施工图设计。对于一般不太复杂的中小型项目可按两段设计进行：初步设计和施工图设计。有的工程技术较复杂，可把初步设计的内容适当加深到扩大初步设计。

**4. 建设准备**

建设准备工作在可行性研究报告批准后就可进行。做好建设项目的准备工作，对于提高工程质量、降低工程成本、加快施工进度都有着重要的保证作用。

【温馨提示】"三通一平"：通水、通电、通路和场地平整。具体内容详见第1.3节。

**5. 施工安装**

工程项目经批准开工建设，项目即进入施工安装阶段。项目新开工时间是指工程建设项目设计文件中规定的任何一项永久性工程第一次正式破土开槽开始施工的日期。建筑施工是指具有一定生产经验和劳动技能的劳动者，通过必要的施工机具，对各种建筑材料（包括成品或半成品）按一定要求，有目的地进行搬运、加工、成型和安装，生产出质量合格的建筑产品的整个活动过程，是将计划和施工图变为实物的过程。

**6. 生产准备**

对于生产性工程建设项目而言，生产准备是项目投产前由建设单位进行的一项重要工作。它是衔接建设和生产的桥梁，是项目建设转入生产经营的必要条件。

【职业技能训练】

1. （　　　　　　　）经批准后，即可进行可行性研究工作。

2. 建设项目可行性研究报告的内容分概括为（　　　　　　　）、（　　　　　　　）和（　　　　　　　）三大部分。

3. 按我国现行规定，对于重大工程项目要进行三段设计：（　　　　　　　）、（　　　　　　　）和（　　　　　　　）。中小型项目可按两段设计进行：（　　　　　　　）和（　　　　　　　）。

4. 工程项目经批准开工建设，项目即进入（　　　　　　　）阶段。

5. 对于生产性工程建设项目而言，生产准备是项目投产前由（　　　　　　　）进行的一项重要工作。

**7. 竣工验收**

建设项目竣工验收是指以项目批准的设计任务书和设计文件，以及国家或部门颁发的施工验收规范和质量检验标准为依据，按照一定的程序和手续，在项目建成并试生产合格后，对工程项目的总体进行检验和认证、综合评价和鉴定的活动。

竣工验收是建设工程的最后阶段，是投资成果转入生产或使用的标志，也是全面考核基本建设成果、检验设计和工程质量的重要步骤。

【职业技能训练】

（　　　　　　　）是建设工程的最后阶段，是投资成果转入生产或使用的标志。

【温馨提示】竣工决算编制完成后，需由审计机关组织竣工审计，审计机关的审计报告作为竣工验收的基本资料。对于工程规模较大、技术复杂的项目，可组织有关人员先进行初步验收，不合格的工程不予验收；有遗留问题的项目，必须提出具体处理意见，限期整改。

**8. 项目后评价**

项目后评价是指在项目建成投产并达到设计生产能力后，通过对项目前期工作、项目实施、项目运营情况的综合研究，衡量和分析项目的实际情况与预测（计划）情况的差距，确定有关项目预测和判断是否正确，并分析其原因，从项目完成过程中吸取经验教训，为今后改进项目决策、准备、管理、监督等工作创造条件，并为提高项目投资效益提出切实可行的对策措施。

【分组讨论】
1. 为什么要遵循基本建设程序？
2. 学生以就读学校的某栋教学楼为例，简述教学楼的基本建设程序。

### 1.2.3　建设项目及其组成

#### 1. 建设项目的概念及划分

建设项目是基本建设项目的简称，是指以建设单位为管理主体，在一个总体设计或初步设计范围内组织施工，以形成建设工程独立生产能力或使用价值为工作目标，在一定约束条件下所进行的一次性投资的建设任务。一般来说，一个建设项目建成后就形成了一个独立的企（事）业单位。例如，在工业建设中，如一座电站、一个棉纺厂等；在民用建设中，如一所学校、一家医院等。

#### 2. 建设项目的组成

一个建设项目，按其复杂程度从大到小一般可划分为单项工程、单位工程、分部工程和分项工程。若干个分项工程组成一个分部工程，若干个分部工程组成一个单位工程，若干个单位工程构成一个单项工程，若干个单项工程构成一个建设项目。一个简单的建设工程项目也可能只由一个单项工程组成，如图1-2所示。

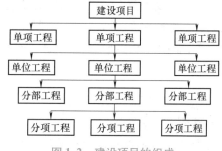

图1-2　建设项目的组成

【知识拓展】
1. 项目：项目是由一组有起止时间的、相互协调的受控活动所组成的特定过程，该过程要达到符合规定要求的目标，包括时间、成本和资源的约束条件。
2. 施工项目：施工项目是施工企业为实现自身的经济效益和社会效益，在一定的约束条件下进行的自建设工程施工承包投标开始到保修期满为止的全过程中完成的施工任务。施工承包企业是施工项目的管理主体。

（1）单项工程（也称工程项目）。单项工程是具有独立的设计文件，可以独立施工，竣工后可以独立发挥生产能力或效益的工程。例如，工业建设项目中的生产系统、生活系统、仓储系统等；民用建设项目中医院的门诊楼、住院楼，学校的教学楼、宿舍楼等，这些都可以称为一个单项工程。其内容包括建筑工程、设备安装工程及水、电、暖工程等。

【温馨提示】一个建设项目可由一个单项工程组成，也可由若干个单项工程组成。

（2）单位工程。具备独立施工条件并能形成独立使用功能的建筑物及构筑物为一个单位工程。工业建设项目可以仅包括一个单位工程（如各个独立的生产车间、实验大楼等），也可以包括许多单位工程（如学校的教学楼、食堂、图书馆）。从施工的角度看，单位工程就是一个独立的交工系统。对于建设规模较大的单位工程，还可将其能形成独立使用功能的部分划分为若干子单位工程。由于单位工程的施工条件具有相对的独立性，因此，一般要单独组织施工和竣工验收。

（3）分部工程。分部工程是按照单位工程的专业性质、建筑部位划分的，是单位工程的进一步分解。一般工业与民用建筑可划分为地基与基础工程、主体结构工程、装饰装修工程、屋面工程，其相应的建筑设备安装工程由给水、排水及采暖、建筑电气、通风与空调工程、电梯安装工程等组成。

当分部工程较大或较复杂时，可按材料种类、施工特点、施工程序、专业系统及类别等将其划分为若干子分部工程。例如，门诊楼的土建单位工程，按其结构或工程部位，可以划分为基础、主体、屋面、装修等分部工程；按其质量检验评定要求，可以划分为地基与基础、主体、地面与楼面、门窗、装饰、屋面工程等。

（4）分项工程。分项工程是分部工程的组成部分，是通过较为简单的施工过程就能完成的，以适量的计量单位就可以计算工程量及其单价。一般按主要工种、材料、施工工艺、施工方法、设备类别、结构构件的规格不同等进行划分。例如，砖混结构的基础，可以分为挖土、混凝土垫层、砌砖基础、回填土等分项工程；主体混凝土结构可以分为安装模板、绑扎钢筋、浇筑混凝土等分项工程。分项工程既有其作业活动的独立性，又有相互联系、相互制约的整体性。

【案例 1-1】
以一家医院建设项目为例，按照建设项目组成进行分解。

【案例解析】
某医院建设项目的分解可参照图 1-3。

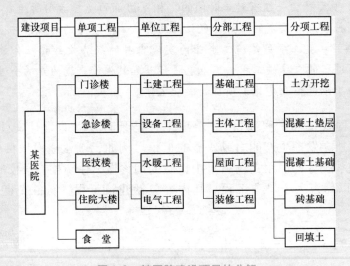

图 1-3　某医院建设项目的分解

【实习实作】学生以图1-4中某大学新建工程基本建设项目为模块,按照建设项目组成进行划分,并分组列举出类似实例。

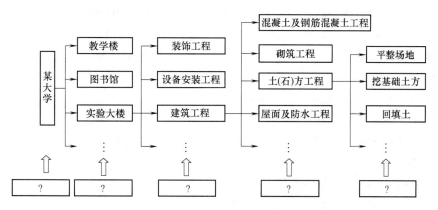

图1-4 某大学新建工程基本建设项目

## 1.3 建筑施工准备工作

 **学习目标**

知识目标:了解建筑工程施工准备工作的意义和分类;掌握施工准备工作的内容及方法;熟悉施工准备工作计划及开工报告的准备。

能力目标:根据施工准备工作的具体内容,能正确编制施工准备工作计划;能够有效地协调工程项目各相关方的关系,做好工程项目施工的各项准备,并正确组织施工准备工作计划的实施。

 **重点难点**

重点:施工准备工作的内容和要求。

难点:编制施工准备工作计划,组织施工准备工作计划的实施。

### 1.3.1 施工准备工作概述

基本建设工程项目的总程序是按照决策、准备和实施三大阶段进行的,其中设计阶段分为设计文件和施工准备两个环节。由此可见,施工准备工作是为拟建工程的施工建立必要的技术和物资条件,统筹安排施工力量和施工现场,确保工程施工顺利进行。

【温馨提示】施工准备工作是施工程序中的重要环节,不仅开工前做好施工准备工作,而且在整个施工过程中贯穿施工准备。

### 1.3.2 施工准备工作的分类

**1. 按施工准备工作的范围及规模不同进行分类**

（1）施工总准备也称全场性施工准备。它是以整个建设项目为对象而进行的统一部署的各项施工准备。例如，编制施工组织总设计；进行场区的施工测量，设置永久性经纬坐标桩、水准基桩和工程测量控制网；搞好"三通一平"；建设施工使用的生产基地和生活设施；组织物资、材料、机械设备的采购、储备及进场等。

（2）单项（单位）工程施工条件准备。它是以一个建筑物或构筑物为对象而进行的施工准备。例如，编制单位工程施工组织设计，编制单位工程施工预算和主要物资供需计划，熟悉和会审图样并交底，建筑物定位、放线、引入水准控制点等。

（3）分部（分项）工程作业条件准备。它是以一个分部（分项）工程或冬期、雨期施工工程为对象而进行的作业条件准备。

**2. 按工程所处的施工阶段不同进行分类**

（1）开工前的施工准备工作。它是在拟建工程正式开工之前所进行的一切施工准备工作，其目的是为工程正式开工创造必要的施工条件。

（2）开工后的施工准备工作。它也称各施工阶段前的施工准备，是在拟建工程开工之后，每个施工阶段正式开始之前所进行的施工准备工作，为每个施工阶段创造必要的施工条件。例如，混合结构住宅的施工，通常分为地下基础工程、主体结构工程和屋面工程、装饰工程等施工阶段。每个阶段的施工内容不同，其所需的物资技术条件、组织要求和现场布置等方面也不同。

> 【温馨提示】开工前的施工准备工作的特点是全局性、整体性；开工后的施工准备工作的特点是局部性、经常性。

### 1.3.3 施工准备工作的内容

**1. 原始资料的调查研究与收集**

在调查工作开始之前，应拟定详细的调查提纲，以便调查研究工作有目的、有计划地进行。调查时，首先向建设单位、勘察设计单位收集有关计划任务书、工程地质选择报告、地质勘察报告、初步设计、施工图等相关资料；向当地有关部门收集现行的有关规定、该工程的有关文件、协议以及类似工程的施工经验资料等；了解各种建筑材料、构件、制品的加工能力和供应情况；能源、交通运输和生活状况；参加施工单位的施工能力和管理状况等。对缺少的资料应予以补充，对有疑点的资料不仅要进行核实，还要到施工现场进行实地勘测调查。

> 【实习实作】学生根据教师派发的任务要求，以就读学校或所在地区其他建设项目为例，分组进行调查研究与收集原始资料工作。

（1）建设地区自然条件调查分析。主要内容包括建设地点的气象、地形、地貌、工程地质、地震烈度/水文地质、场地周围环境、地上障碍物和地下隐蔽物等。这些资料来源于当地气象台、勘察设计单位和施工单位进行现场勘测的结果，用作确定施工方法和技术措施，并作为编制施工进度计划和施工平面布置设计的依据。

（2）给水供电资料调查。给水供电等能源资料可向当地城建、电力、电信和建设单位等进行调查，主要用作选择施工临时供水供电的方式，提供经济分析比较的依据。

（3）交通运输资料调查。交通运输方式一般有铁路、公路、水路等。交通运输资料可向当地铁路、公路运输和航运管理部门进行调查，主要用作组织施工运输业务、选择运输方式的依据。

（4）机械设备与建筑材料的调查。调查内容包括：建筑施工常用材料的供应能力、质量、价格、运费等；附近构件制作、木材加工、金属结构、钢木门窗、商品混凝土、建筑机械供应与维修、运输服务，脚手架、定型模板等大型工具租赁等所能提供的服务项目及其数量、价格、供应条件等。

【温馨提示】"三材"：水泥、钢材、木材。

（5）劳动力与生活条件的调查。施工现场劳动力与生活条件的调查内容如下：

1）周围地区能为施工利用的房屋类型、面积、结构、位置、使用条件和满足施工需要的程度；附近主副食供应、医疗卫生、商业服务条件，公共交通、邮电条件，消防治安机构的支援能力。这些调查对于在新开发地区施工特别重要。

2）附近地区机关、居民、企业的分布状况及作息时间、生活习惯和交通情况；施工时吊装、运输、打桩、用火等作业所产生的安全问题、防火问题，以及振动、噪声、粉尘、有害气体、垃圾、泥浆、运输散落物等对周围人们的影响及防护要求，工地内外绿化、文物古迹的保护要求等。

（6）有关工程项目特征与要求的资料调查。

1）向建设单位和主体设计单位了解并取得可行性研究报告、工程地址选择、扩大初步设计等方面的资料，以便了解建设目的、任务、设计意图。

2）弄清设计规模和工程特点。

3）了解生产工艺流程与工艺设备特点及来源。

4）摸清对工程分期、分批施工、配套交付使用的顺序要求，图样交付的时间，以及工程施工的质量要求和技术难点等。

（7）参考资料的收集。在编制施工组织设计时，除施工图样及调查所得的原始资料外，还可收集相关的参考资料作为编制的依据，如施工定额、施工手册、施工组织设计实例及平时收集的实际施工资料等。此外，还应向建设单位和设计单位收集本建设项目的建设安排及设计等方面的资料，这有助于准确、迅速地掌握本建设项目的许多有关信息。

**2. 技术资料准备**

技术资料准备工作是施工准备工作的核心，对于指导现场施工准备工作，保证建筑产品质量，加快工程进度，实现安全生产，提高企业效益具有十分重要的意义。

（1）认真做好初步设计方案的审查工作。任务确定以后，应提前与设计单位沟通，掌握初步设计方案的编制情况，使方案的设计在质量、功能、工艺、技术等方面均能适应建材、建工的发展水平，为施工扫除障碍。

（2）熟悉和审查施工图。熟悉和审查施工图主要为编制施工组织设计提供各项依据。熟悉图样，要求参加建筑施工的技术和经营管理人员充分了解和掌握设计意图、结构与构造的特点及技术要求，能按照设计图的要求，做到心中有数，从而生产出符合设计要求的建筑产品。

---

**【职业技能训练】**

1.（　　）工作是施工准备工作的核心。

A. 劳动组织准备　　　　　　　　B. 物质资源准备

C. 原始资料准备　　　　　　　　D. 技术资料准备

2. 设计交底由（　　）负责组织。图样会审由（　　）负责组织。设计交底由（　　）整理会议纪要，图样会审由（　　）整理会议纪要。

A. 施工单位　　　　　　　　　　B. 工程监理单位

C. 建设单位　　　　　　　　　　D. 设计单位

---

（3）编制施工图预算和施工预算。施工图预算是施工单位依据施工图所确定的工程量、施工组织设计拟定的施工方法、建筑工程预算定额和有关费用定额等编制的建筑安装工程造价和各种资源需求量的经济文件。施工预算是施工单位根据施工图、施工组织设计或施工方案、施工定额等文件进行编制的企业内部经济文件。

---

**【知识拓展】**

1. 施工图预算是招投标中确定标底和报价的依据；是建设单位拨付工程价款和进行工程结算的依据；是确定人工、材料、机械消耗量，编制施工组织设计的依据；是施工单位签订承包合同的依据。

2. 施工预算是企业内部控制各项成本支出、加强施工管理的依据；是衡量工人劳动生产率、计算工人劳动报酬的依据；是签发施工任务书、限额领料、进行经济活动分析的依据。

---

（4）编制施工组织设计。施工组织设计是根据拟建工程的工程规模、结构特点和建设单位要求，编制的指导该工程施工全过程的综合性文件，是施工准备工作的主要技术文件。

**3. 劳动组织准备**

劳动组织准备是一项较为复杂而细致的工作，一般应考虑以下几方面的内容。

（1）确立拟建工程项目的领导机构。建筑施工企业要根据拟建项目规模、结构特点和复杂程度，组建项目经理部。选派与工程复杂程度和类型相匹配资质等级的项目经理，并配备项目副经理以及技术管理、质量管理、材料管理、计划管理、成本管理、安全管理等人员。

（2）建立精干的施工队伍。施工队伍的建立要认真考虑专业、工种的合理配合，技工、普工的比例要满足合理的劳动组织，要符合流水施工组织方式的要求，建立施工队伍（是专业施工队伍，或是混合施工队伍），要坚持合理、精干高效的原则；人员配置要从严控制二、三线管理人员，力求一专多能、一人多职，同时制订出该工程的劳动力需求量计划。

（3）组织劳动力进场，对施工队伍进行各种教育。工地领导机构确定之后，按照开工日期和劳动力需求量计划，组织劳动力进场；同时，要进行安全、防火和文明施工等方面的教育，并安排好职工的生活。

【温馨提示】"三级安全教育"中的"三级"：公司、项目、班组。

（4）对施工队伍及工人进行施工组织设计、计划和技术交底。施工组织设计、计划和技术交底的内容包括：工程的施工进度计划、月（旬）作业计划；施工组织设计，尤其是施工工艺、质量标准、安全技术措施、降低成本措施和施工验收规范的要求；新结构、新材料、新技术和新工艺的实施方案和保证措施；图样会审中所确定的有关部门的设计变更和技术核定等事项。

【温馨提示】交底的方式有书面形式、口头形式和现场示范形式等。

（5）建立健全各项管理制度。工地的各项管理制度是否建立、健全，直接影响其各项施工活动的顺利进行。为此，必须建立、健全工地的各项管理制度。管理制度的一般内容包括：工程质量检查与验收制度；工程技术档案管理制度；建筑材料（构件、配件、制品）的检查验收制度；技术责任制度；施工图学习与会审制度；技术交底制度；职工考勤、考核制度；工地及班组经济核算制度；材料出入库制度；安全操作制度；机具使用保养制度。

### 4. 物质资源的准备

建筑材料、构件、制品、机具设备是保证施工顺利进行的物质基础，这些物资准备必须在各阶段开工之前完成。根据各种物资的需求量计划，分别落实货源，安排运输和储备，使其满足连续施工的需要。

（1）建筑材料的准备。建筑材料的准备主要是根据施工预算进行分析，按照施工进度计划要求，按材料名称、规格、使用时间、材料储备定额和消耗定额进行汇总，编制出材料需求量计划，并依据工程形象进度，分别落实货源厂家进行合同评审与订货，安排运输储备，以满足开工之后的施工生产需要，为组织备料，确定仓库、场地堆放所需的面积和组织运输等提供依据。

（2）构（配）件、制品的加工准备。根据施工预算，施工方法和施工进度计划来确定构（配）件、制品的名称、规格、质量、消耗量和进入施工现场的时间，以及进场后的储存方式和地点，并据此来确定供货厂家，制订加工方案和选择供应渠道，签订加工订货合同，组织运输，为确定堆场面积等提供依据。

（3）施工机具的准备。根据采用的施工方案，安排施工进度，确定施工机械的类型、数量和进场时间，确定施工机具的供应办法和进场后的存放地点和方式，编制施工机具的需求量计划，为组织运输、确定堆场面积提供依据。对已有的机械机具做好维修试车工作，对尚缺的机械机具立即订购、租赁或制作。

（4）生产工艺设备的准备。按照拟建工程生产工艺流程及工艺设备的布置图，提出工艺设备的名称、型号、生产能力和需求量，确定分期分批进场的时间和保管方式，编制工艺设备需求量计划，为组织运输、确定堆场面积提供依据。

**5. 施工现场准备**

施工现场的准备工作，主要是为了给拟建工程的施工创造有利的施工条件，是保证工程按计划开工和顺利进行的重要环节。其工作按施工组织设计的要求可划分为拆除障碍物、"三通一平"、施工测量和搭设临时设施等。

（1）拆除障碍物。施工现场内的一切地上、地下障碍物，都应在开工前拆除。对于房屋的拆除，一般只要把水源、电源切断后即可进行拆除。若房屋较大、较坚固，需要采用爆破的方法时，必须经有关部门批准，由专业的爆破作业人员来实施。架空电线（电力、通信）、地下电缆（包括电力、通信）的拆除，以及燃气、热力、供水、排污等管线的拆除，要与相关部门联系并办理有关手续后方可进行。场地内若有树木，需报园林部门批准后方可砍伐。

（2）"三通一平"。具体包括以下内容：

1）通水，专指给水，包括生产、生活和消防用水。在拟建工程开工之前，必须接通给水管线，尽可能与永久性的给水系统结合起来，并且尽量缩短管线的长度，以降低工程的成本。

2）通电，包括施工生产用电和生活用电。电源首先应考虑从建设单位的给定电源上获得，如其供电能力不能满足施工用电需要，则应考虑在现场建立自备发电系统，确保施工现场动力设备和通信设备的正常运行。

3）通路，是指施工现场内临时道路已与场外道路连接，满足车辆出入的条件。在拟建工程开工之前，必须按照施工总平面图的要求，修好施工现场的永久性道路（包括场区铁路、场区公路）以及必要的临时性道路，以便确保施工现场运输和消防用车等的行驶畅通。

4）场地平整，是指在建筑场地内，进行厚度在300mm以内的挖、填土方及找平工作。其根据建筑施工总平面图规定的标高，通过测量，计算出填挖土方工程量，设计土方调配方案，组织人力或机械进行平整工作。

> **【温馨提示】** "三通一平"工作一般都是由建设单位完成的，也可以委托施工单位来完成，其不仅仅要求在开工前完成，而且要保障在整个施工过程中都达到要求。

（3）施工测量。按照设计单位提供的建筑总平面图及给定的永久性经纬坐标控制网和水准控制基桩，进行施工现场的施工测量，设置现场的永久性经纬坐标桩、水准基桩和建立工程测量控制网。

（4）搭设临时设施。施工企业的临时设施是指企业为保证施工和管理的进行而建造的各种简易设施。具体包括：现场临时作业棚、机具棚、材料库、办公室、休息室、厕所、储水池等设施；临时道路、围墙；临时给排水、供电、供热等设施；临时简易周转房，以及现场临时搭建的职工宿舍、食堂、浴室、医务室、理发室、托儿所等临时性福利设施。

> **【分组讨论】** 施工现场准备工作需要哪些仪器和设备？

**6. 季节性施工准备**

由于建筑工程施工的时间长，且绝大部分工作是露天作业，所以施工过程受季节性影响，特别是冬期、雨期的影响较大。为保证工程按期、保质地完成施工任务，必须针对建筑工程特点和气温变化，制定科学合理的施工技术保障措施，做好冬期、雨期施工准备工作。

【资料展示】教师将冬期、雨期施工方案展示给学生，通过阅读案例资料，让学生深刻掌握季节性施工准备工作内容，激发学习兴趣和主动性。

【知识拓展】根据《混凝土结构工程施工质量验收规范》（GB 50204—2015），当室外平均气温连续 5 天低于 5℃，或者最低气温降到 0℃ 或 0℃ 以下时，进入冬期施工阶段。

### 1.3.4 施工准备工作的要求

**1. 施工准备工作应有组织、有计划、分阶段、有步骤地进行**

施工准备工作不仅要在开工前进行，而且在开工后也要进行。随着工程的不断深入，在每个施工阶段开始前，都要不间断地做好施工准备工作，为顺利进行各个阶段的施工创造条件。

**2. 建立严格的施工准备工作责任制和相应的检查制度**

由于施工准备工作范围广、项目多，因此必须建立严格的责任制度，按计划把施工准备工作落实到有关部门和个人，明确各技术负责人在施工准备工作中应负的责任，以便各级技术负责人认真做好施工准备工作。

**3. 坚持按照基本建设程序办事，严格执行开工报告制度**

工程开工前，施工准备工作具备了开工条件时，施工单位应该向监理单位报送工程开工报审表及开工报告、证明文件等，由总监理工程师签发开工令，并报建设单位。

**4. 施工准备工作必须贯穿整个施工过程**

不仅要在开工前进行施工准备工作，而且在工程开工后也要及时、全面地做好各阶段的施工准备工作，贯穿整个施工过程。

**5. 施工准备工作要取得各协调相关单位的友好支持和配合**

由于施工准备工作涉及面广，因此，除了施工单位自身的努力外，还要取得建设单位、监理单位、设计单位、供应单位、银行、行政主管部门等单位的大力支持，分工负责、步调一致，共同做好施工准备工作，以保证整个施工过程顺利进行。

【实习实作】教师将学生分为若干个学习讨论组，每个小组根据派发的案例资料和任务要求编制施工准备工作计划，由小组代表对其完成结果进行讲解，最后进行小组自评、小组互评和教师评价。

## 1.4 建筑产品及其生产的特点

 学习目标

知识目标：了解建筑产品的含义；掌握建筑产品和建筑产品生产的特点。

能力目标：根据建筑产品与一般工业产品的比较，准确分析建筑产品的特点，正确阐述建筑产品的特点如何决定建筑产品生产的特点。

 重点难点

重点：建筑产品的特点、建筑产品生产的特点。

难点：建筑产品的特点如何决定建筑产品生产的特点。

### 1.4.1 建筑产品的特点

与一般工业产品相比，建筑产品具有自己的特点。

**1. 建筑产品的固定性**

建筑产品是按照使用要求在固定地点兴建的，建筑产品的基础与作为地基的土地直接联系，因而建筑产品在建造中和建成后是不能移动的，建在哪里就在哪里发挥作用。在有些情况下，一些建筑产品本身就是土地不可分割的一部分，如油气田、桥梁、地铁、水库等。

【温馨提示】固定性是建筑产品与一般工业产品的最大区别。

**2. 建筑产品的多样性**

建筑产品一般是由设计和施工部门根据建设单位（业主）的委托，按特定的要求进行设计和施工的。由于对建筑产品的功能要求多种多样，因而对每一建筑产品的结构、造型、空间分割、设备配置、内外装饰都有具体要求。即使功能要求相同，建筑类型相同，但由于地形、地质等自然条件不同，以及交通运输、材料供应等社会条件不同，在建造时施工组织、施工方法也存在差异。建筑产品的这种多样性特点决定了建筑产品不能像一般工业产品那样进行批量生产。

**3. 建筑产品体积庞大**

建筑产品是生产与生活的场所，要在其内部布置各种生产与生活必需的设备与用具，因而与其他工业产品相比，建筑产品体型庞大，占有广阔的空间，排他性很强。因其体积庞大，建筑产品对城市的形成影响很大，城市必须控制建筑区位、面积、层高、层数、密度等，而建筑必须服从城市规划的要求。

**4. 建筑产品的高值性**

能够发挥投资效用的任一项建筑产品，在其生产过程中都耗用了大量的材料、人力、机械及其他资源，不仅实物形体庞大，而且造价高昂，动辄数百万元、数千万元、数亿元人民币，特大工程项目的工程造价可达数十亿元、百亿元人民币。

**5. 建筑产品的综合性**

建筑产品不仅涉及土建工程的建筑功能、结构构造、装饰做法等多方面、多专业的技术问题，而且综合了工艺设备、采暖通风、供水供电、通信网络等各类设施，因此，建筑产品是一个错综复杂的有机整体。

【现场观摩】教师带学生进入施工现场参观学习，体会建筑产品的特点。

### 1.4.2 建筑产品生产的特点

**1. 建筑产品生产的流动性**

建筑产品的固定性和体积庞大决定了建筑产品生产的流动性。建筑产品生产的流动性有两层含义。

一层含义是指，建筑产品在固定地点建造，生产者和生产设备要随着建筑物建造地点的变更而流动，相应材料、附属生产加工企业、生产和生活设施也经常迁移，使建筑生产费用增加；另一层含义是指，建筑产品固定在土地上而与土地相连，在生产过程中，产品固定不动，人、材料、机械设备围绕着建筑产品移动，要从一个施工段移到另一个施工段，从房屋的一个部位转移到另一个部位。

**2. 建筑产品生产的单件性**

建筑产品的多样性决定了建筑产品生产的单件性。每项建筑产品都是按照建设单位的要求进行设计与施工的，都有其相应的功能、规模和结构特点，所以，工程内容和实物形态都具有个别性、差异性。而工程所处的地区、地段不同更增强了建筑产品的差异性。同一类型工程或标准设计，在不同的地区、季节及现场条件下，施工准备工作、施工工艺和施工方法不尽相同。所以，建筑产品只能单件生产，而不能按通用定型的施工方案重复生产。

**3. 建筑产品的生产过程具有综合性**

建筑产品的生产首先由勘察单位进行勘测，设计单位进行设计，建设单位进行施工准备，施工单位进行施工，最后经过竣工验收交付使用。所以，施工单位在生产过程中，要与业主、金融机构、设计单位、监理单位、材料供应部门、分包等单位配合协作。

**4. 建筑产品生产受外部环境影响较大**

建筑产品体积庞大，使其不具备在室内生产的条件，一般都要求露天作业，其生产受到风、霜、雨、雪、温度等气候条件的影响；建筑产品的固定性决定了其生产过程会受到工程地质、水文条件变化的影响，以及地理条件和地域资源的影响。这些外部因素对工程进度、工程质量、建造成本等都有很大影响。

**5. 建筑产品的生产过程具有连续性**

建筑产品不能像其他许多工业产品一样可以分解为若干部分同时生产，而必须在同一固定场地上按严格程序连续生产，上一道工序不完成，下一道工序就不能进行。一个建设工程项目从立项到投产使用要经历一个不可间断的、完整的周期性生产过程，它要求在生产过程中各阶段、各环节、各项工作必须有条不紊地组织起来，在时间上不间断，空间上不脱节；

要求生产过程中的各项工作必须合理组织、统筹安排，遵守施工程序，按照合理的施工顺序科学地组织施工。

**6. 建筑产品的生产周期长**

建筑产品的体积庞大决定了其生产周期长。有的建筑项目，少则 1~2 年，多则 3~6 年，甚至 10 年以上。因此，它必须长期大量占用和消耗人力、物力和财力，要到整个生产周期完结才能出产品。

# 教学单元 2

# 施工项目管理组织

## 【教学要点】

本单元主要介绍了组织、组织结构和施工组织管理的概念，阐述了组织机构的设置原则，总结了工程项目中常用的管理模式及其优缺点和适用情况等。

## 【教学目标】

### 知识目标

1. 能够准确理解组织、组织结构及施工项目管理组织的基本概念、组织机构设置的原则。

2. 能够准确理解各个建筑工程项目经理部组织形式的特征、优缺点及适用情况。

### 能力目标

1. 能够准确设置施工项目组织机构。

2. 能够结合工程项目实际情况合理选择工程项目管理模式和项目经理部组织形式。

## 【教学资源】

建筑工程施工图、工程施工合同、预算书、建筑施工组织实例、施工现场照片、企业案例、施工现场或实训基地等。

## 【教学方法】

资料展示、现场实物对照、分组学习、案例分析、课堂讨论、多媒体教学、讲授等。

## 2.1 施工项目管理组织概述

**学习目标**

知识目标：了解组织、组织结构及施工项目管理组织的基本概念；掌握组织结构的构成因素及相互关系；熟悉施工项目管理组织的作用及组织机构设置的原则。

能力目标：通过学习组织结构的构成因素及相互关系、施工项目管理组织的作用及组织机构设置的原则，能够准确设置施工项目组织机构。

**重点难点**

重点：组织结构的构成因素及相互关系；施工项目管理组织的作用及组织机构设置的原则。

难点：组织结构的构成因素及相互关系。

### 2.1.1 组织的基本理论

#### 1. 组织的含义

组织是为了实现某种既定目标，通过明确分工协作关系，建立不同层次的权力、责任、利益制度而构成的能够一体化运行的系统。

组织有两种含义。第一种含义是作为名词出现的，指组织机构。组织机构是按一定领导体制、部门调协、层次划分、职责分工、规章制度和信息系统等构成的有机整体，是社会的结合体，可以完成一定的任务，并为此而处理人和人、人和事、人和物的关系。第二种含义是作为动词出现的，指组织行为（活动），即通过一定的权力和影响力，为达到一定目的，对所需资源进行合理配置，处理人和人、人和事、人和物的行为（活动）。

【温馨提示】系统的目标决定了系统的组织，而组织是目标能否实现的决定性因素，这是组织论的一个重要结论。

#### 2. 组织结构

组织结构是组织的实体，即组织的各要素相互作用的方式或形式，是执行管理任务的体制，通常用组织系统图表示。组织系统图的基本表现形式有组织结构图、职位描述、工作流程图等。

#### 3. 组织结构的构成因素

组织结构由管理部门、管理层次、管理幅度和管理职责四部分组成。它们既相互联系，又相互制约。在进行组织结构设计时应考虑它们之间的相互关系。

（1）管理部门（职能部门）。管理部门也称职能部门，是指专门从事某一类业务工作的部门。管理部门的划分是将工程项目总目标划分为若干具体的子目标，然后把子目标对应的具体工作合并归类，建立起符合专业分工与协作要求的管理部门，并赋予其相应职责和权力。

（2）管理层次。管理层次是指从最高管理者到最基层作业人员之间分级管理的级数。管理层次越少，信息传递就越快，不易失真；而且所需要的人员和设备越少，协调的难度也越小。组织机构以纵向划分层次。

（3）管理幅度（管理跨度）。管理幅度也称管理跨度，是指一名管理者直接管理下级人员的数量。管理幅度越小，管理的人员就越少，处理人与人之间关系的数量就越小，所承担的工作量就越少。管理幅度和管理层次是相互联系和相互制约的，二者成反比例关系，即管理幅度越小，则管理层次就越多。

（4）管理职责。每个岗位均有相应的职责、权力、利益。为提高管理的效率和质量、便于考核，应该职责明确，以保证和激励管理部门完成其职责。

### 2.1.2　施工项目管理组织机构设置的原则

**1. 目的性原则**

施工项目组织机构设置的根本目的是产生组织功能，实现施工项目管理的总目标。从这一根本目标出发，因目标设事，因事设机构、定编制，按编制设岗位、定人员，以责任定制度、授权，如图 2-1 所示。

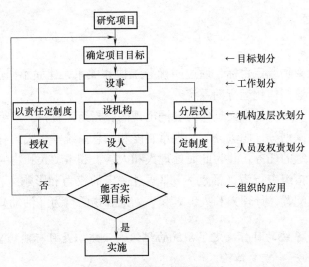

图 2-1　组织机构设置程序

**2. 精简高效原则**

施工项目组织机构的人员设置，以能实现施工项目所要求的工作任务为原则，尽量简化机构，做到精简高效。人员配置要从严控制二、三级人员，力求一专多能、一人多职。同时，还要提升项目管理班子成员的知识含量，着眼于使用和学习锻炼相结合，以提高人员素质。

**3. 管理跨度和分层统一原则**

管理跨度大，管理人员的接触关系增多，处理人与人之间关系的数量也随之增大。跨度（$N$）与工作接触关系数量（$C$）之间的关系可用邱格纳斯公式表示为

$$C = N(2^{N-1} + N - 1)$$

这是几何级数，当 $N=10$ 时，$C=5210$。故跨度太大时，领导者及下级常会应接不暇。设置组织机构时，必须使管理跨度适当。然而，跨度大小又与分层多少有关，层次多，跨度会小；层次少，跨度会大。

**4. 业务系统化管理原则**

在设置组织机构时，要求以业务工作系统化管理原则为指导，周密考虑层间关系、分层与跨度关系、部门划分、授权范围、人员配备及信息沟通等，使组织机构自身成为一个严密、封闭的组织系统，能够为完成项目管理总目标而实行合理分工与协作。

**5. 弹性和流动性原则**

施工项目的单一性、阶段性、露天性和流动性是施工项目生产活动的重要特点。这种特点必然带来生产对象数量、质量和地点的变化，以及资源配置品种和数量的变化，于是要求组织机构和管理工作随之进行调整，以适应施工任务的变化。

【分组讨论】施工项目管理组织机构设置应该遵循哪些原则？

### 2.1.3　施工项目管理组织的作用

**1. 组织机构是施工项目管理的组织保证**

项目经理在启动项目管理之前，首先要做好组织准备，建立一个能完成管理任务，使项目经理指挥灵便，运转自如、效率高的项目组织机构——项目经理部。其目的是提供进行施工项目管理的组织保证。

**2. 形成一定的权力系统，以便进行集中统一指挥**

组织机构的建立，首先是以法定形式产生权力。权力是工作的需要，是管理地位形成的前提，是组织活动的反映。施工项目管理组织机构的建立要伴随着授权，权力的使用是为了实现施工项目管理的目标，要合理分层，要在规章制度中把施工项目管理组织的权力阐述明白，并固定下来。

**3. 形成责任制和信息沟通体系**

责任制是施工项目组织中的核心问题，没有责任就不成项目管理机构，也就不存在项目管理。一个项目组织能否有效地运转，取决于是否有健全的岗位责任制。信息沟通是组织力形成的重要因素。信息产生的根源在组织活动之中，下级（下层）以报告或其他形式向上级（上层）传递信息；同级不同部门之间为了相互协作而横向传递信息。

综上所述，可以看出组织机构非常重要，它在项目管理中是一个焦点。如果建立了理想有效的组织机构，项目管理就成功了一半。

【职业技能训练】

1. 设置组织机构时，必须使管理跨度适当。然而，跨度大小又与分层多少有关，层次多，跨度会（　　　　　）。

2. 跨度（$N$）与工作接触关系数量（$C$）的关系可用邱格纳斯公式表示，当 $N=15$ 时，$C$ 应为（　　　　　）。

3.（　　　　　）是施工项目管理的组织保证。

## 2.2 建筑工程项目经理部的组织形式

 学习目标

知识目标：了解不同建筑工程项目经理部组织形式的概念；熟悉各个建筑工程项目经理部组织形式的特征；掌握其优缺点及适用情况。

能力目标：能够结合工程项目的实际情况合理选择建筑工程项目经理部组织形式。

 重点难点

重点：不同建筑工程项目经理部组织形式的特征、优缺点及适用情况。

难点：不同工程项目管理模式特征及优缺点的正确理解，并结合工程项目的实际情况合理选择项目经理部的组织形式。

### 2.2.1 直线式

项目管理组织中各种职能均按直线排列，项目经理直接进行单线垂直领导，任何一个下级只能受唯一上级的指令。其组织形式如图 2-2 所示。

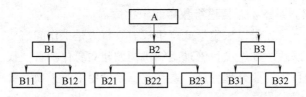

图 2-2 直线式项目组织形式示意图

**1. 特征**

直线式组织形式是一种最简单、最基础的线性组织机构，其本质就是使命令线性化，是指企业由最高管理管理者至最低执行者之间的行政指挥系统架构类似于一条直线，一个下级只对一个上级负责，一个下级也只由一个上级进行管理的组织与管理结构。

**2. 优点分析**

（1）一个下级只受一个上级领导管理，上下级关系简明清晰，层级制度严格明确，保密程度高，决策与执行工作有较高效率。

（2）管理沟通的信息来源与基本流向固定，管理沟通的渠道也简单固定，管理沟通的速度和准确性在客观上有一定保证。

**3. 缺点分析**

（1）管理无专业分工，各级管理者必须是全能管理者，负担重，当企业较大时，难以有效领导与管理。

（2）管理沟通的信息来源与基本流向被管理者死死控制，并且管理沟通的速度和质量严重依赖于直线中间的各个点，信息容易被截取或增删，造成管理沟通不畅或

失误。

**4. 适用范围**

这种组织结构适用于企业规模不大、职工人数不多、生产和管理工作都比较简单的情况或现场作业管理，也适用于中小型项目。

【职业技能训练】

下列关于项目组织形式中直线式的说法错误的是（　　　）。

A. 直线式形式中任何一个下级只能受唯一上级的指令

B. 管理无专业分工，各级管理者必须是全能管理者

C. 上下级关系简明清晰，层级制度严格明确，保密程度高，决策与执行工作有较高效率

D. 这种组织结构适用于企业规模不大、职工人数不多、生产和管理工作都比较简单的情况或现场作业管理，不太适用于中小型项目

## 2.2.2　工作队式

工作队式项目组织是指主要由企业中有关部门抽出管理力量组成施工项目经理部的方式，企业职能部门处于服务地位。其组织形式如图 2-3 所示。

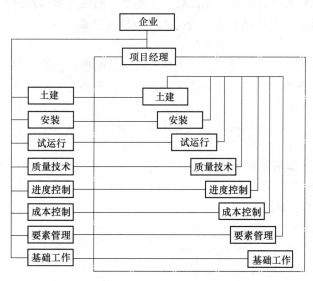

图 2-3　工作队式项目组织形式示意图

**1. 特征**

（1）一般由公司任命项目经理，按照特定对象原则，由项目经理在企业各职能部门招聘或抽调人员组建项目管理组织机构（工作队），不打乱企业原建制。

（2）项目管理组织机构由项目经理领导，有较大独立性。在工程施工期间，项目组织成员与原单位中断领导与被领导关系，不受其干扰，原单位负责人员负责业务指导及考察，但不能随意干预项目管理班子的工作或调回人员。

（3）项目管理组织与项目施工同寿命。项目中标或确定项目承包后，即组建项目管理

组织机构；企业任命项目经理；项目经理在企业内部选聘职能人员组成管理机构；竣工交付使用后，机构撤销，所有人员仍回原所在部门和岗位。

**2. 优点分析**

（1）项目组织成员来自企业各职能部门和单位，他们在项目管理中熟悉业务，各有专长，可互补长短、协同工作，有利于培养一专多用的人才并充分发挥其作用。

（2）各专业人才集中在现场办公，减少了扯皮和等待时间，办事效率高，解决问题快。

（3）项目经理权力集中，运权的干扰少，决策及时，指挥灵活。

（4）由于这种组织形式弱化了项目与职能部门的结合部，项目与企业职能部门的关系简化，易于协调关系，减少行政干预，因而项目经理便于协调关系而开展工作。

（5）不打乱企业的原有建制，传统的直线职能制组织仍可保留。

**3. 缺点分析**

（1）组建之初来各类人员来自不同部门，具有不同的专业背景，彼此之间不熟悉，难免配合不力。

（2）各类人员在同一时期内所担负的管理工作任务可能有很大差别，当人员配置不当时，专业人员不能在更大范围内调剂余缺，因此很容易造成忙闲不均，可能导致人员浪费。

（3）对于企业来讲，专业人员分散在不同的项目上，职工长期离开原单位，离开自己熟悉的环境和工作配合对象，相互交流困难，职能部门的优势难以发挥。

（4）由于项目施工一次性的特点，有些人员可能存在临时观点。

**4. 适用范围**

这种项目组织类型适用于大型项目、工期要求紧迫的项目、要求多工种多部门密切配合的项目。因此，项目经理素质要高，指挥能力要强，具有快速组织队伍及善于指挥来自各方人员的能力。

---

【职业技能训练】

1. 常用的项目组织形式一般有（　　　　　）、（　　　　　）、（　　　　　）、（　　　　　）和（　　　　　）。

2. 下列关于工作队式项目组织说法中正确的是（　　）。[多选题]

A. 项目管理组织机构由项目经理领导，有较大独立性

B. 项目经理权力集中，运权的干扰少，决策及时，指挥灵活

C. 项目管理组织与项目施工寿命不同

D. 由于项目施工一次性的特点，有些人员可能存在临时观点

E. 这种项目组织类型适用于中小型项目、工期要求不紧的项目、要求多工种多部门密切配合的项目

---

### 2.2.3 部门控制式

部门控制式并不打乱企业的现行建制，而是把项目委托给企业某一专业部门或某一施工队，由被委托的单位负责组织项目实施。其组织形式如图 2-4 所示。

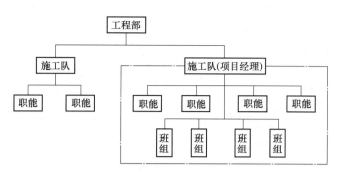

图 2-4　部门控制式项目组织形式示意图

**1. 特征**

（1）按照职能原则建立项目管理组织。

（2）不打乱企业现行建制，即由企业将项目委托其下属某一专业部门或某一施工队。被委托的专业部门或施工队领导在本单位组织人员，并负责实施项目管理。

（3）项目竣工交付使用后，恢复原部门或施工队建制。

**2. 优点分析**

（1）利用企业下属的原有专业队伍承建项目，可迅速组建施工项目管理组织机构，人才作用发挥较充分。这是因为相互熟悉的人组合起来办熟悉的事，人事关系容易协调。

（2）从接受任务到组织运转启动时间短。

（3）人员彼此熟悉，职责明确，职能专一，关系简单，业务熟练，关系容易协调，工作效率高。

（4）项目经理无须专门训练便容易进入状态。

**3. 缺点分析**

（1）不能适应大型项目管理的需要，而真正需要进行施工项目管理的工程多是大型项目。

（2）不利于对计划体系的组织体制（固定建制）进行调整。

（3）不利于精简机构。

**4. 适用范围**

部门控制式项目组织一般适用于小型的、专业性较强的、不需涉及众多部门的施工项目。

### 2.2.4　矩阵式

矩阵式项目组织是指结构形式呈矩阵状的组织，其项目管理人员由企业有关职能部门派出并进行业务指导，接受项目经理的直接领导。其组织形式如图 2-5 所示。

**1. 特征**

（1）项目组织机构与职能部门的结合部同职能部门数量相同。多个项目组织的横向系统与职能部门的纵向系统形成了矩阵结构。

（2）按照职能原则和项目原则结合起来建立的项目管理组织，既能发挥职能部门的纵向优势，又能发挥项目组织的横向优势。

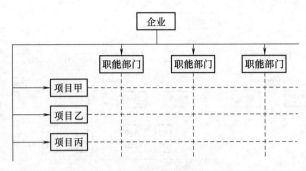

图 2-5 矩阵式项目组织形式示意图

（3）企业专业职能部门是相对长期稳定的，而项目管理组织是临时性的。职能部门负责人对项目组织中的本单位人员负有组织调配、业务指导和业绩考察的责任。

（4）矩阵中的每个成员或部门接受原部门负责人和项目经理的双重领导，但部门的控制力大于项目的控制力。

（5）项目经理对调配到本项目经理部的成员有权控制和使用，当感到人力不足或某些成员不得力时，可以向职能部门要求给予解决。

（6）项目经理部的工作由多个职能部门支持，项目经理没有人员包袱。但水平方向和垂直方向都需要有良好的依靠及协调配合，这就对整个企业组织和项目组织的管理水平和组织渠道的畅通提出了较高的要求。

**2. 优点分析**

（1）矩阵式项目组织兼有部门控制式和工作队式两种组织的优点，既解决了传统模式中企业组织和项目组织相互矛盾的状况，把职能原则与对象原则融为一体，又求得了企业长期例行性管理和项目一次性管理的一致性。

（2）能以尽可能少的人力实现多个项目管理的高效率。通过职能部门的协调，一些项目中的闲置人才可以及时转移到需要这些人才的项目中去，防止人才短缺。

（3）有利于人才的全面培养。可以使不同知识背景的人在合作中相互取长补短，在实践中拓宽知识面；发挥了纵向的专业优势，可以为人才成长打下深厚的专业训练基础。

**3. 缺点分析**

（1）矩阵式项目组织的结合部多，组织内部的人际关系、业务关系、沟通渠道等都比较复杂，容易造成信息量膨胀，引起信息流不畅或失真，因而需要依靠有力的组织措施和规章制度规范管理。

（2）管理人员如果身兼多职管理多个项目，往往难以确定管理项目的优先顺序，有时难免顾此失彼。

（3）双重领导。项目组织中的成员既要接受项目经理的领导，又要接受企业中原职能部门的领导。在这种情况下，如果领导双方的意见和目标不一致乃至有矛盾时，当事人便无所适从，影响工作。

（4）矩阵式组织对企业管理水平、项目管理水平、领导者的素质、组织机构的办事效率、信息沟通渠道的畅通程度等均有较高要求，因此要精于组织，分层授权，疏通渠道，理顺关系。

**4. 适用范围**

（1）适用于同时承担多个需要进行项目管理工程的企业。在这种情况下，各项目对专业技术人才和管理人员都有需求，加在一起数量较大，采用矩阵式组织职能部门就可根据需要和可能将有关人员派到一个或多个项目中去工作，特别是充分利用有限的人才对多个项目进行管理，有利于发挥优秀人才的作用。

（2）适用于大型、复杂的施工项目。因大型复杂的施工项目要求多部门、多技术、多工种配合实施，在不同阶段，对不同人员，在数量和搭配上有不同的需求。

【温馨提示】在工作队式项目组织中，成员在工程建设期间与原部门断绝领导与被领导关系；在矩阵式项目组织中，成员接受双重领导。

【职业技能训练】

1. 下列关于部门控制式项目组织形式的叙述中，错误的是（　　　）。

A. 部门控制式并不打乱企业的现行建制，把项目委托给企业某一专业部门或某一施工队，由被委托的单位负责组织项目实施

B. 从接受任务到组织运转启动时间长

C. 人员彼此熟悉，职责明确，职能专一，关系简单，业务熟练，关系容易协调，工作效率高

D. 一般适用于小型的、专业性较强的、不需涉及众多部门的施工项目

2. 下列关于矩阵式项目组织形式的叙述中，错误的是（　　　）。

A. 矩阵中的每个成员或部门接受原部门负责人和项目经理的双重领导，但部门的控制力大于项目的控制力

B. 矩阵式能以尽可能少的人力实现多个项目管理的高效率

C. 矩阵式项目组织的结合部多，组织内部的人际关系、业务关系、沟通渠道等都比较复杂

D. 适用于同时承担多个需要进行项目管理工程的企业，适用于中小型、简单的施工项目

### 2.2.5　事业部式

在企业内部按地区或工程类型设立事业部，事业部对内是一个职能部门，对外则是一个具有法人资格的项目管理组织，这种组织形式即为事业部式组织形式。其组织形式如图 2-6 所示。

**1. 特征**

（1）企业成立事业部，事业部对企业来说是职能部门，对外界来说享有相对独立的经营权，是一个独立单位。事业部可以按地区设置，也可以按工程类型或经营内容设置。

（2）在事业部（一般为其中的工程部或开发部，对外工程公司是海外部）下边设置项目经理部。项目经理由事业部选派，一般对事业部负责，有的可以直接对业主负责，这是根据其授权程度决定的。

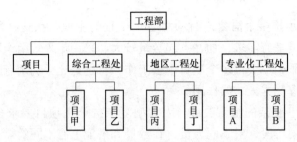

图 2-6　事业部式项目组织形式示意图

**2. 优点分析**

（1）事业部式项目组织形式能充分调动发挥事业部的积极性和独立经营作用，便于延伸企业的经营职能，有利于开拓企业的经营业务领域。

（2）事业部式项目组织形式能迅速适应环境变化，提高企业的应变能力。既可以加强企业的经营战略管理，又可以加强项目管理。

**3. 缺点分析**

（1）按事业部式建立项目组织，企业对项目经理的约束力减弱，协调指导机会减少，以致有时会造成企业结构松散。

（2）事业部的独立性强，企业的综合协调难度大，必须加强制度约束和规范化管理，增强企业的综合协调能力。

**4. 适用范围**

事业部式适用于大型经营性企业的工程承包，特别是适用于远离公司本部的工程承包工项目，如海外工程项目。它适用于在一个地区内有长期市场或一个企业有多种专业化施工力量时采用。

【分组讨论】请同学们简明扼要归纳总结各种项目组织形式各自的优缺点及适用情况。

### 2.2.6　施工项目管理组织形式的选择

每一种组织形式都有它的优点和缺点，每一个工程项目都有它的不同点。一般应符合下列规定：

（1）大、中型项目宜按矩阵式项目管理组织设置项目经理部。

（2）远离企业管理层的大中型项目宜按事业部式项目管理组织设置项目经理部。

（3）中、小型项目宜按直线职能式项目管理组织设置项目经理部。

（4）项目经理部的人员配置应满足施工项目管理的需要。职能部门的设置应满足规范的项目管理内容中各项管理内容的需要。大型项目的项目经理必须具有一级项目经理资质，管理人员中的高级职称人员不应少于 10%。

# 教学单元3

# 流水施工

## 【教学要点】

本单元主要介绍了建筑工程施工组织的方式，阐述了不同流水施工组织方式的组织原理。通过本单元的学习，要求学生掌握流水施工的组织原理、流水施工参数含义与确定，正确编制施工横道进度计划。

## 【教学目标】

### 知识目标

1. 能正确理解建筑工程施工组织的方式。
2. 能正确理解流水施工组织方式的组织原理。
3. 能正确表述流水施工参数含义及确定方法。
4. 能正确表述不同流水施工的特点及工期计算公式。

### 能力目标

1. 能正确区分建筑工程施工组织方式及其特点。
2. 能正确根据工程实际情况合理选择施工组织方式。
3. 能正确区分流水施工参数，合理划分施工过程和施工段，计算流水节拍和流水步距。
4. 能根据等节奏流水、异节奏流水和无节奏流水的组织方法，正确组织流水施工，绘制施工横道进度计划。
5. 能正确组织流水施工工作计划的实施。

## 【教学资源】

建筑工程施工图、预算书、建筑施工组织实例、施工现场照片、企业案例、施工现场或实训基地等。

## 【教学方法】

资料展示、现场实物对照、分组学习、案例分析、课堂讨论、多媒体教学、讲授等。

## 3.1 流水施工概述

### 学习目标

知识目标：熟悉建筑工程施工组织方式和组织施工应该考虑的因素；掌握依次施工、平行施工、流水施工的特点及适用范围，熟悉流水施工的分类及表达方式。

能力目标：能够区分建筑工程施工组织方式及其特点；根据工程实际情况合理选择施工组织方式组织施工。

### 重点难点

重点：依次施工、平行施工、流水施工的特点及适用范围，流水施工的分类及表达方式。

难点：根据三种施工组织方式的特点及适用范围和工程实际情况合理选择施工组织方式组织施工。

### 3.1.1 组织施工的基本方式

任何一个建筑工程都是由许多施工过程组成的，而每一个施工过程可以组织一个或多个施工队伍来进行施工。如何组织各施工队伍的先后顺序和平行搭接施工，是组织施工中的一个基本问题。通常，组织施工时有依次施工、平行施工和流水施工三种方式，下面将通过案例3-1来讨论这三种施工方式的特点和效果。

### 【案例3-1】

某三幢同类型房屋的基础工程，由基槽挖土、混凝土垫层、砖砌基础和回填土四个过程组成，由四个不同的工作队分别施工，每个施工过程在一幢房屋上所需的施工时间见表3-1，每幢房屋为一个施工段，试组织此基础工程施工。

表3-1　某基础工程施工资料

| 序号 | 施工过程 | 施工队伍（班组）人数/人 | 工作持续时间/天 |
| --- | --- | --- | --- |
| 1 | 基槽挖土 | 10 | 3 |
| 2 | 混凝土垫层 | 12 | 2 |
| 3 | 砖砌基础 | 15 | 3 |
| 4 | 回填土 | 8 | 2 |

#### 1. 依次施工

（1）依次施工概述。依次施工也称为顺序施工，是指按照建筑工程内部各分项、分部工程的内在联系和必须遵循的施工顺序，不考虑后续施工过程在时间和空间上的相互搭接，而依照顺序组织施工的方式。依次施工往往是前一个施工过程完成后，下一个施工过程才开始；一个工程的施工全部完成后，另一个工程的施工才开始。

（2）依次施工组织方式。

1）方式1：将这三幢房屋的基础一栋一栋施工，一栋完成后再施工另一栋，按照这样的方式组织施工，具体安排如图3-1所示。由图可知，工期为30天，每天只有一个作业队伍施工，劳动力投入较少，其他资源投入强度不大。

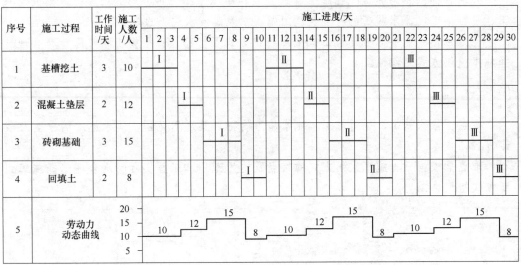

注：Ⅰ、Ⅱ、Ⅲ为幢数。

**图3-1 按幢（或施工段）顺序施工进度安排**

2）方式2：将这三幢房屋基础施工，组织每个施工过程的专业队伍连续施工，一个施工过程完成后，另一个施工队伍（班组）才进场，按照这样的方式组织施工，具体安排如图3-2

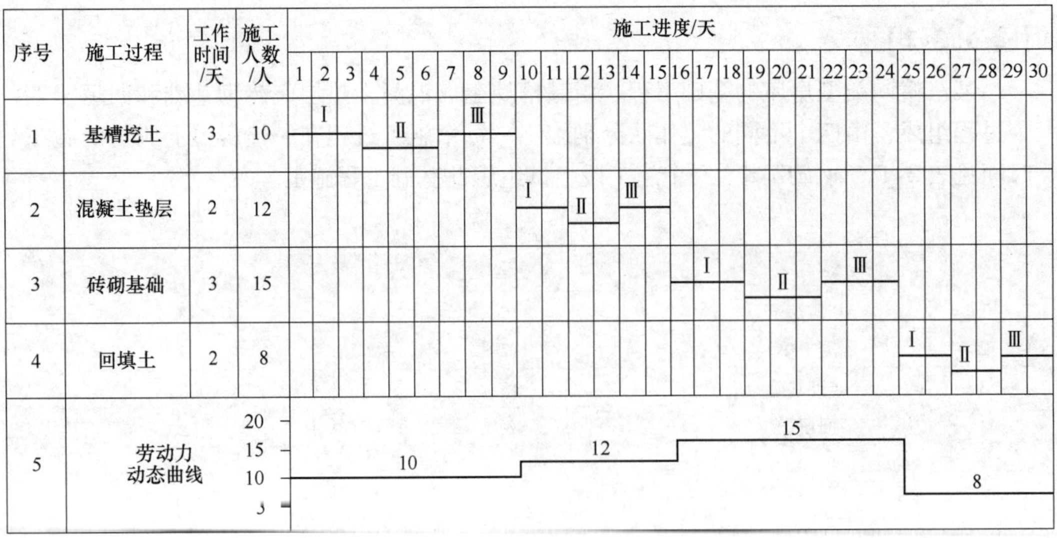

注：Ⅰ、Ⅱ、Ⅲ为幢数。

**图3-2 按施工过程顺序施工进度安排**

所示。由图可知，工期也为30天，每天只有一个队伍施工，劳动力投入较少，其他资源投入强度不大。

方式1是以建筑产品为单元依次按顺序组织施工，因而同一施工过程的队伍工作是间断的，有窝工现象发生；方式2是以施工过程为单元依次按顺序组织施工，作业队伍是连续的，这样组织施工的方式就是顺序施工或依次施工。

【温馨提示】两种组织方式施工的工期都为30天。依次施工的最大优点是单位时间投入的劳动力和物质资源较少，施工现场管理简单，便于组织和安排，适用于工程规模较小的工程；但采用依次施工时，专业队伍不能连续作业，有间歇性，会造成窝工，工地物质资源消耗也有间断性，由于没有充分利用工作面去争取时间，所以工期较长。

2. 平行施工

（1）平行施工概述。平行施工是指将一个工作范围内相同的施工过程同时组织施工，完成以后再同时进行下一个施工过程的施工方式。

（2）平行施工组织方式。将案例中三幢房屋基础施工的每个施工过程组织三个相应的专业队伍，同时进行施工，齐头并进、同时完工。按照这样的方式组织施工，具体安排如图3-3所示。由图可知，工期为10天，每天均有三个队伍作业，劳动力投入大，这样组织施工的方式就是平行施工。

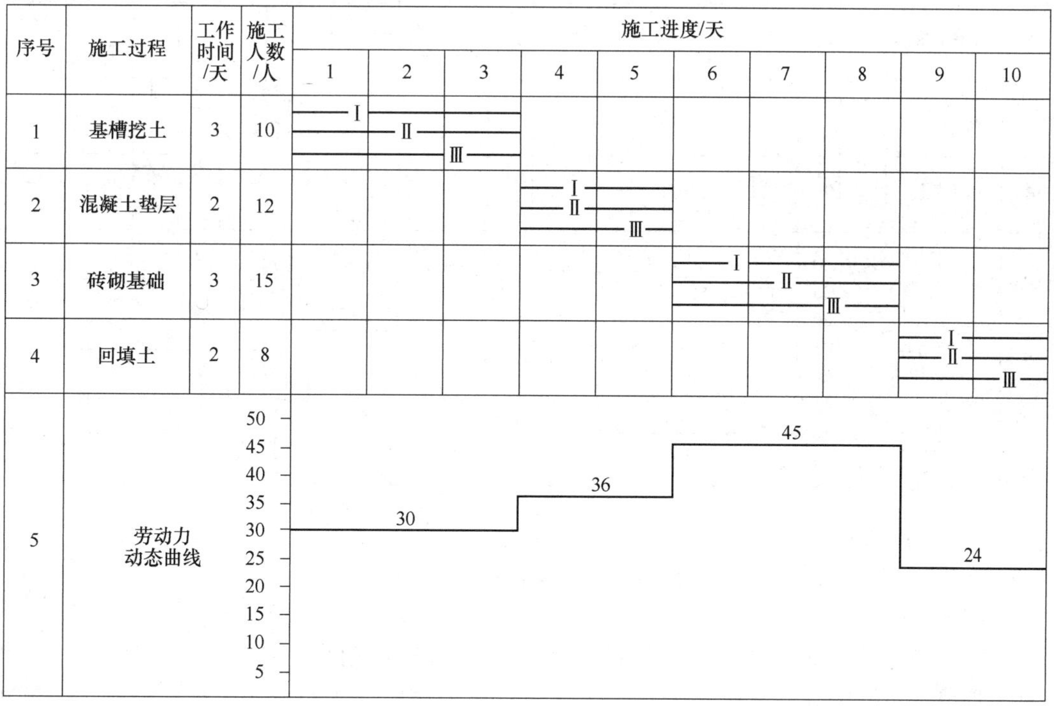
序号
施工过程
工作时间/天
施工人数/人
施工进度/天
1 2 3 4 5 6 7 8 9 10
1 基槽挖土 3 10
2 混凝土垫层 2 12
3 砖砌基础 3 15
4 回填土 2 8
5 劳动力动态曲线
Ⅰ Ⅱ Ⅲ
50 45 40 35 30 25 20 15 10 5
30 36 45 24

注：Ⅰ、Ⅱ、Ⅲ为幢数。

图3-3　平行施工施工进度安排

【温馨提示】平行施工最大限度地利用了工作面，工期最短；但在同一时间内需要提供的相同劳动资源成倍增加，给实际的施工管理带来了一定的难度。它一般适用于规模较大或工期较紧的工程。

**3. 流水施工**

（1）流水施工概述。流水施工是指把若干个同类型建筑或一幢建筑在平面上划分成若干个施工区段（施工段），组织若干个在施工工艺上有密切联系的专业队伍相继进行施工，依次在各施工区段上重复完成相同的工作内容，不同的专业队伍利用不同的工作面，尽量组织平行施工的施工组织方式。

（2）流水施工组织方式。将案例中同一个施工过程组织一个专业队伍在三幢房屋的基础上顺序施工，如挖土方组织一个挖土队伍，挖完第一幢挖第二幢，挖完第二幢挖第三幢，保证作业队伍连续施工，不出现窝工现象。不同的施工过程组织专业队伍尽量搭接平行施工，即充分利用上一施工工程的队伍作业完成留出的工作面，尽早进行组织平行施工。按照这种方式组织施工，具体安排如图3-4所示。

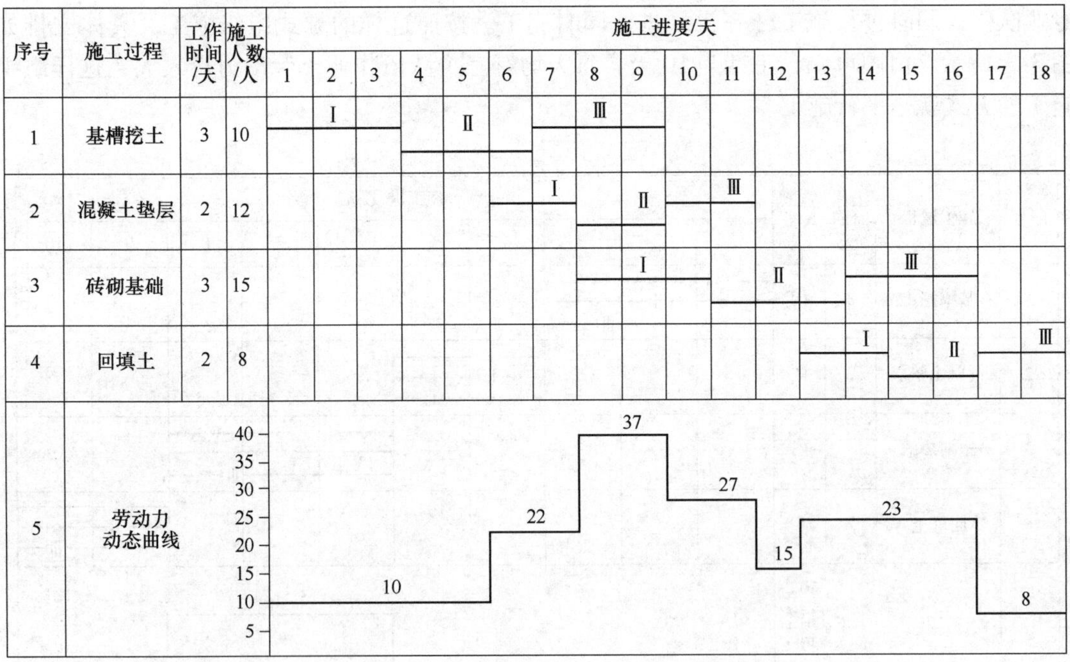

注：Ⅰ、Ⅱ、Ⅲ为幢数。

图3-4　流水施工施工进度安排

由图可知，其工期为18天，介于顺序施工和平行施工之间，各专业队伍依次施工，没有窝工现象，不同的施工专业队伍充分利用空间（工作面）平行施工。这样的施工方式就是流水施工。

【温馨提示】流水施工所需的时间比依次施工短，各施工过程投入的劳动力比平行施工少；各施工队伍的施工和物资的消耗具有连续性和均衡性，前后施工过程尽可能平行搭接施工。可见，流水施工综合了依次施工和平行施工的特点，是建筑施工中最合理、最科学的一种组织方式。

【职业技能训练】

1. 最大限度地利用了工作面，工期最短，一般适用于规模较大或工期较紧的工程，应该选用的组织施工方式是（　　　　）。

A. 依次施工　　　　B. 平行施工　　　　C. 流水施工　　　　D. 顺序施工

2. 下列属于依次施工特点的是（　　　　）。

A. 在同一时间内需要提供的相同劳动资源成倍增加，给实际的施工管理带来一定的难度

B. 每天投入的资源量较为均衡，有利于资源供应的组织工作

C. 科学地利用工作面，争取了时间，计算总工期比较合理

D. 没有充分利用工作面去争取时间，所以工期长

3. 下列不属于流水施工特点的是（　　　　）。

A. 尽可能地利用工作面进行施工，工期比较合理

B. 各专业队实现了专业化施工，有利于提高技术水平和劳动生产率，也利于提高工程质量

C. 如果由一个工作队完成一个施工对象的全部施工任务，则不能实现专业化施工，不利于提高劳动生产率和工程质量

D. 专业工作队能够连续施工，同时使相邻专业队的开工时间能够最大限度地搭接

## 3.1.2　组织流水施工的条件

组织流水施工的条件包括以下内容：

（1）划分施工过程。划分施工过程就是根据拟建工程的施工特点和要求，把工程的整个建造过程分解为若干个施工过程，以便逐一实现局部对象的施工，从而使施工对象整体得以实现。它是组织专业化施工和分工协作的前提。建筑工程的施工过程一般为分部工程或分项工程，有时也可以是单位工程。

（2）划分施工段。根据组织流水施工的需要，将拟建工程在平面或空间上划分为劳动量大致相等的若干个施工段。

（3）每个施工过程组织独立的施工班组。在一个流水组中，每个施工过程尽可能组织独立的施工班组，其形式可以是专业班组，也可以是混合班组。这样可使每个施工班组按施工顺序，依次、连续、均衡地从一个施工段转移到另一个施工段进行相同的操作。

（4）主要施工过程必须连续、均衡地施工。对工程量较大、作业时间较长的施工过程，必须组织连续、均衡的施工。对其他次要的施工过程，可考虑与相邻的施工过程合并；如不能合并，为缩短工期，可安排其间断施工。

（5）不同的施工过程尽可能组织平行搭接施工。根据不同的施工顺序和不同施工过程之间的关系，在有工作面的条件下，除必要的技术和组织间歇时间，应尽可能地组织平行搭接施工。

【分组讨论】不划分施工段能否组织流水施工？

### 3.1.3 流水施工的经济效果

流水施工是在工艺划分、时间排列和空间布置上的统筹安排，使劳动力得以合理使用，资源需求量也比较均衡。这必然会带来显著的技术经济效果，主要表现在以下几个方面：

（1）由于流水施工的连续性，减少了专业工作的间隔时间，达到了缩短工期的目的，可使拟建工程项目尽早竣工，交付使用，发挥投资效益。

（2）便于改善劳动组织，改进操作方法和施工机具，有利于提高劳动生产率。

（3）专业化的生产可提高工人的技术水平，使工程质量相应提高。

（4）工人技术水平和劳动生产率的提高，可以减少用工量和施工临时设施的建造量，降低工程成本，提高利润水平。

（5）可以保证施工机械和劳动力得到充分、合理的利用。

（6）由于工期短、效率高、用人少、资源消耗均衡，可以减少现场管理费和物资消耗，实现合理储存与供应，有利于提高项目的综合经济效益。

【分组讨论】组织施工时，为什么尽可能组织流水施工？

### 3.1.4 流水施工的表达方式

流水施工的表达方式有三种：水平图表（横道图）、垂直图表（斜线图）和网络图（甘特图）。

#### 1. 水平图表

水平图表（横道图）由纵、横坐标用以表示施工过程，横坐标用以表示施工进度，施工进度的单位可根据施工项目的具体情况和图表的应用范围来决定，可以是天、周、旬、月、季或年等，日期可以按照自然数顺序排列，也可以采用奇数或偶数的顺序排列，还可以采用扩大的单位数来表示，如图3-5所示。

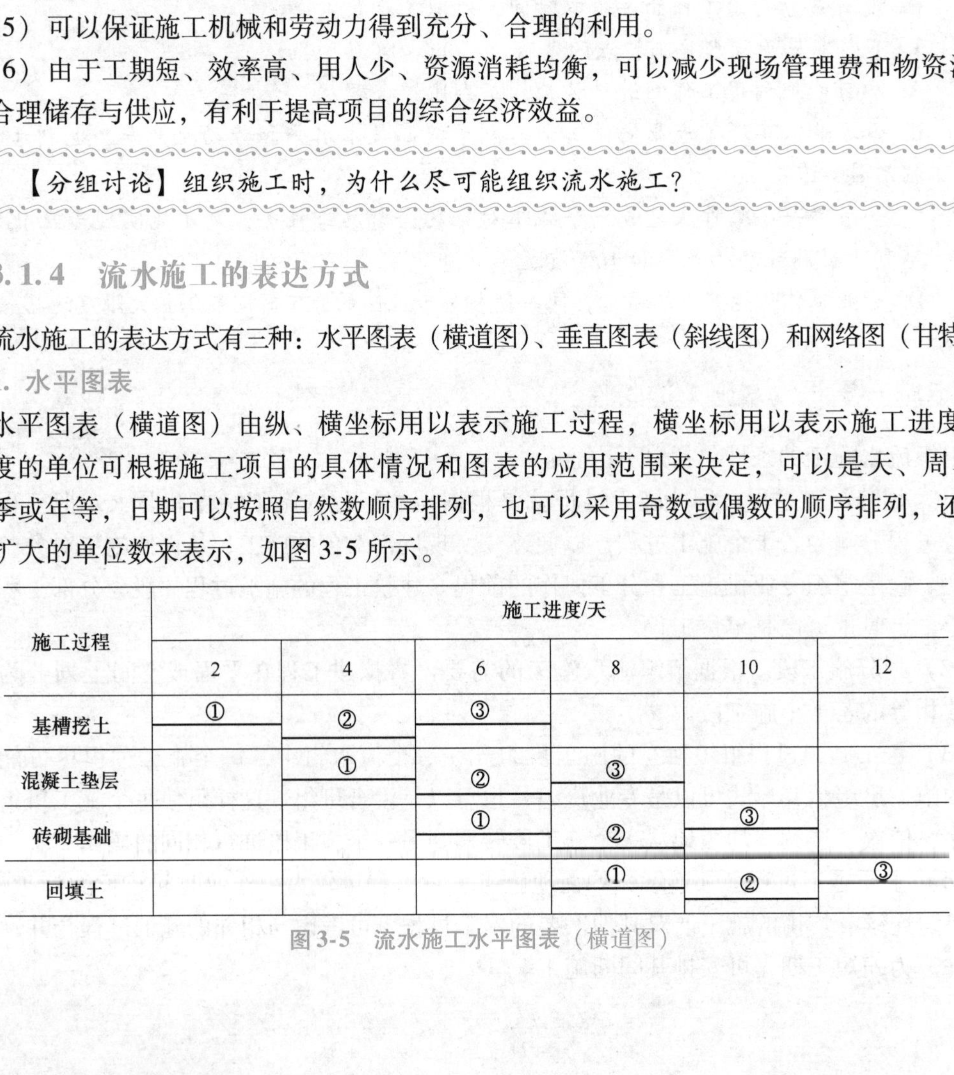

| 施工过程 | 施工进度/天 | | | | | |
|---|---|---|---|---|---|---|
| | 2 | 4 | 6 | 8 | 10 | 12 |
| 基槽挖土 | ① | ② | ③ | | | |
| 混凝土垫层 | | ① | ② | ③ | | |
| 砖砌基础 | | | ① | ② | ③ | |
| 回填土 | | | | ① | ② | ③ |

图 3-5 流水施工水平图表（横道图）

**2. 垂直图表**

垂直图表（斜线图）是以纵坐标由下往上表示出施工段数，以横坐标表示各施工过程在各施工段上的施工持续时间，若干条斜线段表示施工过程。通过比较各条斜线的斜率可以看出各施工过程的施工速度，斜率越大，表示施工速度越快，如图3-6所示。垂直图表的实际应用不及水平图表普遍。

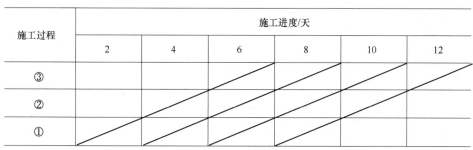

图3-6　流水施工垂直图表（斜线图）

**3. 网络图**（甘特图）

网络图是用来表达各项工作先后顺序和逻辑关系的网状图形，由箭线和节点组成，分为双代号网络图和单代号网络图两种，分别如图3-7所示。流水施工网络图的表达方式详见教学单元4。

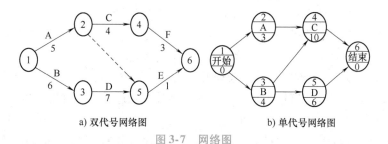

a) 双代号网络图　　　　　　b) 单代号网络图

图3-7　网络图

## 3.2　流水施工的主要参数

学习目标

知识目标：掌握流水施工的主要参数及确定方法；熟悉施工过程和施工段的划分。

能力目标：正确区分流水施工参数，合理划分施工过程和施工段，计算流水节拍、流水步距和施工工期。

重点难点

重点：流水施工的主要参数及确定方法。

难点：流水施工的主要参数的含义、符号及确定方法。

为了组织流水施工，表明流水施工在时间和空间上的进展情况，需要引入一些描述施工特征和各种数量关系的参数，称为流水施工参数，如图3-8所示。

- 流水施工参数
  - 工艺参数
    - 施工过程（$n/N$）
    - 流水强度（$V$）
  - 空间参数
    - 工作面（$a$）
    - 施工段（$m/M$）
    - 施工层（$r/j$）
  - 时间参数
    - 流水节拍（$t$）
    - 流水步距（$K$）
    - 间歇时间（$Z/t_j$）
    - 搭接时间（$C/D/t_d$）
    - 工期（$T$）

图3-8　流水施工参数分类

### 3.2.1　工艺参数

工艺参数是指在组织流水施工时，用以表达流水施工在施工工艺上的开展顺序及其特征的参数。通常，工艺参数包括施工过程和流水强度两种。

**1. 施工过程（$n$ 或 $N$）**

（1）施工过程的含义。组织建设工程流水施工时，根据施工组织及计划安排需要将计划任务划分成的子项称为施工过程。施工过程是对建筑产品由开始建造到竣工整个建筑过程的统称。施工过程数目用“$n$”或“$N$”来表示，它的大小与建筑的复杂程度以及施工工艺等因素有关。

（2）施工过程数目的确定，一般与下列因素有关：

1）施工进度计划的性质与作用。对工程施工控制性计划、长期性进度计划，其施工过程划分可粗一些、综合性强些，一般划分至单位工程或分部工程；对工期不长的工程施工实施性计划，其施工过程划分可细一些、具体些，一般划分至分项工程；对月度作业性计划，有些施工过程还可分解工序，如安装模板、绑扎钢筋等。

2）工程对象的建筑结构体系及复杂程度。如果工程对象规模大或结构比较复杂，或者组织由若干幢房屋所组成的群体工程施工，这时划分施工过程数目就可以粗一些，如按照分部工程划分，甚至可按幢号划分；如果是一幢一般的砖混结构房屋，工期在两年以内的，需要编制工程对象施工实施性进度计划，具体指导和控制各分部分项工程施工，则施工过程根据组织施工的需要，宜细一些。

3）施工方案。施工过程的划分与施工方案有很大的关系。例如，厂房的柱基与设备基础挖土，如果确定是敞开式施工方案，则两者挖土可合并为一个施工过程；如果按封闭式施工，则可分别列为两个施工过程。其结构吊装施工过程划分也与结构吊装施工方案有密切联系。如果采用综合节间吊装方案，则施工过程合并为“综合节间结构吊装”一项；如果采用分件结构吊装方案，则应划分为柱、吊车梁、屋架及屋面构件等屋面吊装施工过程。

4）劳动班组的组织形式及劳动量大小。施工过程的划分与施工班组的组织形式有关。例如，现浇钢筋混凝土结构的施工，如果是单一工种组成的施工班组，可以划分为支模板、扎钢筋和浇混凝土三个施工过程；如果为了组织流水施工的方便或需要，也可以合并为一个施工过程，这时劳动班组的组成是多工种组织形式。施工过程的划分还与劳动量大小有关。劳动量小的施工过程，当组织流水施工有困难时，可与其他施工过程合并。例如，垫层劳动量较小时可与挖土合并为一个施工过程，这样可以使各个施工过程的劳动量大致相等，便于组织流水施工。

5）施工过程的内容和工作范围。由于建造类施工过程占有施工对象的空间，直接影响工期的长短，因此必须列入施工进度计划，并在其中大多作为主导施工过程或关键工作。例如，对于采用装配式钢筋混凝土结构的建设工程，钢筋混凝土构件的预制过程就需要列入施工进度计划之中；同样，结构安装中，构件吊运施工过程也需要列入施工进度计划之中。

【温馨提示】主导施工过程是指对工期影响大或者对整个流水施工起决定性作用的施工过程。

【分组讨论】某框架结构房屋采用塑钢门窗，门窗在现场加工棚中制作，是否列入施工进度计划之中？

施工过程是组织流水施工时的基本工作单位。组织流水施工，要将施工对象的整个施工活动划分成若干个分部分项工程甚至是工序。不同的流水施工对象有不同的划分方法，一般可以归纳为按照表3-2进行的划分。

表3-2　施工过程的划分

| 流水施工类别 | 用　途 | 划　分 | 举　例 |
|---|---|---|---|
| 群体工程流水 | 控制性进度计划 | 单位工程 | 土建 A 幢、B 幢 |
| 单位工程流水 | 实施性进度计划 | 分部工程 | 土方、基础、柱梁 |
| 分部工程流水 | 实施性进度计划 | 分项工程或工序 | 钢筋、模板、混凝土 |
| 分项工程流水 | 实施性进度计划 | 工序 | 涂料的基层处理、腻子、涂刷 |

**2. 流水强度（$V$）**

流水强度是指流水施工的某施工过程（专业工作队）在单位时间内所完成的工程量，也称为流水能力或生产能力，一般以"$V_i$"表示。

（1）机械施工过程的流水强度为

$$V_i = \sum_i^x R_i S_i \tag{3-1}$$

式中　$R_i$——投入施工过程 $i$ 的某种施工机械台数；

　　　$S_i$——投入施工过程 $i$ 的某种施工机械产量定额；

　　　$x$——投入施工过程 $i$ 的某种施工机械种类数。

（2）人工施工过程的流水强度为

$$V_i = R_i S_i \tag{3-2}$$

式中　$R_i$——投入施工过程 $i$ 的专业工作队工人数；

　　　$S_i$——投入施工过程 $i$ 的专业工作队平均产量定额。

【案例3-2】

某安装工程，有运输工程量 272000t·km。施工组织时，按 4 个施工段组织流水施工，每个施工段的运输工程量大致相等。使用解放牌汽车、黄河牌汽车和平板拖车10 天内完成每一个施工段上的二次搬运任务。已知解放牌汽车、黄河牌汽车和平板拖车的台班生产率分别为 $S_1 = 400\text{t} \cdot \text{km}$，$S_2 = 640\text{t} \cdot \text{km}$，$S_3 = 2400\text{t} \cdot \text{km}$，并已知该施工单位有黄河牌汽车 5 台、平板拖车 1 台可用于施工，试计算尚需要解放牌汽车多少台？

**【案例解析】**

因为该安装工程分为运输工程量大致相等的 4 个施工段，因此

（1）每一段上的运输工程量为

$$Q_i = \frac{Q}{m} = \frac{272000\text{t} \cdot \text{km}}{4} = 68000\text{t} \cdot \text{km}$$

使用解放牌、黄河牌汽车和平板拖车 10 天内完成每一个施工段上的二次搬运任务，故

（2）流水强度为

$$V_i = \frac{Q_i}{10} = \frac{68000\text{t} \cdot \text{km}}{10} = 6800\text{t} \cdot \text{km}$$

由机械施工过程的流水强度公式 $V_i = \sum_i^x R_i S_i$ 反求施工机械台数。

设需用解放牌汽车 $R_1$ 辆，则

$$V_i = \sum_i^x R_i S_i = R_1 S_1 + R_2 S_2 + R_2 S_2$$

$$6800\text{t} \cdot \text{km} = R_1 \times 400\text{t} \cdot \text{km} + 5 \times 640\text{t} \cdot \text{km} + 1 \times 2400\text{t} \cdot \text{km}$$

解得 $R_1 = 3$ 台。

所以，根据以上施工组织，该施工单位尚需配备 3 台解放牌汽车完成施工。

**【职业技能训练】**

1. 流水施工的基本参数包括（　　　　）、（　　　　）和（　　　　）。

2. 流水强度分为（　　　　）和（　　　　）。

3. 组织建设工程流水施工时，根据施工组织及计划安排需要将计划任务划分成的子项称为（　　　　）。

### 3.2.2　空间参数

空间参数是用来表达流水施工在空间布置上所处状态的参数，包括工作面、施工段和施工层。

**1. 工作面**（$a$）

工作面是指供某专业工种的工人或某种施工机械进行施工的活动空间。工作面的大小表明能安排施工人数或机械台数的多少。前一个施工过程的结束就要为后一个（或几个）施工过程提供工作面。每个作业的工人或每台施工机械所需工作面的大小，取决于单位时间内

其完成的工程量和安全施工的要求。工作面确定得合理与否，直接影响专业工作队的生产效率，因此必须合理确定工作面。工作面一般用字母"$a$"来表示。

**2. 施工段（$m$ 或 $M$）**

为了有效地组织流水施工，通常将施工对象在平面上划分成若干个劳动量大致相等的施工段落，这些施工段落称为施工段或流水段。施工段的数目通常用"$m$"或"$M$"表示。划分施工段的目的在于能使不同工种的专业队同时在工程对象的不同工作面上进行作业，这样能充分利用空间，为组织流水施工创造条件。

划分施工段是为组织流水施工提供必要的空间条件。其作用在于某一施工过程能集中施工力量，迅速完成一个施工段上的工作内容，及早空出工作面为下一施工过程提前施工创造条件，从而保证不同的施工过程能同时在不同的工作面上进行施工。

**3. 施工层（$r/j$）**

对于多层的建筑物、构筑物，在平面上是按照施工段的划分，从一个施工段向另一个施工段逐步进行；在垂直方向上，则是自下而上、逐层进行，第一层的各个施工过程完工后，自然就形成了第二层的工作面，于是不断循环，直至完成全部工作。这些为满足专业工种对操作和施工工艺要求而划分的操作层称为施工层。施工层的数目通常用"$r$"或"$j$"来表示。通常以建筑物的结构层作为施工层，有时为方便施工，也可以按一定高度划分一个施工层。

在同一时间内，一个施工段只容纳一个专业施工队施工，不同的专业施工队在不同的施工段上平行作业。所以，施工段数量的多少，将直接影响流水施工的效果。合理划分施工段，一般应遵循以下原则：

（1）主要专业工种在各个施工段所消耗的劳动基本相等或相近，以保证流水施工的连续性、均衡性和节奏性，各施工段的劳动量相差不宜超过15%。

（2）在保证专业工作队劳动组合优化的前提下，施工段大小要满足专业工种对工作面的要求。

（3）施工段划分的一般部位。

1）应尽可能与结构自然界限相吻合，如沉降缝、伸缩缝等处，有利于结构的整体性。

2）如果必须要将其设在墙体中间时，可将其设在门窗洞口处，以减少施工留槎。

3）单元式的住宅工程，可按单元为界分段。

4）道路、管线等线性延伸的工程，可按一定的长度划分作为一个施工段。

5）多幢同类型房屋，可以按一幢或多幢划分作为一个施工段。

（4）各施工段要有足够的工作面。应满足专业工种对工作面的空间要求，以发挥人工、机械的生产作业效率，因而施工段不宜过多，最理想的情况是平面上的施工段数与施工过程相等。

（5）尽量使各专业队（班组）连续作业。这就要求施工段数与施工过程数相适应，划分施工段数应尽量满足下列要求

$$m \geqslant n \tag{3-3}$$

**49**

式中 $m$——每层的施工段数；

$n$——每层参加流水施工的施工过程数或作业班组总数。

【温馨提示】无层间关系或无施工层（如单层建筑、基础工程等）时，不受 $m \geqslant n$ 限制。

【案例3-3】

某二层钢筋混凝土框架结构建筑，其钢筋混凝土工程由支设模板、绑扎钢筋和浇筑混凝土3个施工过程组成，分别由3个专业施工队进行施工，流水节拍均为3天（可通过调整劳动力人数来实现）。试分别按以下三种情况组织流水施工：（1）施工段数 $m=4$；（2）施工段数 $m=3$；（3）施工段数 $m=2$。

【案例解析】

（1）各施工过程划分为4个施工段，施工段数大于施工过程数，即 $m=4$，$n=3$，$m>n$。其流水施工进度安排如图3-9所示。

| 施工层 | 施工过程名称 | 施工进度/天 | | | | | | | | | |
|---|---|---|---|---|---|---|---|---|---|---|---|
| | | 3 | 6 | 9 | 12 | 15 | 18 | 21 | 24 | 27 | 30 |
| 第一层 | 支设模板 | ① | ② | ③ | ④ | | | | | | |
| | 绑扎钢筋 | | ① | ② | ③ | ④ | | | | | |
| | 浇筑混凝土 | | ① | ② | ③ | ④ | | | | | |
| 第二层 | 支设模板 | | | | | ① | ② | ③ | ④ | | |
| | 绑扎钢筋 | | | | | ① | ② | ③ | ④ | | |
| | 浇筑混凝土 | | | | | | ① | ② | ③ | ④ | |

图3-9 $m>n$ 施工进度安排

由图3-9可以看出，当第一层的第一施工段上的混凝土浇筑结束后，第二层的第一施工段并没有立刻投入支设模板的专业施工队，而是在第12天出现了第一施工段工作面的3天空闲。这是由于支设模板专业队在第一层的施工必须要到第14天才能结束，只能在第15天才可以投入第二层的第一施工段进行施工。其他施工段也都由于同样的原因而出现了工作面的空闲。

（2）各施工过程划分为3个施工段，施工段数等于施工过程数，即 $m=3$，$n=3$，$m=n$。其流水施工进度安排如图3-10所示。

由图3-10可以看出，各专业施工队在第一层施工结束后都能立刻进入下一施工层进行施工，不会出现窝工现象。同时，各施工段上都有工作队连续地在施工，工作面没有出现空闲，所以工作面利用比较充分。

| 施工层 | 施工过程名 称 | 施工进度/天 | | | | | | | |
|---|---|---|---|---|---|---|---|---|---|
| | | 3 | 6 | 9 | 12 | 15 | 18 | 21 | 24 |
| 第一层 | 支设模板 | ① | ② | ③ | | | | | |
| | 绑扎钢筋 | | ① | ② | ③ | | | | |
| | 浇筑混凝土 | | | ① | ② | ③ | | | |
| 第二层 | 支设模板 | | | | ① | ② | ③ | | |
| | 绑扎钢筋 | | | | | ① | ② | ③ | |
| | 浇筑混凝土 | | | | | | ① | ② | ③ |

图 3-10 $m=n$ 施工进度安排

（3）各施工过程划分为 2 个施工段，施工段数等于施工过程数，即 $m=2$，$n=3$，$m<n$。其流水施工进度安排如图 3-11 所示。

| 施工层 | 施工过程名 称 | 施工进度/天 | | | | | | |
|---|---|---|---|---|---|---|---|---|
| | | 3 | 6 | 9 | 12 | 15 | 18 | 21 |
| 第一层 | 支设模板 | ① | ② | | | | | |
| | 绑扎钢筋 | | ① | ② | | | | |
| | 浇筑混凝土 | | | ① | ② | | | |
| 第二层 | 支设模板 | | | | ① | ② | | |
| | 绑扎钢筋 | | | | | ① | ② | |
| | 浇筑混凝土 | | | | | | ① | ② |

图 3-11 $m<n$ 施工进度安排

由图 3-11 可以看出，支设模板的专业施工队不能在第一层施工结束后，即第 9 天立刻进入第二层的第一施工段进行施工，必须间隔 3 天，以等待第一层的第一段的混凝土浇筑，从而造成窝工现象。同样，另外两个专业施工队也都要窝工。但各施工段上都有工作队连续地在施工，工作面没有出现空闲，所以工作面利用比较充分。

从以上三种情况的比较中，可以得到以下结论：

（1）当 $m>n$ 时，此时每一施工过程或作业班组能保证连续施工，但所划分的施工段会出现空闲，这种情况也是允许的。实际施工时，有时为满足某些施工过程技术间歇的要求，有意让工作面空闲一段时间反而更趋合理。

（2）当 $m=n$ 时，此时每一施工过程或作业班组既能保证连续施工，又能使所划分的施工段不至空闲，是最理想的情况，有条件时应尽量采用。

（3）当 $m < n$ 时，此时每一施工过程或作业班组虽能保证连续施工，但施工过程或作业班组不能连续施工而会出现窝工现象，一般情况下应力求避免。但有时当施工对象规模较小，确实不可能划分较多的施工段时，可与同工地或同一部门内的其他相似工程组织成大流水，以保证施工队伍（班组）连续作业，不出现窝工现象。

【职业技能训练】

1. 流水施工的表示方法有三种：（　　　　）、（　　　　）和（　　　　）。

2. 空间参数包括（　　　　）、（　　　　）和（　　　　）。

3. 有层间关系的工程组织流水施工时，施工段数（$m$）和施工过程数（$n$）的正确关系是（　　　）。

A. $m > n$　　　　B. $m = n$　　　　C. $m < n$　　　　D. $m \geqslant n$

4. 一幢 6 层砖混结构学生公寓，其结构层数就是施工层数，如果该房屋每层划分为 3 个施工段，那么该公寓总共的施工段数应为（　　　）段。

A. 16　　　　B. 18　　　　C. 21　　　　D. 24

### 3.2.3　时间参数

时间参数是指用来表达组织流水施工的各施工过程在时间排列上所处状态的参数。它包括流水节拍、流水步距、间歇时间、搭接时间及流水施工工期等。

**1. 流水节拍（$t$）**

流水节拍是指在组织流水施工时，某一施工过程在某一施工段上的作业时间，其大小可以反映施工速度的快慢。因此，正确、合理地确定各施工过程的流水节拍具有很重要的意义。

（1）流水节拍的确定方法。

1）定额计算法。这是根据各施工段的工程量和现有能够投入的资源量（劳动力、机械台数和材料量等），按式（3-4）进行计算。

$$t_i = \frac{Q_i}{S_i R_i b_i} = \frac{Q_i H_i}{R_i b_i} = \frac{P_i}{R_i b_i} \tag{3-4}$$

式中　$t_i$——某专业班组在第 $i$ 个施工段上的流水节拍；

　　　$Q_i$——某专业班组在施工过程中在第 $i$ 个施工段上需要完成的工程量；

　　　$S_i$——某专业班组完成该施工过程的产量定额（如 $m^3$/工日）；

　　　$H_i$——某专业班组完成该施工过程的时间定额（如工日/$m^3$）；

　　　$R_i$——参与该施工过程的工人数或施工机械台数；

　　　$P_i$——某专业班组在第 $i$ 个施工段上的劳动量或机械台数；

　　　$b_i$——每天工作班次。

【温馨提示】由式（3-4）可推导出 $P_i = \dfrac{Q_i}{S_i} = Q_i H_i$，$H_i = \dfrac{1}{S_i}$。

【案例 3-4】

某混合结构房屋基础的土方工程，经计算土方工程量为 $1200\text{m}^3$，已知一个壮工每人每天可挖土 $4\text{m}^3$，求该土方工程的劳动量。先分 3 个施工段进行施工，一班制，每班 10 人，求流水节拍。

【案例解析】

（1）已知 $Q = 1200\text{m}^3$，$m = 3$，$S = 4\text{m}^3/\text{工日}$，则每一施工段的工程量为

$$Q = \frac{1200\text{m}^3}{3} = 400\text{m}^3$$

（2）劳动量为

$$P_i = \frac{Q_i}{S_i} = \frac{400\text{m}^3}{4\text{m}^3/\text{工日}} = 100 \text{ 工日}$$

（3）流水节拍为

$$t_i = \frac{P_i}{R_i} = \left(\frac{100}{10}\right) \text{天} = 10 \text{ 天}$$

（4）若每班 20 人，则流水节拍为

$$t_i = \frac{P_i}{R_i} = \left(\frac{100}{20}\right) \text{天} = 5 \text{ 天}$$

当施工段划分后，则 $Q_i$ 为定值，$P_i$ 为定值，从公式 $t_i = \dfrac{P_i}{R_i}$ 可知，其流水节拍 $t_i$ 就成为 $R_i$ 的函数，即人数增加，流水节拍减小，反之，流水节拍增大。但无论哪一道工序施工人数的增减，都有一个限度，则流水节拍必然存在一个最小流水节拍和最大流水节拍，合适的流水节拍总是处于这二者之间，即

$$t_{\max} \geq t_i \geq t_{\min}$$

【实习实作】已知某建筑物基础工程量及时间定额见表 3-3，试完成该表。

表 3-3　某建筑物基础工程量及时间定额

| 施工过程 | 工程量 $Q/\text{m}^3$ | 时间定额 $H/(\text{工日}/\text{m}^3)$ | 劳动量 $P/\text{工日}$ | 人数 $R/\text{人}$ | 持续时间 $t/\text{天}$ |
|---|---|---|---|---|---|
| 基槽挖土 | 240 | 0.33 | | 20 | |
| 混凝土垫层 | 34 | 0.70 | | 6 | |
| 砖砌基础 | 124 | 1.09 | | 34 | |
| 回填土 | 84 | 0.19 | | 4 | |

2）经验估算法。按式（3-5）进行计算。

$$t_i = \frac{a_i + 4c_i + b_i}{6} \tag{3-5}$$

式中　$t_i$——某施工过程在某施工段上的流水节拍；

$a_i$——某施工过程在某施工段上的最短估算时间；

$b_i$——某施工过程在某施工段上的最长估算时间；

$c_i$——某施工过程在某施工段上的正常估算时间。

这种方法适用于采用新结构、新工艺、新方法和新材料等没有定额可循的工程或项目。

3）工期计算法（工期倒排法）。流水节拍的大小对工期有直接影响。通常在施工段数不变的情况下，流水节拍越小，工期就越短。当施工工期受到限制时，就应从工期要求反求流水节拍，然后用式（3-4）求得所需的人数或机械数，同时检查最小工作面是否满足要求及人工机械供应的可行性。若检查发现按某一流水节拍计算的人工数或机械数不能满足要求，供应不足，则可采取延长工期从而增大流水节拍以减少人工、机械的需求量，以满足实际的资源限制条件。若工期不能延长，则可增加资源供应量或采取一天多班次（最多三次）作业以满足要求。如果同一施工过程的流水节拍不等，用估算法计算；如果流水节拍相等，则按式（3-6）计算。

$$t_i = \frac{T_i}{m} \qquad (3-6)$$

式中 $t_i$——某施工过程的流水节拍；

$T_i$——某施工过程的工作持续时间；

$m$——施工段数。

（2）确定流水节拍的基本要求。

1）施工队伍（班组）人数主要符合该施工过程最少劳动组合人数的要求。例如现浇钢筋混凝土施工过程，包括上料、搅拌、运输、浇捣等施工操作环节，如果人数太少，是无法组织施工的。

2）要考虑工作面的大小或某种条件的限制，施工队伍（班组）人数也不能太多，每个工人的工作面要符合最小工作面要求。否则，就不能发挥正常的施工效率或不利于安全生产。

3）要考虑各种机械台班的效率（吊装次数）或机械台班产量的大小。

4）要考虑各种材料、构件等施工现场堆放量、供应能力及其他有关条件的制约。

5）要考虑施工及技术条件的要求。例如，不能留施工缝必须连续浇筑的钢筋混凝土工程，有时要按三班制工作的条件决定流水节拍，以确保工程质量。

6）确定一个分部工程各施工过程的流水节拍时，首先应考虑主要的、工程量大的施工过程节拍（它的节拍值最大，对工程起主要作用），其次确定其他施工过程的节拍值。

7）流水节拍的数值一般取整数，必要时可取半天。这样便于施工队伍安排工作，工作队转换工作地点时，正好是上、下班时间，不必占用生产操作时间。

【职业技能训练】

1. 组织流水施工时，一个施工班组在一个流水段上完成施工任务所需要的时间，称为（　　　　　）。

2. 流水节拍的确定方法有（　　　　）、（　　　　）和（　　　　）。

3. 某土方工程施工，工程量为 352.94m³，分工个施工段，采用人工开挖，每段的工程量相等，每班工人数为 15 人，一个工作班次挖土，已知时间定额为 0.51 工日/m³。试求该土方工程施工的流水节拍。

**2. 流水步距（$K$）**

（1）流水步距的定义。流水步距是指组织流水施工时，两个相邻的施工过程或专业施工队先后进入同一施工段施工的最小时间间隔。流水步距一般采用符号"$K_{i,i+1}$"来表示，其中$i$（$i=1, 2, \cdots, n-1$）为专业工作队或施工过程的编号。例如，木工工作队第一天进入第一施工段工作，工作两天做完（流水节拍 $t=2$ 天），第三天开始钢筋工作队进入第一施工段工作。木工工作队与钢筋工作队先后进入第一施工段的时间间隔为两天，那么流水步距 $K=2$ 天。

【温馨提示】流水步距的数目取决于参加流水的施工过程数，如施工过程数为 $n$ 个，则流水步距的总数为 $n-1$ 个。

一般无间歇和搭接时间情况下，在同一施工段不宜组织两个施工过程平行作业。所以，两个施工过程 $i$ 和 $j$ 在同一施工段的开始时间不宜相同。常采用 $K_{i,i+1} \geq t_i$，即第一施工过程在某一施工段上工作的结束为第二施工过程在同一施工段上工作的开始。

（2）确定流水步距的目的。保证作业组中两个相邻的施工过程或专业施工队在不同施工段上连续作业，不出现窝工现象。

（3）确定流水步距的要求。流水步距的大小取决于相邻两个施工过程（专业工作队）在各自施工段上的流水节拍及流水施工的组织方式。确定流水步距时，一般应满足以下基本要求：

1）确定流水步距要始终保持合理的前后两个施工过程以及施工工艺的先后顺序，即各施工过程按各自的流水节拍施工，始终保持工艺先后顺序，如垫层、基层、面层。

2）保持施工的连续性。确定流水步距应考虑施工工作面的允许程度，各施工过程的每个专业队投入施工后尽可能保持连续作业，不发生停工、窝工现象。

3）确定流水步距应做到前后两个施工过程（或专业工作队）在满足连续施工的条件下，能最大限度地实现合理搭接。

**3. 间歇时间（$Z/t_j$）**

在组织流水施工时，有些施工过程完成后，后续施工过程不能立即投入施工，必须有足够的间歇时间，一般用"$Z$"或"$t_j$"表示。例如，混凝土的养护时间、钢筋隐蔽验收所需要的时间等。间歇时间的存在会使工期延长，但又是不可避免的。

（1）工艺、技术间歇时间（$Z_1/t_g$）。在流水施工中，除了考虑两个相邻施工过程之间的正常流水步距外，有时还应根据施工工艺或质量保证的要求考虑工艺之间合理的技术间歇时间。例如，砖混结构的每层圈梁混凝土浇筑以后，必须经过一定的养护时间，才能进行其上预制楼板的安装工作；又如，屋面找平层施工完成后，必须经过一定的时间使其干燥后，才能铺贴卷材防水层等。

（2）组织间歇时间（$Z_2/t_z$）。组织间歇时间是指施工中由于考虑施工组织的要求，两个相邻施工过程在规定的流水步距以外增加必要的时间间隔，以便施工人员对前一施工过程进行检查验收，并为后续施工过程做出必要的技术准备工作等。例如，浇筑混凝土之前要检查钢筋及预埋件并做记录；又如，基础混凝土垫层浇筑及养护后，必须进行墙身位置的弹线，才能砌筑基础墙等。

【温馨提示】工艺、技术间歇时间是由于工艺、技术等原因引起的等待时间；组织间歇时间是由于组织因素要求增加必要的间歇，如质量验收、安全检查等。在组织流水施工时，工艺、技术间歇和组织间歇可以统一考虑，但是二者的概念、作用和内涵是不同的，施工组织者必须清楚。

**4. 搭接时间（$C/D/t_d$）**

搭接时间是指在工艺允许的情况下，后续施工过程在规定的流水步距以内提前进入某施工段进行施工的时间。搭接时间一般用"$C$"或"$D$"或"$t_d$"表示。一般情况下，相邻两个施工过程的专业施工队在同一施工段上的关系是前后衔接关系，即前者全部结束之后，后者才能开始。但有时为了缩短工期，在工作面和工艺允许的前提下，当前一施工过程在某一施工段上已经完成了一部分，并为后续施工过程创造了必要的工作面时，后续施工过程可以提前进入同一施工段，两者在同一施工段上平行搭接施工。其平行搭接的持续时间就是两个专业施工队之间的搭接时间。

【温馨提示】间歇时间的存在会使工期延长，后续施工过程将延后进入施工段；而搭接时间的存在会缩短工期，后续施工过程可以提前进入施工段。

**5. 流水工期（$T$）**

流水工期是指完成一项任务或一个流水组施工所需的时间，也就是从第一个施工过程进入施工到最后一个施工过程退出施工所经过的总时间，用 $T$ 表示。一般采用式（3-7）计算完成一个流水组的工期。

$$T = \sum K_{i,i+1} + T_n + \sum Z_{i,i+1} - \sum C_{i,i+1} \tag{3-7}$$

式中　　$T$——流水施工工期；

$\sum K_{i,i+1}$——流水施工中各流水步距之和；

$T_n$——流水施工中最后一个施工过程在所有施工段上完成施工任务所花的时间，有节奏流水中，$T_n = mt_n$（$t_n$ 指最后一个施工过程的流水节拍）；

$Z_{i,i+1}$——第 $i$ 个施工过程与第 $i+1$ 个施工过程之间的间歇时间；

$C_{i,i+1}$——第 $i$ 个施工过程与第 $i+1$ 个施工过程之间的平行搭接时间。

## 3.3　流水施工的基本组织方式

**学习目标**

知识目标：熟悉等节奏流水施工、异节奏流水施工和无节奏流水施工的特点；掌握等节奏流水施工、异节奏流水施工和无节奏流水施工主要参数的确定和工期计算，并绘制施工进度计划。

能力目标：根据等节奏流水、异节奏流水和无节奏流水的组织方法，正确组织流水施工，绘制施工横道进度计划。

重点：等节奏流水施工、异节奏流水施工和无节奏流水施工的特点、主要参数的确定及工期计算。

　　难点：等节奏流水、异节奏流水和无节奏流水主要参数的确定，绘制施工横道进度计划。

　　根据流水施工的节奏特征，流水施工可划分为有节奏流水施工和无节奏流水施工，有节奏流水施工又可分为等节奏流水施工和异节奏流水施工。其分类关系及组织流水方式如图 3-12 所示。

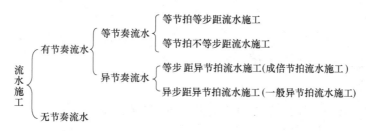

图 3-12　流水施工的基本组织方式

### 3.3.1　等节奏流水施工

　　等节奏流水施工也称全等节拍流水或固定节拍流水，是指在组织流水施工时，各施工过程在各施工段上的流水节拍全部相等。等节奏流水施工根据流水步距的不同，有等节拍等步距流水施工和等节拍不等步距流水施工两种情况。

**1. 等节拍等步距流水施工**

　　等节拍等步距流水施工即各流水步距值均相等，且等于流水节拍值的一种流水施工方式。

　　（1）等节拍等步距流水施工的特点。

　　1）所有施工过程在各施工段上的流水节拍均相等，即 $t_1 = t_2 = t_3 = \cdots = t_n$。

　　2）相邻施工过程的流水步距相等，且等于流水节拍，即 $K_{1,2} = K_{2,3} = \cdots = K_{i,i+1} = t_i$。

　　3）各施工过程之间没有技术与组织间歇时间，也不安排相邻施工过程在同一施工段上的搭接施工，即 $\sum Z = \sum C = 0$。

　　4）专业工作队伍数等于施工过程数，$n' = n$，即每一个施工过程成立一个专业工作队，由该队完成相应施工过程所有施工段上的任务。

　　5）各专业工作队在各施工段上能够连续作业，施工段之间没有空闲时间。

　　（2）等节拍等步距流水施工主要参数的确定。

　　1）流水步距的确定。这种情况下的流水步距都相等且等于流水节拍，即

$$K_{i,i+1} = t_i \tag{3-8}$$

式中　$t_i$——第 $i$ 个施工过程的流水节拍；

$K_{i,i+1}$——第 $i$ 个施工过程和第 $i+1$ 个施工过程之间的流水步距。

2）流水工期的计算

因为

$$K_{i,i+1} = t_i$$

$$\sum K_{i,i+1} = (n-1)t_i, \quad T_n = mt_i$$

所以

$$T = \sum K_{i,i+1} + T_n = (n-1)t_i + mt_i$$

即

$$T = (m+n-1)t_i \tag{3-9}$$

【案例 3-5】

某分部工程可以分为 A、B、C 3 个施工过程，每个施工过程分为 4 个施工段，流水节拍均为 2 天，试组织流水施工并计算工期。

【案例解析】

根据题设条件和要求，该题只能组织全等节拍流水施工。

（1）确定流水步距。

$$K_{i,i+1} = t_i = 2 \text{ 天}$$

（2）确定计算总工期。

$$T = (m+n-1)t_i = (4+3-1) \times 2 \text{ 天} = 12 \text{ 天}$$

（3）绘制流水施工进度图，如图 3-13 所示。

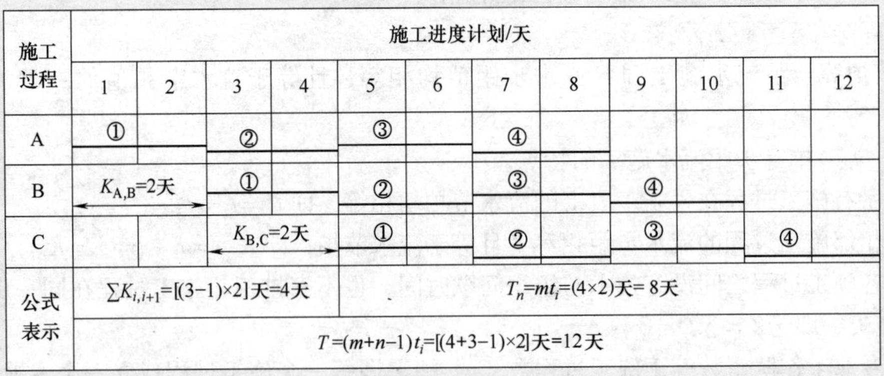

| 施工过程 | 施工进度计划/天 | | | | | | | | | | | |
|---|---|---|---|---|---|---|---|---|---|---|---|---|
| | 1 | 2 | 3 | 4 | 5 | 6 | 7 | 8 | 9 | 10 | 11 | 12 |
| A | ① | | ② | | ③ | | ④ | | | | | |
| B | $K_{A,B}$=2天 | | ① | | ② | | ③ | | ④ | | | |
| C | | | $K_{B,C}$=2天 | | ① | | ② | | ③ | | ④ | |
| 公式表示 | $\sum K_{i,i+1}$=[(3-1)×2]天=4天 | | | | $T_n = mt_i$=(4×2)天= 8天 | | | | | | | |
| | $T=(m+n-1)t_i$=[(4+3-1)×2]天=12天 | | | | | | | | | | | |

图 3-13　某工程等节拍等步距流水施工进度图

【温馨提示】在组织流水施工时，若流水节拍全部相等或成倍数关系，施工进度计划时间单元格可以流水节拍的最大公约数为基本单位进行划分。

【案例3-5】流水施工进度图也可用图3-14表示。

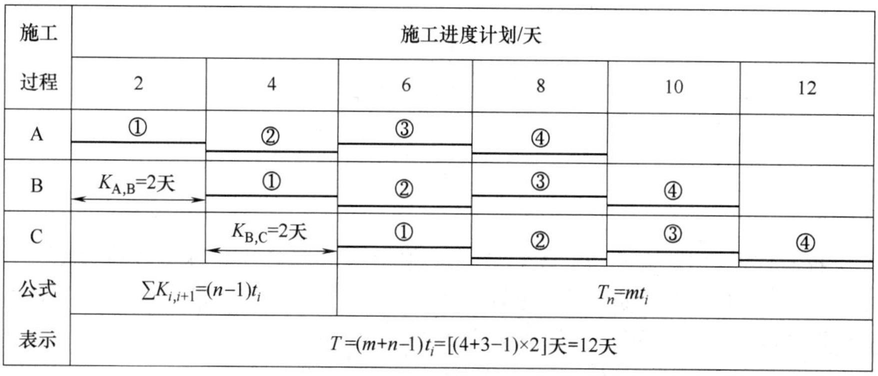

| 施工过程 | 施工进度计划/天 | | | | | |
|---|---|---|---|---|---|---|
| | 2 | 4 | 6 | 8 | 10 | 12 |
| A | ① | ② | ③ | ④ | | |
| B | $K_{A,B}$=2天 | ① | ② | ③ | ④ | |
| C | | $K_{B,C}$=2天 | ① | ② | ③ | ④ |
| 公式表示 | $\sum K_{i,i+1}=(n-1)t_i$ | | | $T_n=mt_i$ | | |
| | $T=(m+n-1)t_i=[(4+3-1)\times 2]$天=12天 | | | | | |

图3-14 某工程等节拍等步距流水施工进度图

【职业技能训练】某工程施工有3个施工过程，每个施工过程分成5个施工段，各施工过程的流水节拍均为3天，试组织流水施工并计算工期。

### 2. 等节拍不等步距流水施工

等节拍不等步距流水施工即各施工过程的流水节拍全部相等，但各流水步距不相等（有的步距等于节拍，有的步距不等于节拍）。这是由于各施工过程之间，有的需要有技术与组织间歇时间，有的可以安排搭接时间所致。

（1）等节拍不等步距流水施工的特点。

1）所有施工过程在各施工段上的流水节拍均相等，即$t_1=t_2=t_3=\cdots=t_n$。

2）相邻施工过程的流水步距不一定相等，因为有的需要有技术与组织间歇时间，有的可以安排搭接时间。

3）专业工作队伍数等于施工过程数，$n'=n$，即每一个施工过程成立一个专业工作队，由该队完成相应施工过程所有施工段上的任务。

4）各专业工作队在各施工段上能够连续作业。

（2）等节拍不等步距流水施工主要参数的确定。

1）流水步距的确定。

$$K_{i,i+1}=t_i+Z-C \tag{3-10}$$

式中　$t_i$——第$i$个施工过程的流水节拍；

　$K_{i,i+1}$——第$i$个施工过程和第$i+1$个施工过程之间的流水步距；

　$Z$——第$i$个施工过程和第$i+1$个施工过程之间的间歇时间；

　$C$——第$i$个施工过程和第$i+1$个施工过程之间的搭接时间。

2）流水工期的计算。

因为

$$K_{i,i+1}=t_i+Z-C$$

$$\sum K_{i,i+1}=(n-1)t_i+\sum Z-\sum C, T_n=mt_i$$

所以
$$T = \sum K_{i,i+1} + T_n = (n-1)t_i + \sum Z - \sum C + mt_i$$

即
$$T = (m+n-1)t_i + \sum Z - \sum C \qquad (3\text{-}11)$$

【案例 3-6】

某分部工程可以分为 A、B、C、D 共 4 个施工过程，每个施工过程分为 3 个施工段，流水节拍均为 3 天，其中施工过程 A 与 B 之间有 2 天的间歇时间，施工过程 D 与 C 搭接 1 天。试组织流水施工并计算工期。

【案例解析】

根据题设条件和要求，该题组织等节拍不等步距流水施工。

（1）确定计算总工期。
$$T = (m+n-1)t_i + \sum Z - \sum C = [(3+4-1) \times 3 + 2 - 1]\text{天} = 19\text{天}$$

（2）绘制流水施工进度图，如图 3-15 所示。

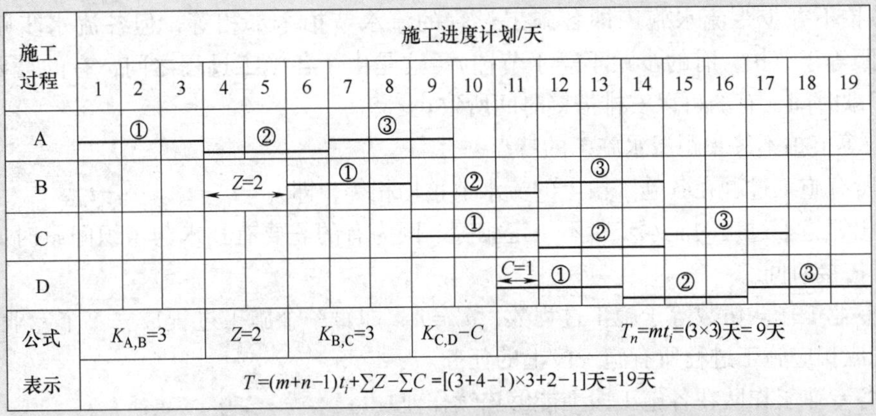

图 3-15　某分部工程等节拍不等步距流水施工进度图

【职业技能训练】某分部工程划分为 A、B、C 3 个施工过程，分 3 段组织施工，各施工过程的流水节拍均为 2 天，且施工过程 A 完成后需要有 3 天的技术间歇时间，施工过程 C 与 B 搭接 1 天。试计算总工期，绘制施工进度横道图。

**3. 等节奏流水施工方式的组织**

首先，把工程对象划分为若干个施工过程，应将劳动量小的施工过程合并到相邻施工过程中去，以使各施工过程的劳动量均衡；其次，确定主要施工过程的施工队伍（班组）人数，计算其流水节拍；最后，根据已确定的流水节拍，确定其他施工过程的施工队伍（班组）人数及其组成。

**4. 等节奏流水施工方式的适用范围**

等节奏流水施工（全等节拍流水施工）一般只适用于施工对象结构简单、工程规模较小、施工过程数不太多的房屋工程或线型工程，常用于组织一个分部工程的流水施工，如道路工程、管道工程等；不适用于单位工程，特别是大型建筑群。

### 3.3.2 异节奏流水施工

在组织流水施工时常常遇到这样的问题：如果某施工过程要求尽快完成，或某施工过程的工程量过少，在这种情况下，这一施工过程的流水节拍就小；如果某施工过程由于工作面受限制，不能投入较多的人力或机械，这一施工过程的流水节拍就大。这就出现了各施工过程的流水节拍不能相等的情况，这时可组织异节奏流水施工。异节奏流水施工是指同一施工过程在各施工段上的流水节拍相等，不同施工过程之间的流水节拍不一定相等的流水施工组织方式。

**1. 等步距异节拍流水施工**（成倍节拍流水施工）

等步距异节拍流水施工也称成倍节拍流水施工。在组织流水施工时，如果同一施工过程在各个施工段上的流水节拍彼此相等，而不同施工过程在同一施工段上的流水节拍之间存在一个最大公约数，为加快流水施工速度，可按最大公约数的倍数确定每个施工过程的施工班组，这样便构成了一个工期最短的等步距异节拍流水施工方案。

（1）等步距异节拍流水施工（成倍节拍流水施工）的特点。

1）同一施工过程在各施工段上的流水节拍彼此相等，不同的施工过程在同一施工段上的流水节拍彼此不同，但其值不一定互为倍数关系，而是流水节拍之间存在一个最大公约数。

2）流水步距彼此相等，且等于各个流水节拍的最大公约数，即

$$K_{i,i+1} = 最大公约数\{t_1,t_2,t_3,\cdots,t_n\} = K_0$$

3）各专业工作队都能够保证连续施工，施工段没有空闲。

4）专业工作队数大于施工过程数（$n' > n$），即有的施工过程只成立一个专业工作队，而对于流水节拍大的施工过程，可按其倍数增加相应的专业工作队数目。可见，成倍节拍流水施工需要相应的资源配备保证。

（2）等步距异节拍流水施工（成倍节拍流水施工）主要参数的确定。

1）流水步距的确定。流水步距等于流水节拍的最大公约数，即

$$K_{i,i+1} = 最大公约数\{t_1,t_2,t_3,\cdots,t_n\} = K_0$$

对于成倍节拍流水施工，任何两个相邻施工队伍（班组）间的流水步距均等于所有流水节拍中的最大公约数，即

$$K_{i,i+1} = K_0 = t_0$$

2）各施工过程施工队伍（班组）数的确定。每个施工过程的施工队伍（班组）数等于本施工过程流水节拍与其最大公约数的比值，即

$$b_i = \frac{t_i}{K_0}$$

式中　$b_i$——某施工过程所需要的施工队伍（班组）数；

　　　$K_0$——流水节拍的最大公约数。

施工队伍（班组）总数目

$$n' = b_1 + b_2 + b_3 + \cdots + b_n = \sum b_i$$

3）流水工期的计算。等步距异节拍流水施工（成倍节拍流水施工）流水工期计算公式为

$$T = \sum K_{i,i+1} + T_n = (m + n' - 1)K_0 = (m + n' - 1)t_0 \tag{3-12}$$

**【案例 3-7】**

某现浇钢筋混凝土结构由支设模板、绑扎钢筋和浇筑混凝土 3 个分项工程组成，分 3 段组织施工，各施工过程的流水节拍分别为支设模板 6 天、绑扎钢筋 4 天、浇筑混凝土 2 天。试按成倍节拍流水组织施工。

**【案例解析】**

根据题设条件和要求，该题中三种流水节拍都存在最大公约数 2，为无层间关系的等步距异节拍流水施工。

（1）确定流水步距。

$$K_{i,i+1} = 最大公约数\{6,4,2\} = 2 \text{ 天}$$

（2）求出各施工过程所需施工队伍数。

$$b_1 = \frac{t_1}{K_0} = \frac{6}{2} = 3 \text{ 个}; \quad b_2 = \frac{t_2}{K_0} = \frac{4}{2} = 2 \text{ 个}; \quad b_3 = \frac{t_3}{K_0} = \frac{2}{2} = 1 \text{ 个}$$

施工队伍（班组）总数目为

$$n' = b_1 + b_2 + \cdots + b_n = \sum b_i = 3 \text{ 个} + 2 \text{ 个} + 1 \text{ 个} = 6 \text{ 个}$$

（3）计算流水施工工期。

$$T = (m + n' - 1)K_0 + \sum Z - \sum C = (3 + 6 - 1) \times 2 \text{ 天} = 16 \text{ 天}$$

（4）绘制流水施工进度图，如图 3-16 所示。

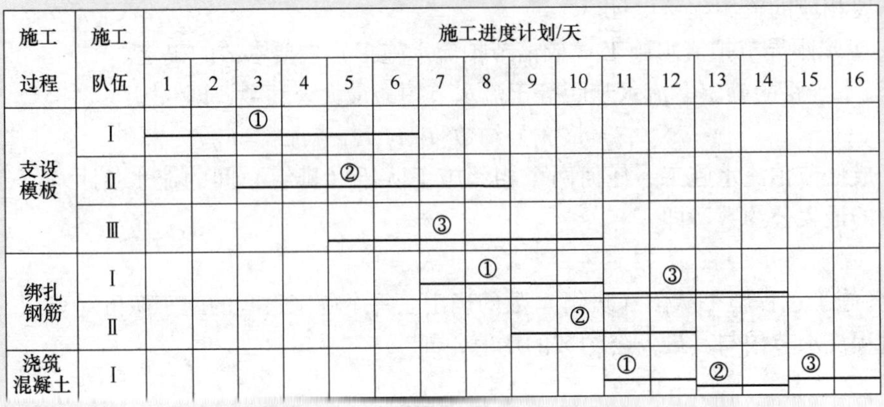

| 施工过程 | 施工队伍 | 施工进度计划/天 | | | | | | | | | | | | | | | |
|---|---|---|---|---|---|---|---|---|---|---|---|---|---|---|---|---|---|
| | | 1 | 2 | 3 | 4 | 5 | 6 | 7 | 8 | 9 | 10 | 11 | 12 | 13 | 14 | 15 | 16 |
| 支设模板 | I | | | ① | | | | | | | | | | | | | |
| | II | | | | | ② | | | | | | | | | | | |
| | III | | | | | | ③ | | | | | | | | | | |
| 绑扎钢筋 | I | | | | | | | | ① | | | | ③ | | | | |
| | II | | | | | | | | | | ② | | | | | | |
| 浇筑混凝土 | I | | | | | | | | | | | ① | | ② | | ③ | |

图 3-16　某现浇钢筋混凝土结构流水施工进度图

【职业技能训练】某混合结构房屋的基础工程，由基槽挖土、混凝土垫层、砖砌基础和回填土4个过程组成，各施工过程中的流水节拍分别基槽挖土4天、混凝土垫层2天、砖砌基础4天、回填土2天，每个施工过程分为3个施工段。试组织此基础工程施工。

（3）等步距异节拍流水施工（成倍节拍流水施工）方式的组织。首先，根据工程对象和施工特点将工程对象划分为若干个施工过程；其次，根据各施工过程的内容、要求及其工程量计算每个施工段所需的劳动量，然后根据施工队伍（班组）人数及组成确定劳动量最少的施工过程的流水节拍；最后，确定其他劳动量较大的施工过程的流水节拍，用调整施工队伍（班组）人数或其他技术组织措施的方法，使它们的流水节拍值之间存在一个最大公约数。

（4）等步距异节拍流水施工（成倍节拍流水施工）方式的适用范围。等步距异节拍流水施工方式比较适合线性工程（如道路、管道等）的施工，也适用于房屋建筑施工。

**2. 异步距异节拍流水施工**（一般异节拍流水施工）

异步距异节拍流水施工是指同一施工过程在各个施工段上的流水节拍均相等，不同施工过程之间的流水节拍不一定相等的流水施工方式。

（1）异步距异节拍流水施工（一般异节拍流水施工）的特点。

1）同一施工过程在各个施工段上的流水节拍彼此相等，不同施工过程在同一施工段上的流水节拍不一定相等。

2）各个施工过程之间的流水步距不一定相等。

3）各施工队伍（班组）在各施工段上能够连续作业，但施工段可能有空闲。

4）施工队伍（班组）数目等于施工过程数目，$n' = n$。

（2）异步距异节拍流水施工（一般异节拍流水施工）主要参数的确定。

1）流水步距的确定：

当 $t_i \leqslant t_{i+1}$ 时

$$K_{i,i+1} = t_i \tag{3-13}$$

当 $t_i > t_{i+1}$ 时

$$K_{i,i+1} = mt_i - (m-1)t_{i+1} \tag{3-14}$$

2）流水工期的计算

$$T = \sum K_{i,i+1} + T_n + \sum Z - \sum C = \sum K_{i,i+1} + mt_n + \sum Z - \sum C \tag{3-15}$$

式中　$t_n$——最后一个施工过程的流水节拍。

【案例3-8】

某工程有 A、B、C、D 4 个施工过程，划分为 4 个施工段，每个施工过程的流水节拍分别为 4 天、3 天、3 天、4 天；施工过程 B 和 C 之间有 2 天技术间歇时间，施工过程 C 和 D 之间可以搭接 1 天。试组织流水施工。

**【案例解析】**

根据题设条件和要求，该工程同一施工过程上的流水节拍彼此相等，不同施工过程的流水节拍不一定相等，且不存在最大公约数，因此采用异步距异节拍流水施工。

（1）流水步距的确定。

由 $t_A = 4$ 天，$t_B = 3$ 天，则 $t_A > t_B$，得 $K_{A,B} = mt_A - (m-1)t_B = [4 \times 4 - (4-1) \times 3]$ 天 = 7 天。

由 $t_B = 3$ 天，$t_C = 3$ 天，则 $t_B = t_C$，得 $K_{B,C} = t_B = 3$ 天。

由 $t_C = 3$ 天，$t_D = 4$ 天，则 $t_C < t_D$，得 $K_{C,D} = t_C = 3$ 天。

（2）流水工期的计算。

$$T = \sum K_{i,i+1} + mt_n + \sum Z - \sum C = [(7+3+3) + 4 \times 4 + 2 - 1]\text{天} = 30 \text{ 天}$$

（3）绘制施工进度计划图，如图 3-17 所示。

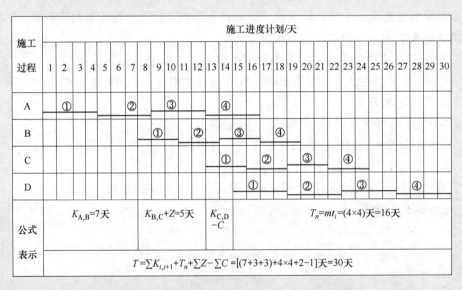

图 3-17 某工程异步距异节拍流水施工进度图

---

**【职业技能训练】** 某工程有 A、B、C、D 4 个施工过程，划分为 3 个施工段，每个施工过程的流水节拍分别为 3 天、2 天、4 天、3 天。试组织流水施工。

（3）异步距异节拍流水施工（一般异节拍流水施工）的组织。各施工队伍（班组）尽可能依次在各施工段上连续施工，允许有些施工段出现空闲，但不允许多个施工队伍（班组）在同一施工段交叉作业，更不允许发生工艺顺序颠倒的现象。

（4）异步距异节拍流水施工（一般异节拍流水施工）的适用范围。异步距异节拍流水施工（一般异节拍流水施工）方式适用于平面形状规整、能均匀划分施工段的建筑工程，如单元住宅楼、矩形办公楼等。它允许不同施工过程采用不同的流水节拍,因此,在进度安排上比等节奏流水施工灵活,实际应用范围较广泛。

### 3.3.3 无节奏流水施工(分别流水施工)

同一施工过程在各施工段上的流水节拍不全相等,不同的施工过程之间流水节拍也不相等,在这样的条件下组织施工的方式称为无节奏流水施工,也称为分别流水施工。这种组织施工的方式在进度安排上比较自由、灵活,是实际工程组织施工最普遍、最常用的一种方法。

**1. 无节奏流水施工的特点**

(1)同一施工过程流水节拍不完全相等,不同施工过程流水节拍也不完全相等。

(2)各个施工过程之间的流水步距不完全相等且差异较大。

(3)各施工队伍(班组)在各施工段上能够连续作业,但施工段可能有空闲。

(4)施工班组数目等于施工过程数目,$n' = n$。

**2. 无节奏流水施工主要参数的确定**

(1)流水步距的确定。在组织无节奏流水施工中,确定流水步距最简单、最常用的方法就是用潘特考夫斯基法,又称为"累加数列法"或"潘氏法",即"累加数列,错位相减,取最大差"。具体步骤如下:

1)累加数列。将各施工过程在不同施工段上的流水节拍进行逐段累加,形成累加数列。例如,如表3-4所示累加数列。

表3-4 无节奏流水施工累加数列

| 施工过程 | 施 工 段 | | | | |
|---|---|---|---|---|---|
| | ① | ② | ③ | ⋯ | m |
| 例:A | 1 | 3 | 2 | | |
| 累加数列 | 1 | 1 + 3 = 4 | 1 + 3 + 2 = 6 | ⋮ | ⋮ |
| B | 2 | 5 | 3 | | |
| ⋮ | ⋮ | ⋮ | ⋮ | | |
| 总结 | $t_1$ | $t_1 + t_2$ | $t_1 + t_2 + t_3$ | ⋯ | $t_1 + t_2 + t_3 + \cdots + t_n$ |

2)错位相减。将相邻的两施工过程形成的数列的错位相减形成差数列。其中,错位相减没有数字的位置视为0值,做差值计算。

3)取最大差。取相减差数列的最大值,即为相邻两个施工过程的流水步距。

以表3-6中A、B为例,进行"错位相减,取最大差"计算。

A、B之间的流水步距 $K_{A,B}$ 为

$$
\begin{array}{r}
1 \quad\quad 4 \quad\quad 6 \\
-\quad\quad\; 2 \quad\quad 7 \quad\quad 10 \\
\hline
1 \quad\quad 2 \quad\; -1 \quad -10
\end{array}
$$

则

$$K_{A,B} = \max\{1, 2, -1, -10\} = 2 \text{ 天}$$

（2）流水工期的计算

$$T = \sum K_{i,i+1} + T_n + \sum Z - \sum C \qquad (3\text{-}16)$$

式中　$T_n$——流水施工中最后一个施工过程在所有施工段上完成施工任务所花的时间，在有节奏流水中，$T_n = mt_n$（$t_n$ 指最后一个施工过程的流水节拍）。

## 【案例 3-9】

某工程项目有 A、B、C 3 个施工过程，分 4 段施工，每个施工过程在各个施工段上的流水节拍见表 3-5。规定施工过程 B 完成后，其相应施工段至少要养护 2 天；为了尽早完工，允许施工过程 A 和施工过程 B 之间搭接施工 1 天，试组织流水施工。

表3-5　各施工过程在各施工段上的持续时间

| 施工过程 | 施工段/天 | | | |
|---|---|---|---|---|
| | ① | ② | ③ | ④ |
| A | 3 | 2 | 2 | 1 |
| B | 1 | 3 | 5 | 3 |
| C | 2 | 1 | 3 | 4 |

## 【案例解析】

根据题设条件和要求，各施工过程在不同的施工段上流水节拍不相等，故可组织无节奏流水施工。

（1）流水步距的确定。

1）A、B 之间的流水步距 $K_{A,B}$ 为

$$
\begin{array}{ccccc}
3 & 5 & 7 & 8 & \\
- & 1 & 4 & 9 & 12 \\
\hline
3 & 4 & 3 & -1 & -12
\end{array}
$$

$$K_{A,B} = \max\{3,4,3,-1,-12\} = 4 \text{ 天}$$

2）B、C 之间的流水步距 $K_{B,C}$ 为

$$
\begin{array}{ccccc}
1 & 4 & 9 & 12 & \\
- & 2 & 3 & 6 & 10 \\
\hline
1 & 2 & 6 & 6 & -10
\end{array}
$$

$$K_{B,C} = \max\{1,2,6,6,-10\} = 6 \text{ 天}$$

（2）流水工期的计算。

$$T = \sum K_{i,i+1} + T_n + \sum Z - \sum C = [(4+6)+(2+1+3+4)+2-1]\text{天} = 21 \text{ 天}$$

（3）绘制施工进度计划图，如图 3-18 所示。

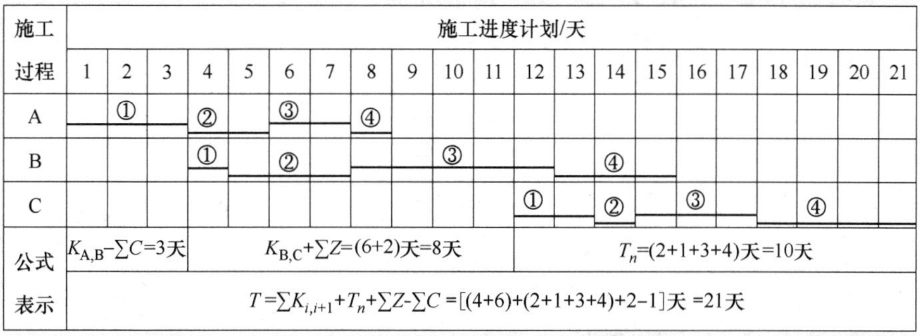

| 施工过程 | 施工进度计划/天 | | | | | | | | | | | | | | | | | | | | |
|---|---|---|---|---|---|---|---|---|---|---|---|---|---|---|---|---|---|---|---|---|---|
| | 1 | 2 | 3 | 4 | 5 | 6 | 7 | 8 | 9 | 10 | 11 | 12 | 13 | 14 | 15 | 16 | 17 | 18 | 19 | 20 | 21 |
| A | | ① | | ② | | ③ | | ④ | | | | | | | | | | | | | |
| B | | | | ① | | ② | | | | ③ | | | | ④ | | | | | | | |
| C | | | | | | | | | | | | ① | | ② | | | ③ | | | ④ | |
| 公式表示 | $K_{A,B}-\sum C=3$天 | | | | $K_{B,C}+\sum Z=(6+2)$天$=8$天 | | | | | | | $T_n=(2+1+3+4)$天$=10$天 | | | | | | | | | | |
| | $T=\sum K_{i,i+1}+T_n+\sum Z-\sum C=[(4+6)+(2+1+3+4)+2-1]$天$=21$天 | | | | | | | | | | | | | | | | | | | | |

图 3-18　某工程项目无节奏流水施工进度图

### 3. 无节奏流水施工方式的组织

各施工班组连续作业，施工队伍（班组）之间在一个施工段内互不干扰（不超前，但可能滞后），或做到前后施工班组之间的工作紧紧衔接。因此，组织无节奏流水的关键是正确计算流水步距。组织无节奏流水的基本要求与异节拍流水相同，即保证各施工过程工艺顺序合理和各施工班组尽可能依次在各施工段上连续施工。

### 4. 无节奏流水施工方式的适用范围

无节奏流水施工不像有节奏流水施工那样有一定的时间规律约束，在进度安排上比较灵活、自由。因此，它适用于各种分部工程、单位工程及大型建筑群的流水施工组织，是流水施工中应用较多的一种方式。

【职业技能训练】某基础工程划分为基槽挖土 A、混凝土垫层 B、砖砌基础 C 和回填土 D 4 个施工过程，分 3 个施工段组织施工，各施工过程的流水节拍见表 3-6，且施工过程 B 完成后需要 1 天的技术间歇时间。试组织无节奏流水施工。

表 3-6　某基础工程各施工过程在各施工段上的持续时间

| 施工过程 | 施工段/天 | | |
|---|---|---|---|
| | ① | ② | ③ |
| A | 2 | 2 | 3 |
| B | 3 | 3 | 4 |
| C | 3 | 2 | 2 |
| D | 3 | 4 | 3 |

# 教学单元 4

# 网络计划技术

## 【教学要点】

本单元主要介绍了网络计划的基本概念和构成要素，网络图的绘制方法，网络计划的编制；阐述了关键工作和关键线路的概念和判断方法；介绍了双代号和单代号网络计划时间参数的计算方法，希望学生能够准确绘制双代号和单代号网络图，以及对网络计划与流水原理安排进度计划做出科学比较。

## 【教学目标】

### 知识目标

1. 能正确理解网络计划的基本原理及分类。
2. 能正确理解网络图的构成、工作之间常见的逻辑关系、关键工作和关键线路的概念。
3. 能正确表述网络计划绘图规则、网络计划时间参数计算方法。
4. 能正确表述双代号时标网络计划的概述、特点及绘制步骤和方法。
5. 能正确表述网络计划与流水原理安排进度计划的本质不同。

### 能力目标

1. 能正确根据逻辑关系绘制双代号网络图，找出关键线路和关键工作。
2. 能正确选用擅长的时间参数计算法对双代号网络计划进行时间参数计算。
3. 能正确绘制单代号网络图进行单代号网络计划时间参数的计算。
4. 能正确绘制时标网络计划，计算时间参数，找出关键线路和关键工作。
5. 能正确地将网络计划技术应用于工程实际中。

## 【教学资源】

建筑工程施工图、预算书、建筑施工组织实例、施工现场照片、企业案例、施工现场或实训基地等。

## 【教学方法】

资料展示、现场实物对照、分组学习、案例分析、课堂讨论、多媒体教学、讲授等。

## 4.1 网络计划技术概述

 学习目标

知识目标：了解网络计划技术的概念；熟悉网络计划的概念和基本原理；掌握横道计划与网络计划的优缺点；熟悉网络计划的分类。

能力目标：能够区分横道计划与网络计划的优缺点；能够根据不同原则对网络计划进行分类。

 重点难点

重点：网络计划的概念和基本原理；横道计划与网络计划的特点。

难点：网络计划的基本原理；网络计划的分类。

网络计划技术是指用网络计划对任务的工作进度进行安排和控制，以保证实现预定目标的科学的计划管理技术。其中，网络计划是指用网络图表达任务构成、工作顺序并加注工作时间参数的施工进度计划。而网络图是指由箭线和节点组成的，用来表达工作流程的有向、有序的网状图形，包括单代号网络图和双代号网络图。

### 4.1.1 横道计划与网络计划的特点

钢筋混凝土框架结构建筑，其钢筋混凝土工程由支设模板、绑扎钢筋和浇筑混凝土三个施工过程组成，按照横道计划和网络计划编制进度计划安排，如图4-1和图4-2所示。通过图形比较，试分析两种计划方法各自的优缺点。

| 施工过程 | 施工进度计划/天 | | | | | | | | |
|---|---|---|---|---|---|---|---|---|---|
| | 1 | 2 | 3 | 4 | 5 | 6 | 7 | 8 | 9 |
| 支设模板 | ① | | ② | | ③ | | | | |
| 绑扎钢筋 | | | ① | | ② | | ③ | | |
| 浇筑混凝土 | | | | | | | ① | ② | ③ |

图4-1 某钢筋混凝土框架结构建筑钢筋工程横道计划进度图

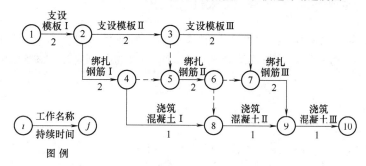

图4-2 某钢筋混凝土框架结构建筑钢筋工程网络计划进度图

**1. 横道计划的特点**

（1）横道计划的优点

1）编制容易、简单、明了、直观、易懂。

2）因为有时间坐标，各项工作的施工起讫时间、作业持续时间、工作进度、总工期以及流水作业的情况等都表示得清楚明确、一目了然。

3）对人力和资源的计算便于据图叠加。

（2）横道计划的缺点

1）不能明确地反映出各项工作之间错综复杂的逻辑关系。

2）不便于各工作提前或拖延的影响分析及动态控制。

3）不能明确地反映出影响工期的关键工作和关键线路。

4）不便于进度控制人员抓住主要矛盾。

5）不能反映出非关键工作所具有的机动时间，看不到计划的潜力所在。

6）只能由人工手算编绘，不便于计算机的利用。

**2. 网络计划的特点**

（1）网络计划的优点

1）网络图把施工过程中的各有关工作组成了一个有机的整体，能全面而明确地表达出各项工作开展的先后顺序，反映出各项工作之间相互制约和相互依赖的关系。

2）能进行各种时间参数的计算；在名目繁多、错综复杂的计划中找出决定工程进度的关键工作和关键线路，便于计划管理者在施工中集中力量抓主要矛盾，确保竣工工期，避免盲目施工。

3）能够从许多可行方案中选出最优方案。

4）在计划的执行过程中，某一工作由于某种原因推迟或者提前完成时，可以预见它对整个计划的影响程度，而且能根据变化的情况迅速进行调整，保证自始至终对计划进行有效的控制与监督。

5）利用网络计划中反映出的各项工作的时间储备，可以更好地调配人力和物力，以达到降低成本的目的。

6）网络计划技术的出现与发展使现代化的计算工具——计算机在建筑施工计划管理中得以应用，能充分利用计算机绘图、计算和跟踪管理，便于进行优化和调整，实现计划管理的科学化。

（2）网络计划的缺点

1）绘图麻烦，不易看懂，表达不直观。

2）无法直接在图中进行各项资源需求量的统计。

【温馨提示】横道计划与网络计划相比，不如网络计划的优点多；横道计划能做到的，网络计划均能做到，而网络计划能做到的，横道计划却不一定能做到。

【职业技能训练】

1. 下列属于横道计划优点的是（　　）。

A. 既可以人工手算编绘，又便于计算机的利用

B. 能明确地反映出各项工作之间错综复杂的逻辑关系

C. 便于各工作提前或拖延的影响分析及动态控制

D. 流水作业的情况等都表示得清楚明确，一目了然

2. 下列属于网络计划缺点的是（　　）。

A. 不能反映工作问题的逻辑　　　　　B. 不能反映关键工作

C. 不便统计资源需求量　　　　　　　D. 不能实现电算化

### 4.1.2　网络计划的分类

按照不同的分类原则，网络计划可以划分为不同的类别。

**1. 按性质分类**

根据工作、工作之间的逻辑关系以及工作持续时间是否确定的性质，网络计划可以划分为肯定型网络计划和非肯定型网络计划。

（1）肯定型网络计划（Deterministic Network）。工作、工作之间的逻辑关系以及工作持续时间都肯定的网络计划称为肯定型网络计划。在这种网络计划中，各项工作的持续时间都是确定的单一数值，整个网络计划有确定的工期。

（2）非肯定型网络计划（Undeterministic Network）。工作、工作之间的逻辑关系和工作持续时间三者中任一项或多项不肯定的网络计划称为非肯定型网络计划。在这种网络计划中，各项工作的持续时间只能按概率方法确定出三个值，整个网络计划无确定的计划工期。

**2. 按绘图符号不同分类**

（1）双代号网络计划。它是以一根箭线和两端节点的编号表示一项工作，并按一定的顺序将各项工作联系在一起的网状图。目前施工企业多采用这种网络计划，如图3-7a所示。

（2）单代号网络计划。它是以一个节点及其编号表示一项工作，箭线仅用来表示各项工作之间相互制约、相互依赖关系的网状图。图示评审技术和决策网络计划等就是采用单代号网络计划，如图3-7b所示。

**3. 按目标分类**

按计划目标的多少，网络计划可以划分为单目标网络计划和多目标网络计划。

（1）单目标网络计划（Single-destination Network）。只有一个终点节点的网络计划称为单目标网络计划，即网络图只具有一个工期目标。例如，一个建筑物的网络施工进度计划大多只具有一个工期目标，如图3-7a所示。

（2）多目标网络计划（Multi-destination Network）。终点节点不止一个的网络计划称为多目标网络计划。此种网络计划具有若干个独立的工期目标，如图4-3所示。

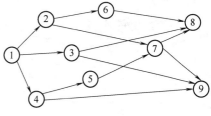

图4-3　多目标网络计划

**4. 按网络计划时间表达不同分类**

（1）时标网络计划（Time-coordinate Network）。以时间坐标为尺度绘制施工过程的持续时间，箭线在时间坐标的水平投影长度可直接反映施工过程的持续时间，如图4-4所示。

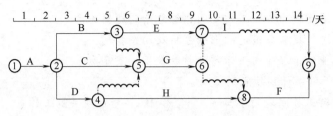

图 4-4 某时标网络计划

（2）非时标网络计划（Nontime-coordinate Network）。工作的持续时间以数字形式标注在箭线下面，箭线的长度与时间无关，可按需要绘制。普通双代号和单代号网络计划都是非时标网络计划。

> 【温馨提示】时标网络计划一般是双代号网络计划。

### 5. 按层次分类

根据网络计划的工程对象不同和使用范围大小，网络计划可以划分为综合网络计划、单位工程网络计划和局部网络计划。

（1）综合网络计划。它是指以一个建设项目或一个单项工程为对象编制而成的网络计划。例如，一个建筑群体工程或一所新建学校的综合网络计划。

（2）单位工程网络计划。它是指以一个单位工程为对象编制而成的控制性网络计划。例如，一幢教学楼、写字楼、住宅楼及单层房屋等单位工程网络计划。

（3）局部网络计划。它是指以一个分部工程或某一施工段为对象编制而成的网络计划。例如，基础工程、主体工程、装修工程等局部网络计划。

### 6. 按网络计划性质和作用分类

（1）实施性网络计划。它是指以分部（分项）工程为对象，以分部（分项）工程在一个施工段上的施工任务为工作内容编制而成的局部网络计划，或由多个局部网络计划综合搭接而成的单位工程网络计划，或直接以分部（分项）工程为工作内容编制而成的单位工程网络计划。其工作内容划分得较为详细、具体，是用来指导施工的计划形式。

（2）控制性网络计划。它是指以控制各分部工程或各单位工程或整个建设项目的工期为主要目标编制而成的综合网络计划或单位工程网络计划。它是上级管理机构指导工作、检查与控制施工进度计划的依据，也是编制实施性网络计划的依据。

## 4.2　双代号网络计划的绘制

学习目标

知识目标：熟悉双代号网络计划的组成；掌握箭线、节点、线路的特点与内容；熟悉双代号网络计划的绘制原则、绘制步骤和要求。

能力目标：根据双代号网络计划的绘制原则、绘制步骤等，结合工程的实际情况要求和逻辑关系，合理、准确地绘制双代号网络图。

**重点难点**

重点：双代号网络计划的组成、绘制原则、绘制步骤和逻辑关系。

难点：根据网络计划的绘制原则、要求及逻辑关系，准确绘制双代号网络图。

### 4.2.1　双代号网络计划的组成

双代号网络图由若干表示工作的箭线和节点组成，其中每一项工作都用一根箭线和箭线两端的两个节点来表示，箭线两端节点的号码即代表该箭线所表示的工作。双代号网络图的基本三要素为箭线、节点和线路。

#### 1. 箭线

在双代号网络图中，箭线分为实箭线和虚箭线。

（1）箭线表达的内容

1）一根实箭线表示一项工作（又称工序）或一个施工过程。箭线表示的工作可大可小，既可以是一个简单的施工过程，如挖土、垫层、支设模板等分项工程，或者基础工程、主体工程、装修工程等分部工程，也可以是一项复杂的工程任务，如教学楼土建工程中的单位工程或者教学楼工程等单项工程。

2）一根箭线表示一项工作所消耗的时间。一般情况，每根实箭线表示的工作都要消耗一定的时间和资源（如砌砖墙、绑扎钢筋、浇筑混凝土等）。有时，也存在只消耗时间不消耗资源的混凝土养护、砂浆找平层干燥等技术间歇，如果单独考虑，也可作为一项工作来对待，用实箭线来表示。

3）箭线的方向表示工作的进行方向和前进路线，箭尾表示工作的开始，箭头表示工作的结束。双代号网络图的工作名称或代号写在箭线上方，完成该工作的持续时间写在箭线的下方，如图 4-5 所示。

4）箭线的长短一般与工作的持续时间无关（时标网络计划除外）。在无时间坐标的网络图中，箭线的长度不代表时间的长短，画图时箭线可以画成直线、折线或斜线，但不得中断，尽可能以水平直线为主且满足绘制规则。

图 4-5　双代号网络图的工作表示方法

（2）工作的分类

1）实工作。既消耗时间又消耗资源（如挖土方等）或只消耗时间不消耗资源（如混凝土凝结等），在实际中，前两种工作是真实存在的，称为实工作，用实箭线表示。

2）虚工作。在双代号网络计划中，为了正确地表示前后相邻工作之间的逻辑关系，往往需要应用既不占用时间，又不消耗资源的虚拟工作，称为虚工作，用虚箭线来表示。虚工作是实际工作中并不存在的一项虚拟工作，一般起着工作之间联系、区分和断路的作用。

【温馨提示】只要消耗时间的工作就一定是实工作，用实箭线来表示。

① 联系作用。联系作用是指运用虚箭线正确表达工作之间相互依存的关系。例如，A、B、C、D 四项工作之间的相互关系是：A 完成后进行 B，A、C 均完成后进行 D。图形如图 4-6 所示，图中必须用虚箭线把 A 和 D 的前后关系连接起来。

② 区分作用。区分作用是指双代号网络图中每一项工作都必须用一条箭线和两个代号表示，若有两项工作同时开始，又同时完成，则绘图时应使用虚箭线才能区分两项工作的代号，如图 4-7 所示。

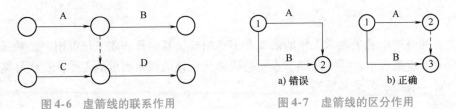

图 4-6  虚箭线的联系作用　　　　　图 4-7  虚箭线的区分作用

③ 断路作用。断路作用是指用虚箭线把没有关系的工作隔开。图 4-8 为某基础工程挖土、垫层、墙基、回填土四项工作的流水施工网络计划。该网络计划中出现了挖 2 与基 1、垫 2 与填 1 两处，把并无联系的工作联系上了，即出现了多余联系的错误。

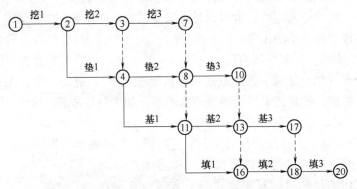

图 4-8  虚工作的应用（逻辑关系错误）

为了正确表达工作之间的逻辑关系，在出现逻辑错误的节点之间增设两条虚箭线，切断了挖 2 与基 1、垫 2 与填 1 之间的联系，如图 4-9 所示。

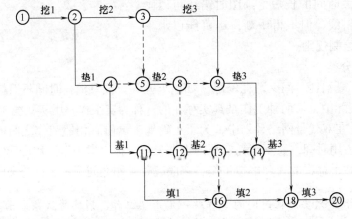

图 4-9  虚工作的应用（逻辑关系正确）

【温馨提示】虚工作是既不占用时间，也不消耗资源的虚拟工作，在实际工作中并不存在，一般起着联系、区分和断路的作用。虚工作并不是可有可无的，应用时要恰如其分，不能滥用，以必不可少为限；另外，增加虚工作后应进行全面检查，不可顾此失彼。注意，不是所有的网络图都必须包含虚工作的。

（3）逻辑关系。工作之间相互制约或依赖的关系称为逻辑关系（Logical Relation）。工作中的逻辑关系包括工艺关系和组织关系。

1）工艺关系。生产性工作之间由工艺过程决定的、非生产性工作之间由工作程序决定的先后顺序关系称为工艺关系。如图4-2所示，支设模板Ⅰ→绑扎钢筋Ⅰ→浇筑混凝土Ⅰ为工艺关系。

2）组织关系。工作之间由于组织安排需要或资源（劳动力、原材料、施工机具等）调配需要而规定的先后顺序关系称为组织关系。如图4-2所示，支设模板Ⅰ→支设模板Ⅱ，绑扎钢筋Ⅰ→绑扎钢筋Ⅱ等为组织关系。

（4）工作的先后关系与中间节点的双重性

1）紧前工作（Front Closely Activity）。在网络图中，相对于某工作而言，紧排在该工作之前的工作称为该工作的紧前工作。

2）紧后工作（Back Closely Activity）。在网络图中，相对于某工作而言，紧排在该工作之后的工作称为该工作的紧后工作。

3）平行工作（Concurrent Activity）。在网络图中，相对于某工作而言，可以与该工作同时进行的工作即为该工作的平行工作。

4）先行工作（Preceding Activity）。自起点节点至本工作之前各条线路上的所有工作为先行工作。

5）后续工作（Succeeding Activity）。自本工作之后至终点节点各条线路上的所有工作为后续工作。

6）起始工作（Start Activity）。没有紧前工作的工作称起始工作。

7）结束工作（End Activity）。没有紧后工作的工作称结束工作。

如图4-10所示，$i$—$k$工作为本工作，$h$—$i$工作为$i$—$j$工作的紧前工作，$k$—$l$工作为$i$—$k$工作的紧后工作，$i$—$j$工作为$i$—$k$工作的平行工作，$i$—$j$工作之前的所有工作为本工作的先行工作，$i$—$j$工作之后的所有工作为本工作的后续工作。

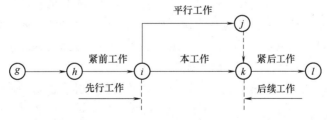

图4-10 工作的先后关系

【温馨提示】紧前工作是先行工作，但先行工作不一定是紧前工作；紧后工作是后续工作，但后续工作不一定是紧后工作。

### 2. 节点

在网络图中，箭线的出发点和交汇处通常画上圆圈，用以标志该圆圈前面一项或若干项工作的结束和允许后面一项或若干项工作的开始的时间点，即节点（也称为结点、事件）。

（1）在网络图中，节点不同于工作，它只标志工作的结束和开始的瞬间，具有承上启下的衔接作用，既不消耗时间也不消耗资源。

（2）根据节点在网络图中的位置不同，可将其分为以下三种类型：

1）起点节点。网络图中的第一个节点称为起点节点，它意味着一项工程或任务的开始。

2）终点节点。网络图中的最后一个节点称为终点节点，它意味着一项工程或任务的完成。

3）中间节点。网络图中除起点节点和终点节点以外的其他节点称为中间节点，它既表示紧前工作结束的瞬间，又表示紧后工作开始的瞬间。

（3）节点的编号。为了使网络图便于检查和计算，所有节点都应统一编号，节点编号的要求和原则为：从左到右，由小到大，箭尾节点编号小于箭头节点编号，即 $i<j$；在节点编号过程中，编号可以不连续，但不能出现重复编号。

节点的编号方法主要有水平编号法和垂直编号法两种，如图 4-11 所示。

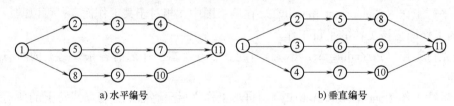

a) 水平编号　　　　　　　　　b) 垂直编号

图 4-11　双代号网络图节点编号

【职业技能训练】

1. 下列关于箭线的表述正确的是（　　）。

A. 箭线的方向表示工作的进行方向，箭头表示工作的开始，箭尾表示工作的结束

B. 箭线的长短与工作的持续时间无关，箭线的形状可以随意画，但不得中断

C. 在双代号网络图中，箭线分为实箭线和虚箭线，二者表示的内容和含义不同

D. 一根箭线表示一项工作（又称工序）或表示一个施工过程

2. 下列关于实工作、虚工作的表述正确的是（　　）。

A. 虚工作是既不占用时间，也不消耗资源的虚拟工作，在实际工作中并不存在，因此可以不画

B. 只有既消耗时间又消耗资源的工作才是实工作

C. 虚工作起着联系、区分和断路的作用，因此所有的网络图都必须包含虚工作

D. 只要消耗时间的工作一定是实工作，用实箭线来表示

3. 根据如图 4-12 所示双代号网络图，回答下列问题。

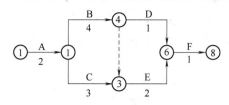

图 4-12　双代号网络图示例（一）

（1）下列关于工作之间关系的说法错误的是（　　）。

A. 工作 B 的紧前工作是 A，紧后工作是 D、E

B. 工作 B 与 C 是平行工作关系，工作 D 与 E 是平行工作关系

C. 工作 E 的先行工作是 B 和 C，后续工作是 F

D. 工作 A 为起始工作，工作 F 为结束工作

（2）下列关于节点的说法错误的是（　　）。

A. ①号节点为起点节点，⑧号节点为终点节点，其余节点为中间节点

B. 根据节点编号原则，虚工作节点编号 3 与 4 应该调换位置

C. 节点编号过程中，不能出现重复编号，因此 B、C 工作的开始节点编号 1 应该改为 2

D. 节点编号过程中，编号必须连续，网络图中的节点编号要连续编写

**3. 线路**

（1）线路概述。网络图中从起点节点开始，沿箭头方向顺序通过一系列箭线与节点，最后到达终点节点的通路，称为线路。对于一个网络图而言，线路的数目是确定的。每一条线路都有自己确定的完成时间，它等于该线路上各项工作持续时间的总和，称为线路时间。

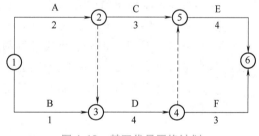

图 4-13　某双代号网络计划

如图 4-13 所示，双代号网络图中共有 5 条线路，每条线路都包含若干项工作，线路时间不同，详见表 4-1。

表 4-1　网络图线路

| 序　号 | 线　路 | 总持续时间/天 |
| --- | --- | --- |
| 1 | ①→②→⑤→⑥（非关键线路） | 9 |
| 2 | ①→②→③→④→⑤→⑥（关键线路） | 10 |
| 3 | ①→②→③→④→⑥（非关键线路） | 9 |
| 4 | ①→③→④→⑥（非关键线路） | 8 |
| 5 | ①→③→④→⑤→⑥（非关键线路） | 9 |

（2）关键线路和非关键线路。根据每条线路的线路时间长短，可将网络图中的线路分为关键线路和非关键线路两种。

线路上总的工作持续时间最长的线路称为关键线路。关键线路用双箭线、粗箭线或彩色

箭线标示，关键线路的总持续时间就是网络计划的工期。在网络计划中，关键线路条数至少一条，而且在计划执行过程中，关键线路还会发生转移。例如，图 4-13 中工作 B 的持续时间改为 2 天，则网络图中的关键线路有两条，分别是①→②→③→④→⑤→⑥（10 天）和①→③→④→⑤→⑥（10 天）。

除关键线路外，其余线路为非关键线路。

（3）关键工作和非关键工作。位于关键线路上的工作称为关键工作，图 4-13 中关键工作为 A、D、E；不是关键工作的就是非关键工作，图 4-13 中非关键工作为 B、C、F。

【温馨提示】关键线路上的工作一定没有非关键工作；非关键线路上至少有一个工作是非关键工作，可能有关键工作，也可能没有关键工作。

【职业技能训练】

根据如图 4-14 所示双代号网络图，回答下列问题。

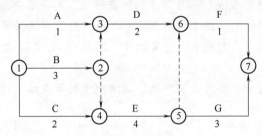

图 4-14　双代号网络图示例（二）

（1）列出网络图中的所有线路，计算各条线路时间。

（2）找出网络图中的关键线路和关键工作，并将关键线路在图中标示出来。

（3）若工作 F 因材料而未能及时进场，导致工作延误 1 天，试问网络图中关键线路和关键工作是否改变，并分析原因。

（4）若工作 B 因工人技术熟练，提前 1 天完成，试问网络图中关键线路和关键工作是否改变，并分析原因。

## 4.2.2　双代号网络图的绘制

**1. 绘制网络图中常见的逻辑关系及其表达方式**

网络图中常见的工作间逻辑关系的表示方法见表 4-2。

表 4-2　网络图中常见的工作间逻辑关系的表示方法

| 序号 | 工作间的逻辑关系 | 网络图中的表示方法 | 说　明 |
|---|---|---|---|
| 1 | 有 A、B 两项工作，按照依次施工的方式进行 | ○—A→○—B→○ | B 工作依赖着 A 工作，A 工作约束着 B 工作的开始 |
| 2 | 有 A、B、C 三项工作，同时开始 | A / B / C | A、B、C 三项工作为平行工作 |

（续）

| 序号 | 工作间的逻辑关系 | 网络图中的表示方法 | 说　明 |
|---|---|---|---|
| 3 | 有 A、B、C 三项工作，同时结束 | 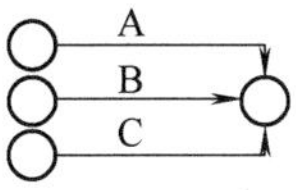 | A、B、C 三项工作为平行工作 |
| 4 | 有 A、B、C 三项工作，只有 A 完成后，B、C 才能开始 | 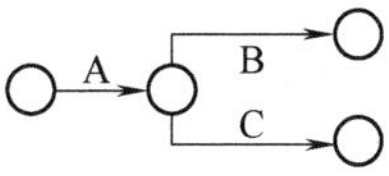 | A 工作制约着 B、C 工作的开始，B、C 为平行工作 |
| 5 | 有 A、B、C 三项工作，C 工作只有在 A、B 完成后才能开始 | 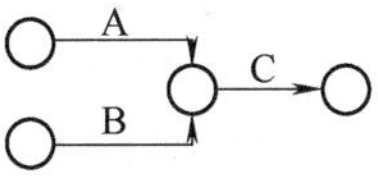 | C 工作依赖着 A、B 工作，A、B 为平行工作 |
| 6 | 有 A、B、C、D 四项工作，只有当 A、B 完成后，C、D 才能开始 | 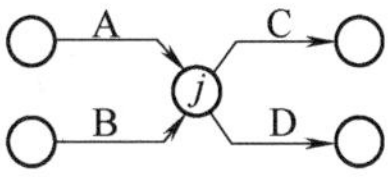 | 通过中间事件 $j$，正确地表达了 A、B、C、D 之间的关系 |
| 7 | 有 A、B、C、D 四项工作，A 完成后 C 才能开始，A、B 完成后 D 才能开始 | 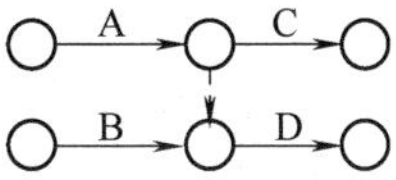 | D 与 A 之间引入了逻辑连接（虚工作），只有这样才能正确表达它们之间的约束关系 |
| 8 | 有 A、B、C、D、E 五项工作，A、B 完成后 C 开始，B、D 完成后 E 开始 | 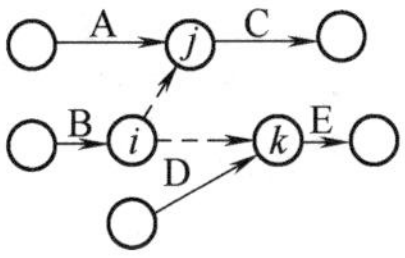 | 虚工作 $i—j$ 反映出 C 工作受到 B 工作的约束；虚工作 $i—k$ 反映出 E 工作受到 B 工作的约束 |
| 9 | 有 A、B、C、D、E 五项工作，A、B、C 完成后 D 才能开始，B、C 完成后 E 才能开始 | 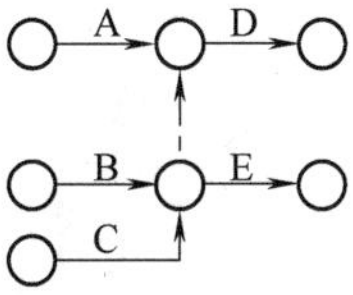 | 虚工作表示 D 受到 B、C 工作的约束 |
| 10 | 有 A、B 两项工作，分三个施工段，平行施工 | 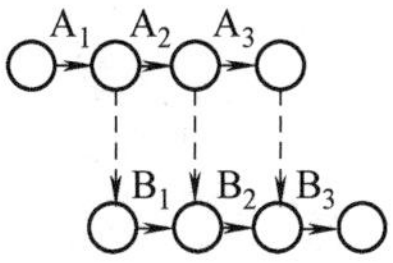 | 每个工作工程建立专业工作队，在每个施工段上进行流水作业，不同工种之间用逻辑搭接关系表示 |

## 2. 双代号网络图的绘制规则

双代号网络图在绘制过程中，除正确反映工作间的逻辑关系外，还必须遵循以下绘图规则：

（1）双代号网络图必须正确表达各工作之间的逻辑关系，可参考表4-2。

（2）在双代号网络图中严禁出现循环回路。如图4-15所示，②→③→④→⑤→②为循环回路。如果出现循环回路，会造成逻辑关系混乱，使工作无法按顺序进行。

（3）在双代号网络图中，节点之间严禁出现双向箭头和无箭头的连线，如图4-16所示。

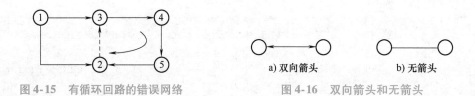

图 4-15　有循环回路的错误网络　　　　　图 4-16　双向箭头和无箭头

（4）在双代号网络图中，严禁出现没有箭头节点的箭线或没有箭尾节点的箭线。如图 4-17 所示。

（5）当双代号网络图中的某些节点有多条外向箭线或多条内向箭线时，在保证一项工作有唯一的一条箭线和对应的一对节点编号的前提下，可使用母线法绘图。当箭线线型不同时，可在从母线引出的支线上标出，如图 4-18 所示。

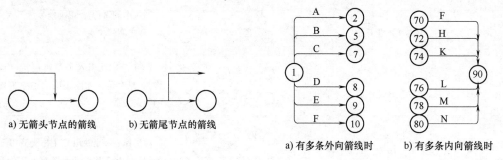

图 4-17　无箭头节点的箭线和无箭尾节点的箭线　　图 4-18　节点有多条外向箭线和有多条内向箭线

（6）绘制网络图时，箭线不宜交叉；当交叉不可避免时，可用过桥法、断线法或指向法，如图 4-19 所示。

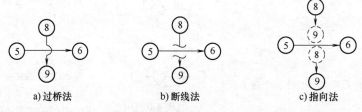

图 4-19　网络图出现交叉时的画法

（7）双代号网络图是由许多条线路组成的、环环相套的封闭图形，应只有一个起点节点；在不分期完成任务的网络图中，应只有一个终点节点，而其他所有节点均是中间节点（既有指向它的箭线，又有背离它的箭线）。

（8）在双代号网络图中，一项工作只能有唯一的一条箭线和相应的一对节点编号，箭尾的节点编号应小于箭头节点编号；不允许出现代号相同的箭线。如图 4-7 中虚工作的区分作用，图 4-7a 是错误的画法，①→②工作既代表工作 A，又代表工作 B。为了区分工作 A 和工作 B，可采用虚工作，分别表示工作 A 和工作 B，图 4-7b 是正确的画法。

**3. 双代号网络图的绘制步骤和要求**

（1）双代号网络图的绘制步骤。当已知每一项工作的紧前工作时，可按下述步骤绘制

双代号网络图:

1)绘制网络图前,应先收集、整理有关资料,如划分施工过程或施工段等。

2)绘制没有紧前工作的工作箭线,使它们具有相同的开始节点,以保证网络图只有一个起点节点。

3)依次绘制其他工作箭线。这些工作箭线的绘制条件是其所有紧前工作箭线都已经被绘制出来。

4)当各项工作箭线都被绘制出来之后,应合并那些没有紧后工作的工作箭线的箭头节点,以保证网络图只有一个终点节点(多目标网络计划除外)。

5)检查网络图的绘制是否符合绘图规则,各工作之间的逻辑关系是否正确。整理、完善网络图,使其条理清楚、层次分明。

6)按照各项工作的逻辑顺序将网络图绘好以后,就要给节点进行编号。编号的目的是赋予每项工作一个代号,以便进行网络图时间参数的计算。当采用计算机进行计算时,工作代号就显得尤为必要。

(2)双代号网络图的绘制要求。

1)网络图中的箭线应以水平线为主,竖线和斜线为辅,避免画成曲线。

2)在网络图中,箭线方向应保持自左向右,尽量避免"反向箭线"。

3)在网络图中应正确应用虚箭线,力求减少不必要的虚箭线。

【案例4-1】

已知某工程各项工作之间的逻辑关系见表4-3,试绘制双代号网络图并找出关键线路和关键工作。

表4-3 某工程各项工作之间的逻辑关系表(一)

| 工　作 | A | B | C | D | E | F | G | H |
|---|---|---|---|---|---|---|---|---|
| 紧前工作 | — | A | B | B | B | C、D | D、E | F、G |
| 持续时间/天 | 3 | 6 | 5 | 4 | 3 | 3 | 2 | 1 |

【案例解析】

(1)找出无紧前工作的起始工作和无紧后工作的结束工作。由表4-3分析可知,工作A是起始工作,工作H是结束工作。

(2)找出工作中一一对应的逻辑关系,分析隐含的对应关系。根据表4-3所示,将工作有紧前或紧后工作的逻辑关系联系起来,其中D是F和G的共同部分,分析可以得出,F的一一对应是C,G的一一对应是E。

| 工　作 | A | B | C | D | E | F | G | H |
|---|---|---|---|---|---|---|---|---|
| 紧前工作 | — | A | B | B | B | C、D | D、E | F、G |
| 持续时间/天 | 3 | 6 | 5 | 4 | 3 | 3 | 2 | 1 |

（3）根据逻辑关系，分阶段绘出逻辑关系图。A 是起始工作，A 的紧后工作是 B，可以得出 A 与 B 的逻辑关系图。

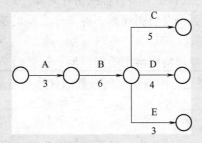

C、D、E 有共同的紧前工作 B，因此可知 B 结束后，C、D、E 为同时进行的平行工作关系。

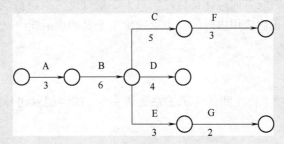

C 的紧后工作是 F，E 的紧后工作是 G。

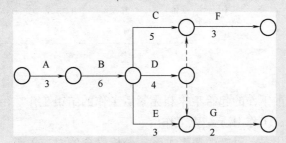

C、D 结束后，F 才能开始；D、E 结束后，G 才能开始。为了满足工作之间的逻辑关系，需要添加虚工作来完成。

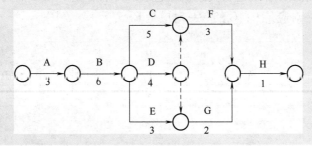

F、G 结束后，H 进行，说明 F 和 G 为平行工作，同时 H 为结束工作。

（4）检查、整理、完善网络图，确认无误后进行节点编号。关键线路为总的工作持续时间最长的线路：①→②→③→⑤→⑦→⑧，共计18天，关键工作为A、B、C、F、H。

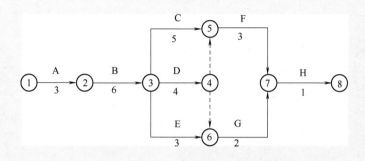

【职业技能训练】已知某工程各项工作之间的逻辑关系见表4-4，试绘制双代号网络并找出关键线路和关键工作。

表4-4　某工程各项工作之间的逻辑关系表（二）

| 工　作 | A | B | C | D | E | F | G | H | I |
|---|---|---|---|---|---|---|---|---|---|
| 紧前工作 | — | — | — | A | A、B、C | C | D、E | E | E、F |
| 持续时间/天 | 3 | 2 | 4 | 1 | 5 | 2 | 2 | 1 | 3 |

【案例4-2】

某工程由9项工作组成，它们之间的网络逻辑关系见表4-5，试绘制双代号网络图。

表4-5　某工程各项工作之间的逻辑关系表（三）

| 工作名称 | A | B | C | D | E | F | G | H | I |
|---|---|---|---|---|---|---|---|---|---|
| 紧前工作 | — | A | A | B、C | B | C | D、E | D、F | G、H |
| 紧后工作 | B、C | D、E | D、F | G、H | G | H | I | I | — |
| 持续时间/天 | 3 | 4 | 6 | 8 | 5 | 4 | 4 | 4 | 3 |

【案例解析】

（1）由表4-4可知，工作A是起始工作，工作I是结束工作。

（2）找出工作中一一对应的逻辑关系，分析隐含的对应关系。

| 工 作 名 称 | A | B | C | D | E | F | G | H | I |
|---|---|---|---|---|---|---|---|---|---|
| 紧 后 工 作 | B、C | D、E | D、F | G、H | G | H | I | I | — |
| 持续时间/天 | 3 | 4 | 6 | 8 | 5 | 4 | 6 | 4 | 5 |

（3）根据逻辑关系，分阶段绘出逻辑关系图。

A 完成后，B、C 同时进行。

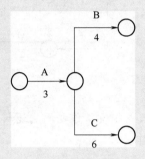

B 对应 E，C 对应 F，添加虚工作，使之满足 B 结束后 D、E 开始，C 结束后 D、F 开始。

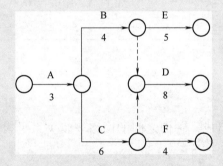

E 对应 G，F 对应 H，D 结束后 G、H 同时开始。

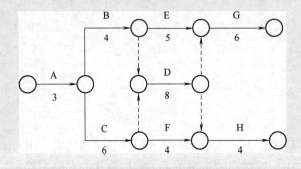

G、H 完成后 I 开始，I 为结束工作。

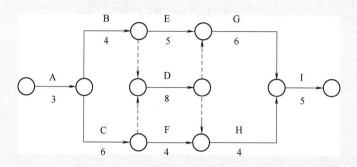

（4）检查、整理、完善网络图，确认无误后进行节点编号。关键线路为总的工作持续时间最长的线路：①→②→④→⑤→⑥→⑦→⑨→⑩，共计 28 天，关键工作为 A、C、D、G、I。

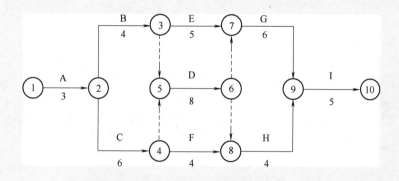

【职业技能训练】已知某工程各项工作之间的逻辑关系见表4-6，试绘制双代号网络，找出关键线路和关键工作，并指出虚工作在网络图中有何作用。

表4-6　某工程各项工作之间的逻辑关系表（四）

| 工作名称 | A | B | C | D | E | F | G | H | I | J | K |
|---|---|---|---|---|---|---|---|---|---|---|---|
| 紧前工作 | — | A | A | A | B | C | D | E、F | H | G | I、J |
| 紧后工作 | B、C、D | E | F | G | H | H | J | I | K | K | — |
| 持续时间/天 | 3 | 2 | 6 | 5 | 3 | 2 | 1 | 3 | 4 | 5 | 6 |

**4. 工程施工网络计划的排列方法**

为使网络计划能更准确地反映建筑工程施工特点，绘图时可根据不同的工程情况、施工组织和使用要求灵活排列，以简化层次，使各个工作在工艺上和组织上的逻辑关系更清晰，便于计算和调整。建筑工程施工网络计划主要有以下几种排列方法：

（1）混合排列法。混合排列法是对于简单的网络图，根据施工顺序和逻辑关系将各施工过程对称排列，如图 4-20 所示。其效果比较美观、形象、大方。

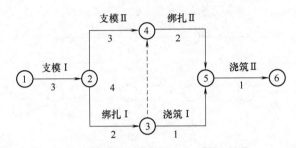

图 4-20　混合排列法示意图

（2）按施工段排列法。按施工段排列法是将同一施工段的各项工作排列在同一水平线上的方法，施工段按垂直方向排列，如图 4-21 所示。其特点是同一施工段的工作在同一水平线上，反映出分段施工的特征。此时网络计划突出表示工作面的连续或工作队的连续。

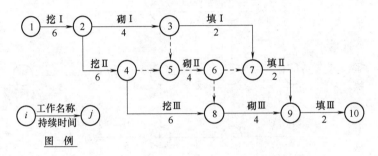

图 4-21　按施工段排列法示意图

（3）按施工层排列法。按施工层排列法是把楼层按垂直方向排列。如果在流水作业中，若干个不同工种工作沿着建筑物的楼层展开，就可以把同一楼层的各项工作排在同一水平线上。如图 4-22 所示是内装修工程的三项工作按施工层（以楼层为施工层）自上而下的流向进行施工的网络图。

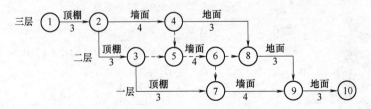

图 4-22　按施工层排列法示意图

（4）按工种排列法。按工种排列法又称按施工过程排列法，是根据施工顺序把各施工过程按垂直方向排列，施工段按水平方向排列，将同一工种的各项工作排列在同一水平方向上的方法，如图 4-23 所示。此时网络计划突出表示工种的连续作业。

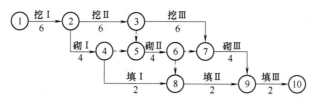

图4-23 按工种排列法示意图

【职业技能训练】根据下列逻辑关系表绘制的双代号网络图如下图所示，其存在的错误是（　　　）。

| 工作名称 | A | B | C | D | E | G | H |
|---------|---|---|---|---|---|---|---|
| 紧前工作 | — | — | A | A | A、B | C | E |

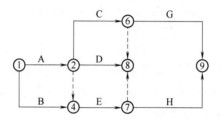

A. 节点编号不对　　　　　　　　　　　　B. 逻辑关系不对

C. 有多个终点节点　　　　　　　　　　　D. 有多个起点节点

## 4.3 双代号网络计划时间参数计算

 学习目标

知识目标：掌握双代号网络计划时间参数的概念及符号；熟悉时间参数的计算方法与原理。

能力目标：合理选择时间参数的计算方法进行双代号网络计划时间参数计算。

 重点难点

重点：双代号网络计划时间参数概念及符号。

难点：利用时间参数计算原理和方法进行双代号网络计划时间参数计算。

### 4.3.1 网络计划时间参数的概念

#### 1. 工作持续时间

工作持续时间（Duration）是指对一项工作规定的从开始到完成的时间，用符号"$D_{i-j}$"表示，$i—j$ 为该工作节点代号。工作持续时间的计算已在教学单元3"3.2.2 流水节拍计算"

中详细讲解，此处不再赘述。

**2. 工期**

工期（Time）是指完成一项任务所需要的时间。在网络计划中，工期一般有以下三种：

（1）计算工期（Calculated Project Duration）。计算工期是根据网络计划时间参数计算而得到的工期，即关键线路各工作持续时间之和，用符号"$T_c$"表示。

（2）要求工期（Required Project Duration）。要求工期是根据上级主管部门或建设单位的要求而定的工期，用符号"$T_r$"表示。

（3）计划工期（Planed Project Duration）。计划工期是根据要求工期和计算工期综合考虑需要和可能而确定的作为实施目标的工期，用"$T_p$"表示。

**【温馨提示】**

（1）当规定了要求工期时，计划工期不应超过要求工期，即 $T_p \leqslant T_r$。

（2）当未规定要求工期时，可令计划工期等于计算工期，即 $T_p = T_c$。

**3. 节点时间**

网络计划中节点的时间参数有节点最早时间和节点最迟时间。

（1）节点最早时间（Earliest Event Time）。它是指该节点前面的工作全部完成，后面的工作最早可能开始的时间，用 $ET_i$ 表示。

（2）节点最迟时间（Latest Event Time）。它是指在不影响终点节点最迟时间的前提下，该节点最迟必须完成的时间，用 $LT_i$ 表示。

**【温馨提示】**

（1）一般规定网络计划起点节点最早时间为 0，即 $ET_i = 0(i = 1)$。

（2）一般规定网络计划有要求工期时，终点节点最迟时间 $LT_n = T_r$ 或合同工期；当无规定工期时，终点节点最迟时间就等于节点最早时间，即 $LT_n = ET_n$。

**4. 网络计划工作的六个时间参数**

（1）最早开始时间（Earliest Start Time）。工作的最早开始时间是指所有紧前工作全部完成后，本工作有可能开始的最早时刻。工作 $i—j$ 的最早开始时间用 $ES_{i—j}$ 表示。

（2）最早完成时间（Earliest Finish Time）。工作的最早完成时间是指所有紧前工作全部完成后，本工作有可能完成的最早时刻。工作 $i—j$ 的最早完成时间用 $EF_{i—j}$ 表示。

（3）最迟开始时间（Latest Start Time）。工作的最迟开始时间是指在不影响整个任务按期完成的前提下，本工作最迟必须开始的时刻。工作 $i—j$ 的最迟开始时间用 $LS_{i—j}$ 表示。

（4）最迟完成时间（Latest Finish Time）。工作的最迟完成时间是指在不影响整个任务按期完成的前提下，本工作最迟必须完成的时刻。工作 $i—j$ 的最迟完成时间用 $LF_{i—j}$ 表示。图 4-24 为 $i—j$ 工作的工作范围，并反映了最早和最迟时间参数。

（5）总时差（Total Float）。工作的总时差是指在不影响总工期的前提下，一项工作可以利用的机动时间，用 $TF_{i—j}$ 表示。如图 4-25 所示，在不影响总工期的前提下，工作 $i—j$ 可以利用的时间范围是从该工作的最早开始时间到最迟完成时间，即该工作从最早开始时间或最迟开始时间开始，均不会影响总工期。而工作 $i—j$ 实际需要的持续时间是 $D_{i—j}$，扣去 $D_{i—j}$

后，余下的一段时间就是该工作可以利用的机动时间，即总时差。

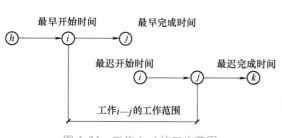

图 4-24　工作 $i$—$j$ 的工作范围

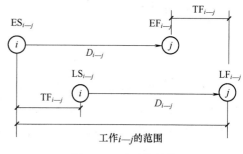

图 4-25　总时差计算

（6）自由时差（Free Float）。工作的自由时差是指在不影响其紧后工作最早开始时间的前提下，一项工作可以利用的机动时间，用 $FF_{i-j}$ 表示。如图 4-26 所示，在不影响其紧后工作最早开始时间的前提下，工作 $i$—$j$ 可以利用的时间范围是从该工作的最早开始时间至其紧后工作的最早开始时间。而工作 $i$—$j$ 实际需要的持续时间是 $D_{i-j}$，扣去 $D_{i-j}$ 后，余下的一段时间就是该工作可以利用的机动时间，即自由时差。

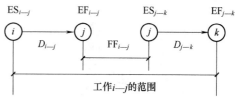

图 4-26　自由时差计算示意图

【实习实作】学生小组相互提问或由教师提问学生，使其熟记网络计划时间参数的名称及符号。

【温馨提示】

（1）某项工作总时差的大小与该工作所在线路上其他工作总时差的利用情况有关。

（2）总时差 $TF_{i-j}$ 与自由时差 $FF_{i-j}$ 之间的关系是：$FF_{i-j} \leqslant TF_{i-j}$。当某项工作的总时差为 0 时，其自由时差必然为 0。

【职业技能训练】

1. 下列说法中错误的是（　　）。

A. 任何工程都有要求工期、计划工期和计算工期

B. 计划工期可以小于要求工期

C. 计划工期可以等于要求工期

D. 计划工期有时可大于要求工期

2. 关于自由时差和总时差，下列说法中错误的是（　　）。

A. 自由时差为 0，总时差必定为 0

B. 总时差为 0，自由时差必为 0

C. 在不影响总工期的前提下，工作的机动时间为总时差

D. 在不影响紧后工作最早开始的前提下，工作的机动时间为自由时差

### 4.3.2 双代号网络计划时间参数的计算方法

双代号网络计划时间参数的计算方法很多，一般常用的有工作计算法、节点计算法、标号法、图上计算法、表上计算法、矩阵计算法和计算机计算法等。较为简单的网络计划可采用人工计算；大型、较为复杂的网络计划则采用计算机程序进行绘制和计算。

**1. 按工作计算法计算时间参数**

所谓工作计算法，就是以网络计划中的工作为对象，直接计算各项工作的时间参数。按工作计算法计算时间参数应在各项工作的持续时间之后进行，虚工作必须视同工作进行计算，其持续时间为0。时间参数的计算结果标注在箭线之上，如图4-27所示。

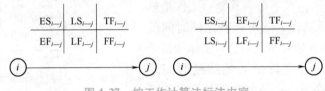

图 4-27　按工作计算法标注内容

为了简化计算，网络计划时间参数中的开始时间和完成时间都应以时间单位的终了时刻为标准。例如，第3天开始是指第3天终了（下班）时刻开始，实际上是第4天上班时刻才开始；第5天完成是指第5天终了（下班）时刻完成。

按工作计算法计算网络计划时间参数可按表4-7的计算公式进行计算。

表 4-7　按工作计算法时间参数的计算公式

| 时间参数名称 | 符　号 | 计 算 公 式 | |
|---|---|---|---|
| 最早开始时间 | $ES_{i-j}$ | 起始工作 | $ES_{i-j} = 0$ |
| | | 有一个紧前工作 | $ES_{i-j} = ES_{h-i} + D_{h-i}$ |
| | | 有多个紧前工作 | $ES_{i-j} = \max\{ES_{h-i} + D_{h-i}\}$ |
| 最早完成时间 | $EF_{i-j}$ | $EF_{i-j} = ES_{i-j} + D_{i-j}$ | |
| 计算工期 | $T_c$ | $T_p = T_c = \max\{EF_{i-n}\} = \max\{ES_{i-n} + D_{i-n}\}$ | |
| 最迟完成时间 | $LF_{i-j}$ | 结束工作 | $LF_{i-j} = T_c$ |
| | | 有一个紧后工作 | $LF_{i-j} = LF_{j-k} - D_{j-k}$ |
| | | 有多个紧后工作 | $LF_{i-j} = \min\{LF_{j-k} - D_{j-k}\}$ |
| 最迟开始时间 | $LS_{i-j}$ | $LS_{i-j} = LF_{i-j} - D_{i-j}$ | |
| 总时差 | $TF_{i-j}$ | $TF_{i-j} = LS_{i-j} - ES_{i-j} = LF_{i-j} - EF_{i-j}$ | |
| 自由时差 | $FF_{i-j}$ | $FF_{i-j} = ES_{j-k} - EF_{i-j} = ES_{j-k} - ES_{i-j} - D_{i-j}$ | |

式中　$h-i$——工作 $i-j$ 的紧前工作；

　　　$j-k$——工作 $i-j$ 的紧后工作。

假设未规定要求工期时，网络计划的计划工期应等于计算工期，即以网络计划的终点节点为完成节点的各个工作的最早完成时间的最大值。

下面以【案例 4-3】为例，说明按工作计算法计算时间参数的过程。

【案例 4-3】

某工程网络计划如图 4-28 所示，按工作计算法计算六个时间参数。

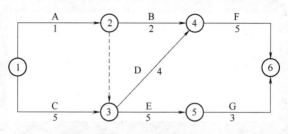

图 4-28 某工程网络计划（一）

【案例解析】

1. 工作最早开始时间（$ES_{i-j}$）

| | | 起始工作 | $ES_{i-j} = 0$ |
|---|---|---|---|
| 最早开始时间 | $ES_{i-j}$ | 有一个紧前工作 | $ES_{i-j} = ES_{h-i} + D_{h-i}$ |
| | | 有多个紧前工作 | $ES_{i-j} = \max\{ES_{h-i} + D_{h-i}\}$ |

具体计算如下：

$$ES_{1-2} = 0\ 天$$

$$ES_{1-3} = 0\ 天$$

$$ES_{2-3} = ES_{1-2} + D_{1-2} = (0+1)天 = 1\ 天$$

$$ES_{2-4} = ES_{1-2} + D_{1-2} = (0+1)天 = 1\ 天$$

$$ES_{3-4} = \max\{ES_{2-3} + D_{2-3}, ES_{1-3} + D_{1-3}\} = \max\{1+0, 0+5\} = \max\{1, 5\} = 5\ 天$$

$$ES_{3-5} = \max\{ES_{2-3} + D_{2-3}, ES_{1-3} + D_{1-3}\} = \max\{1+0, 0+5\} = \max\{1, 5\} = 5\ 天$$

$$ES_{4-6} = \max\{ES_{2-4} + D_{2-4}, ES_{3-4} + D_{3-4}\} = \max\{1+2, 5+4\} = \max\{3, 9\} = 9\ 天$$

$$ES_{5-6} = ES_{3-5} + D_{3-5} = (5+5)天 = 10\ 天$$

【温馨提示】从同一节点开始的各工作的最早开始时间均相等。

例如，节点②后有两条箭线 2—3 和 2—4，$ES_{2-3} = ES_{2-4} = 1$ 天；又如，节点③后 $ES_{3-4} = ES_{3-5} = 5$ 天。

### 2. 工作最早完成时间（$EF_{i \to j}$）

| 最早完成时间 | $EF_{i \to j}$ | $EF_{i \to j} = ES_{i \to j} + D_{i \to j}$ |
| --- | --- | --- |

具体计算如下：

$$EF_{1-2} = ES_{1-2} + D_{1-2} = (0+1)\text{天} = 1\ \text{天}$$

$$EF_{1-3} = ES_{1-3} + D_{1-3} = (0+5)\text{天} = 5\ \text{天}$$

$$EF_{2-3} = ES_{2-3} + D_{2-3} = (1+0)\text{天} = 1\ \text{天}$$

$$EF_{2-4} = ES_{2-4} + D_{2-4} = (1+2)\text{天} = 3\ \text{天}$$

$$EF_{3-4} = ES_{3-4} + D_{3-4} = (5+4)\text{天} = 9\ \text{天}$$

$$EF_{3-5} = ES_{3-5} + D_{3-5} = (5+5)\text{天} = 10\ \text{天}$$

$$EF_{4-6} = ES_{4-6} + D_{4-6} = (9+5)\text{天} = 14\ \text{天}$$

$$EF_{5-6} = ES_{5-6} + D_{5-6} = (10+3)\text{天} = 13\ \text{天}$$

工作最早开始时间和最早完成时间的计算如图 4-29 所示。

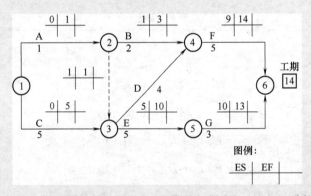

图 4-29　最早开始时间（$ES_{i \to j}$）和最早完成时间（$EF_{i \to j}$）计算图

【职业技能训练】

1. 已知工作 D 有 A、B、C 三个紧前工作，工作 A、B、C 的最早开始时间分别为第 3 天、第 6 天、第 2 天；工作 A、B、C 的持续时间分别为 4 天、2 天、5 天；则工作 D 的最早开始时间为第（　　）天。

A. 5　　　　　　　　B. 6　　　　　　　　C. 7　　　　　　　　D. 8

2. 由题 1 已知条件，若工作 D 的持续时间为 3 天，则工作 D 的最早完成时间为第（　　）天。

A. 10　　　　　　　B. 11　　　　　　　C. 12　　　　　　　D. 13

### 3. 工作最迟完成时间（$LF_{i-j}$）

| 最迟完成时间 | $LF_{i-j}$ | 结束工作 | $LF_{i-j} = T_c$ |
|---|---|---|---|
| | | 有一个紧后工作 | $LF_{i-j} = LF_{j-k} - D_{j-k}$ |
| | | 有多个紧后工作 | $LF_{i-j} = \min\{LF_{j-k} - D_{j-k}\}$ |

具体计算如下：

$$T_p = T_c = 14 \text{ 天}$$

$$LF_{5-6} = T_c = 14 \text{ 天}$$

$$LF_{4-6} = T_c = 14 \text{ 天}$$

$$LF_{3-5} = LF_{5-6} - D_{5-6} = (14-3)\text{天} = 11 \text{ 天}$$

$$LF_{3-4} = LF_{4-6} - D_{4-6} = (14-5)\text{天} = 9 \text{ 天}$$

$$LF_{2-4} = LF_{4-6} - D_{4-6} = (14-5)\text{天} = 9 \text{ 天}$$

$$LF_{2-3} = \min\{LF_{3-5} - D_{3-5}, LF_{3-4} - D_{3-4}\} = \min\{11-5, 9-4\} = \min\{6,5\} = 5 \text{ 天}$$

$$LF_{1-3} = \min\{LF_{3-5} - D_{3-5}, LF_{3-4} - D_{3-4}\} = \min\{11-5, 9-4\} = \min\{6,5\} = 5 \text{ 天}$$

$$LF_{1-2} = \min\{LF_{2-3} - D_{2-3}, LF_{2-4} - D_{2-4}\} = \min\{5-0, 9-2\} = \min\{5,7\} = 5 \text{ 天}$$

【温馨提示】结束于同一节点的各工作的最迟完成时间均相等。

例如，节点⑥前有两条箭线 4—6 和 5—6，$LF_{4-6} = LF_{5-6} = 14$ 天；又如，节点③前 $LF_{2-3} = LF_{1-3} = 5$ 天。

### 4. 工作最迟开始时间（$LS_{i-j}$）

| 最迟开始时间 | $LS_{i-j}$ | $LS_{i-j} = LF_{i-j} - D_{i-j}$ |
|---|---|---|

具体计算如下：

$$LS_{5-6} = LF_{5-6} - D_{5-6} = (14-3)\text{天} = 11 \text{ 天}$$

$$LS_{4-6} = LF_{4-6} - D_{4-6} = (14-5)\text{天} = 9 \text{ 天}$$

$$LS_{3-5} = LF_{3-5} - D_{3-5} = (11-5)\text{天} = 6 \text{ 天}$$

$$LS_{3-4} = LF_{3-4} - D_{3-4} = (9-4)\text{天} = 5 \text{ 天}$$

$$LS_{2-4} = LF_{2-4} - D_{2-4} = (9-2)\text{天} = 7 \text{ 天}$$

$$LS_{2-3} = LF_{2-3} - D_{2-3} = (5-0)\text{天} = 5 \text{ 天}$$

$$LS_{1-3} = LF_{1-3} - D_{1-3} = (5-5)\text{天} = 0 \text{ 天}$$

$$LS_{1-2} = LF_{1-2} - D_{1-2} = (5-1)\text{天} = 4 \text{ 天}$$

工作最迟完成时间和最迟开始时间的计算如图 4-30 所示。

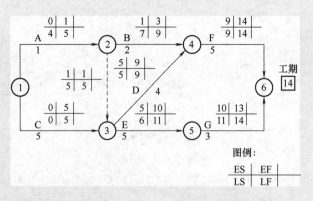

图 4-30　最迟完成时间（LF$_{i-j}$）和最迟开始时间（LS$_{i-j}$）计算图

【职业技能训练】

1. 已知工作 A 有 B、C、D 三个紧后工作，工作 B、C、D 的最迟完成时间分别为第 18 天、第 23 天、第 16 天；工作 B、C、D 的持续时间分别为 5 天、12 天、8 天；则工作 A 的最迟完成时间为第（　　　）天。

A. 6　　　　　　　　B. 8　　　　　　　　C. 11　　　　　　　　D. 13

2. 由题 1 已知条件，若工作 A 的持续时间为 3 天，则工作 A 的最迟开始时间为第（　　　）天。

A. 3　　　　　　　　B. 4　　　　　　　　C. 5　　　　　　　　D. 6

**5. 工作总时差（TF$_{i-j}$）**

| 总时差 | TF$_{i-j}$ | TF$_{i-j}$ = LS$_{i-j}$ – ES$_{i-j}$ = LF$_{i-j}$ – EF$_{i-j}$ |
| --- | --- | --- |

具体计算如下：

$$TF_{1-2} = LS_{1-2} - ES_{1-2} = LF_{1-2} - EF_{1-2} = (4-0)天 = (5-1)天 = 4 天$$

$$TF_{1-3} = LS_{1-3} - ES_{1-3} = LF_{1-3} - EF_{1-3} = 0-0 = (5-5)天 = 0 天$$

$$TF_{2-3} = LS_{2-3} - ES_{2-3} = LF_{2-3} - EF_{2-3} = (5-1)天 = (5-1)天 = 4 天$$

$$TF_{2-4} = LS_{2-4} - ES_{2-4} = LF_{2-4} - EF_{2-4} = (7-1)天 = (9-3)天 = 6 天$$

$$TF_{3-4} = LS_{3-4} - ES_{3-4} = LF_{3-4} - EF_{3-4} = (5-5)天 = (9-9)天 = 0 天$$

$$TF_{3-5} = LS_{3-5} - ES_{3-5} = LF_{3-5} - EF_{3-5} = (6-5)天 = (11-10)天 = 1 天$$

$$TF_{4-6} = LS_{4-6} - ES_{4-6} = LF_{4-6} - EF_{4-6} = (9-9)天 = (14-14)天 = 0 天$$

$$TF_{5-6} = LS_{5-6} - ES_{5-6} = LF_{5-6} - EF_{5-6} = (11-10)天 = (14-13)天 = 1 天$$

工作总时差的计算如图 4-31 所示。

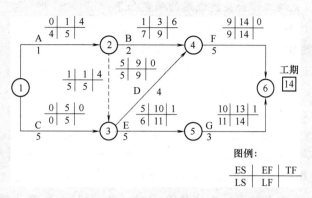

图4-31 总时差（$TF_{i-j}$）计算图

**6. 工作自由时差（$FF_{i-j}$）**

| 自由时差 | $FF_{i-j}$ | $FF_{i-j} = ES_{j-k} - EF_{i-j} = ES_{j-k} - ES_{i-j} - D_{i-j}$ |
| --- | --- | --- |

具体计算如下：

$$FF_{1-2} = ES_{2-4} - EF_{1-2} = (1-1)天 = 0 天$$

$$FF_{1-3} = ES_{3-4} - EF_{1-2} = (5-5)天 = 0 天$$

$$FF_{2-3} = ES_{3-4} - EF_{2-3} = (5-1)天 = 4 天$$

$$FF_{2-4} = ES_{4-6} - EF_{2-4} = (9-3)天 = 6 天$$

$$FF_{3-4} = ES_{4-6} - EF_{3-4} = (9-9)天 = 0 天$$

$$FF_{3-5} = ES_{5-6} - EF_{3-5} = (10-10)天 = 0 天$$

$$FF_{4-6} = T_p - EF_{4-6} = (14-14)天 = 0 天$$

$$FF_{5-6} = T_p - EF_{5-6} = (14-13)天 = 1 天$$

工作自由时差的计算如图4-32所示。

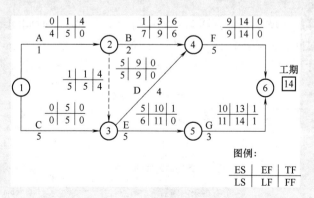

图4-32 自由时差（$FF_{i-j}$）计算图

【温馨提示】关键工作和关键线路的确定如下：

（1）在网络计划中，总时差为最小的工作应为关键工作。当计划工期等于计算工期时，总时差为 0（即 $TF_{i-j}=0$）的工作为关键工作。

（2）在网络计划中，自始至终全部由关键工作组成的线路或线路上总的工作持续时间最长的线路应为关键线路。在关键线路上可能有虚工作存在。在工程进度管理中，应该把关键工作作为重点来抓，保证各项工作如期完成。

（3）关键线路在网络图上应用粗线、双线或彩色线标注。关键线路上各项工作的持续时间总和应等于网络计划的计算工期，这一特点也是判断关键线路是否正确的准则。

（4）在关键线路上，各工作的自由时差全为 0（即 $FF_{i-j}=0$）；在非关键线路上，各工作的自由时差不全为 0。工作的自由时差永远小于等于总时差（即 $FF_{i-j} \leqslant TF_{i-j}$）。自由时差是总时差的构成部分，总时差为 0 的工作，其自由时差一定为 0。

【职业技能训练】某工程网络计划，如图 4-33 所示，按工作计算法计算时间参数，并找出关键线路和关键工作。

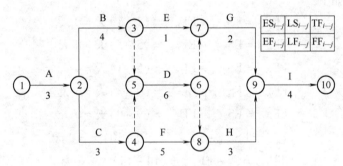

图 4-33　某工程网络计划（二）

### 2. 按节点计算法计算时间参数

所谓按节点计算法，就是先计算网络计划中各个节点的最早时间和最迟时间，然后再据此计算各项工作的时间参数和网络计划的计算工期。

按节点计算法计算网络计划时间参数可按表 4-8 的计算公式进行计算。

表 4-8　按节点计算法时间参数的计算公式

| 时间参数名称 | 符　号 | 计　算　公　式 | |
| --- | --- | --- | --- |
| 节点最早时间 | $ET_i$ | 起点节点 | $ET_i = 0$ |
| | | 只有一条内向箭线的节点 | $ET_j = ET_i + D_{i-j}$ |
| | | 有多条内向箭线的节点 | $ET_j = \max\{ET_i + D_{i-j}\}$ |
| | | 终点节点 | $T_c = ET_n$ |
| 最早开始时间 | $ES_{i-j}$ | | $ES_{i-j} = ET_i$ |

（续）

| 时间参数名称 | 符　号 | 计　算　公　式 | |
|---|---|---|---|
| 最早完成时间 | $EF_{i-j}$ | $EF_{i-j} = ET_i + D_{i-j}$ | |
| 节点最迟时间 | $LT_i$ | 终点节点 | $LT_n = T_c$ |
| | | 只有一条外向箭线的节点 | $LT_i = LT_j - D_{i-j}$ |
| | | 有多条外向箭线的节点 | $LT_i = \min\{LT_j - D_{i-j}\}$ |
| 最迟完成时间 | $LF_{i-j}$ | $LF_{i-j} = LT_j$ | |
| 最迟开始时间 | $LS_{i-j}$ | $LS_{i-j} = LT_j - D_{i-j}$ | |
| 总时差 | $TF_{i-j}$ | $TF_{i-j} = LT_j - ET_i - D_{i-j}$ | |
| 自由时差 | $FF_{i-j}$ | $FF_{i-j} = ET_j - ET_i - D_{i-j}$ | |

下面以【案例 4-4】为例，说明按节点计算法计算时间参数的过程。

## 【案例 4-4】

某工程网络计划，如图 4-34 所示。按节点计算法计算六个时间参数。

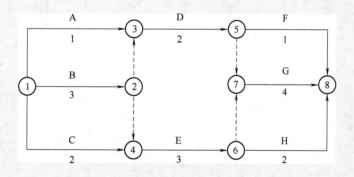

图 4-34　某工程网络计划（三）

## 【案例解析】

**1. 节点最早时间**（$ET_i$）

| 节点最早时间 | $ET_i$ | 起点节点 | $ET_i = 0$ |
|---|---|---|---|
| | | 只有一条内向箭线的节点 | $ET_j = ET_i + D_{i-j}$ |
| | | 有多条内向箭线的节点 | $ET_j = \max\{ET_i + D_{i-j}\}$ |
| | | 终点节点 | $T_c = ET_n$ |

采用"顺箭累加、逢圈取大"的计算方法。也就是从网络的起点节点开始，沿着每条线路将各工作的作业时间累加起来，在每一个圆圈（即节点）处选取到达该圆圈的各条线路累计时间的最大值，这个最大值就是该节点的最早时间。

具体计算如下：

$$ET_1 = 0 \ 天$$

$$ET_2 = ET_1 + D_{1-2} = (0+3) \ 天 = 3 \ 天$$

$$ET_3 = \max\{ET_1 + D_{1-3}, ET_2 + D_{2-3}\} = \max\{0+1, 3+0\} = 3 \ 天$$

$$ET_4 = \max\{ET_1 + D_{1-4}, ET_2 + D_{2-4}\} = \max\{0+2, 3+0\} = 3 \ 天$$

$$ET_5 = ET_3 + D_{3-5} = (3+2) \ 天 = 5 \ 天$$

$$ET_6 = ET_4 + D_{4-6} = (3+3) \ 天 = 6 \ 天$$

$$ET_7 = \max\{ET_5 + D_{5-7}, ET_6 + D_{6-7}\} = \max\{5+0, 6+0\} = 6 \ 天$$

$$ET_8 = \max\{ET_5 + D_{5-8}, ET_6 + D_{6-8}, ET_7 + D_{7-8}\} = \max\{5+1, 6+2, 6+4\} = 10 \ 天$$

节点最早时间的计算如图 4-35 所示。

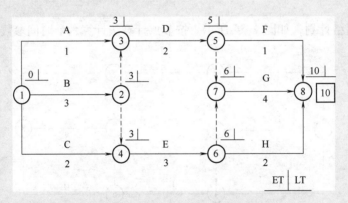

图 4-35　节点最早时间（$ET_i$）计算图

## 2. 工作最早开始时间（$ES_{i-j}$）

| 最早开始时间 | $ES_{i-j}$ | $ES_{i-j} = ET_i$ |
| --- | --- | --- |

具体计算如下：

$$ES_{1-2} = ET_1 = 0 \ 天 \qquad ES_{1-3} = ET_1 = 0 \ 天$$

$$ES_{1-4} = ET_1 = 0 \ 天 \qquad ES_{2-3} = ET_2 = 3 \ 天$$

$$ES_{2-4} = ET_2 = 3 \ 天 \qquad ES_{3-5} = ET_3 = 3 \ 天$$

$$ES_{4-6} = ET_4 = 3 \ 天 \qquad ES_{5-7} = ET_5 = 5 \ 天$$

$$\text{ES}_{5—8} = \text{ET}_5 = 5 \text{ 天} \qquad \text{ES}_{6—7} = \text{ET}_6 = 6 \text{ 天}$$

$$\text{ES}_{6—8} = \text{ET}_6 = 6 \text{ 天} \qquad \text{ES}_{7—8} = \text{ET}_7 = 6 \text{ 天}$$

### 3. 工作最早完成时间（$\text{EF}_{i—j}$）

| 最早完成时间 | $\text{EF}_{i—j}$ | $\text{EF}_{i—j} = \text{ET}_i + D_{i—j}$ |
|---|---|---|

具体计算如下：

$$\text{EF}_{1—2} = \text{ET}_1 + D_{1—2} = (0+3)\text{天} = 3 \text{ 天} \qquad \text{EF}_{1—3} = \text{ET}_1 + D_{1—3} = (0+1)\text{天} = 1 \text{ 天}$$

$$\text{EF}_{1—4} = \text{ET}_1 + D_{1—4} = (0+2)\text{天} = 2 \text{ 天} \qquad \text{EF}_{2—3} = \text{ET}_2 + D_{2—3} = (3+0)\text{天} = 3 \text{ 天}$$

$$\text{EF}_{2—4} = \text{ET}_2 + D_{2—4} = (3+0)\text{天} = 3 \text{ 天} \qquad \text{EF}_{3—5} = \text{ET}_3 + D_{3—5} = (3+2)\text{天} = 5 \text{ 天}$$

$$\text{EF}_{4—6} = \text{ET}_4 + D_{4—6} = (3+3)\text{天} = 6 \text{ 天} \qquad \text{EF}_{5—7} = \text{ET}_5 + D_{5—7} = (5+0)\text{天} = 5 \text{ 天}$$

$$\text{EF}_{5—8} = \text{ET}_5 + D_{5—8} = (5+1)\text{天} = 6 \text{ 天} \qquad \text{EF}_{6—7} = \text{ET}_6 + D_{6—7} = (6+0)\text{天} = 6 \text{ 天}$$

$$\text{EF}_{6—8} = \text{ET}_6 + D_{6—8} = (6+2)\text{天} = 8 \text{ 天} \qquad \text{EF}_{7—8} = \text{ET}_7 + D_{7—8} = (6+4)\text{天} = 10 \text{ 天}$$

### 4. 节点最迟时间（$\text{LT}_i$）

| 节点最迟时间 | $\text{LT}_i$ | 终点节点 | $\text{LT}_n = T_c$ |
|---|---|---|---|
| | | 只有一条外向箭线的节点 | $\text{LT}_i = \text{LT}_j - D_{i—j}$ |
| | | 有多条外向箭线的节点 | $\text{LT}_i = \min\{\text{LT}_j - D_{i—j}\}$ |

采用"逆箭累减、逢圈取小"的计算方法。也就是从网络的终点节点开始逆着每条线路将计划总工期依次减去各工作的作业时间，在每一圆圈（即节点）处取其后续线路累减时间的最小值，这个最小值就是该节点的最迟时间。

具体计算如下：

$$\text{LT}_8 = T_c = 10 \text{ 天}$$

$$\text{LT}_7 = \text{LT}_8 - D_{7—8} = (10-4)\text{天} = 6 \text{ 天}$$

$$\text{LT}_6 = \min\{\text{LT}_7 - D_{6—7}, \text{LT}_8 - D_{6—8}\} = \min\{6-0, 10-2\} = 6 \text{ 天}$$

$$\text{LT}_5 = \min\{\text{LT}_7 - D_{5—7}, \text{LT}_8 - D_{5—8}\} = \min\{6-0, 10-1\} = 6 \text{ 天}$$

$$\text{LT}_4 = \text{LT}_6 - D_{4—6} = (6-3)\text{天} = 3 \text{ 天}$$

$$\text{LT}_3 = \text{LT}_5 - D_{3—5} = (6-2)\text{天} = 4 \text{ 天}$$

$$\text{LT}_2 = \min\{\text{LT}_3 - D_{2—3}, \text{LT}_4 - D_{2—4}\} = \min\{4-0, 3-0\} = 3 \text{ 天}$$

$$\text{LT}_1 = \min\{\text{LT}_2 - D_{1—2}, \text{LT}_3 - D_{1—3}, \text{LT}_4 - D_{1—4}\} = \min\{3-3, 4-1, 3-2\} = 0 \text{ 天}$$

节点最迟时间的计算如图4-36所示。

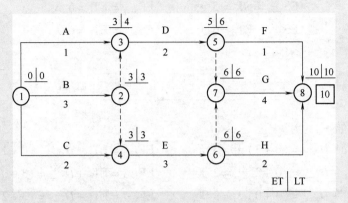

图 4-36　节点最迟时间（$LT_i$）计算图

## 5. 工作最迟完成时间（$LF_{i-j}$）

| 最迟完成时间 | $LF_{i-j}$ | $LF_{i-j} = LT_j$ |
|---|---|---|

具体计算如下：

$$LF_{1-2} = LT_2 = 3 \text{ 天} \qquad LF_{1-3} = LT_3 = 4 \text{ 天}$$

$$LF_{1-4} = LT_4 = 3 \text{ 天} \qquad LF_{2-3} = LT_3 = 4 \text{ 天}$$

$$LF_{2-4} = LT_4 = 3 \text{ 天} \qquad LF_{3-5} = LT_5 = 6 \text{ 天}$$

$$LF_{4-6} = LT_6 = 6 \text{ 天} \qquad LF_{5-7} = LT_7 = 6 \text{ 天}$$

$$LF_{5-8} = LT_8 = 10 \text{ 天} \qquad LF_{6-7} = LT_7 = 6 \text{ 天}$$

$$LF_{6-8} = LT_8 = 10 \text{ 天} \qquad LF_{7-8} = LT_8 = 10 \text{ 天}$$

## 6. 工作最迟开始时间（$LS_{i-j}$）

| 最迟开始时间 | $LS_{i-j}$ | $LS_{i-j} = LT_j - D_{i-j}$ |
|---|---|---|

具体计算如下：

$$LS_{1-2} = LT_2 - D_{1-2} = (3-3) \text{ 天} = 0 \text{ 天} \qquad LS_{1-3} = LT_3 - D_{1-3} = (4-1) \text{ 天} = 3 \text{ 天}$$

$$LS_{1-4} = LT_4 - D_{1-4} = (3-2) \text{ 天} = 1 \text{ 天} \qquad LS_{2-3} = LT_3 - D_{2-3} = (4-0) \text{ 天} = 4 \text{ 天}$$

$$LS_{2-4} = LT_4 - D_{2-4} = (3-0) \text{ 天} = 3 \text{ 天} \qquad LS_{3-5} = LT_5 - D_{3-5} = (6-2) \text{ 天} = 4 \text{ 天}$$

$$LS_{4-6} = LT_6 - D_{4-6} = (6-3) \text{ 天} = 3 \text{ 天} \qquad LS_{5-7} = LT_7 - D_{5-7} = (6-0) \text{ 天} = 6 \text{ 天}$$

$$LS_{5-8} = LT_8 - D_{5-8} = (10-1) \text{ 天} = 9 \text{ 天} \qquad LS_{6-7} = LT_7 - D_{6-7} = (6-0) \text{ 天} = 6 \text{ 天}$$

$$LS_{6-8} = LT_8 - D_{6-8} = (10-2) \text{ 天} = 8 \text{ 天} \qquad LS_{7-8} = LT_8 - D_{7-8} = (10-4) \text{ 天} = 6 \text{ 天}$$

**7. 工作总时差**（$\text{TF}_{i—j}$）

| 总时差 | $\text{TF}_{i—j}$ | $\text{TF}_{i—j} = \text{LT}_j - \text{ET}_i - D_{i—j}$ |
| --- | --- | --- |

具体计算如下：

$$\text{TF}_{1—2} = \text{LT}_2 - \text{ET}_1 - D_{1—2} = (3-0-3)\text{天} = 0\text{ 天}$$

$$\text{TF}_{1—3} = \text{LT}_3 - \text{ET}_1 - D_{1—3} = (4-0-1)\text{天} = 3\text{ 天}$$

$$\text{TF}_{1—4} = \text{LT}_4 - \text{ET}_1 - D_{1—4} = (3-0-2)\text{天} = 1\text{ 天}$$

$$\text{TF}_{2—3} = \text{LT}_3 - \text{ET}_2 - D_{2—3} = (4-3-0)\text{天} = 1\text{ 天}$$

$$\text{TF}_{2—4} = \text{LT}_4 - \text{ET}_2 - D_{2—4} = (3-3-0)\text{天} = 0\text{ 天}$$

$$\text{TF}_{3—5} = \text{LT}_5 - \text{ET}_3 - D_{3—5} = (6-3-2)\text{天} = 1\text{ 天}$$

$$\text{TF}_{4—6} = \text{LT}_6 - \text{ET}_4 - D_{4—6} = (6-3-3)\text{天} = 0\text{ 天}$$

$$\text{TF}_{5—7} = \text{LT}_7 - \text{ET}_5 - D_{5—7} = (6-5-0)\text{天} = 1\text{ 天}$$

$$\text{TF}_{5—8} = \text{LT}_8 - \text{ET}_5 - D_{5—8} = (10-5-1)\text{天} = 4\text{ 天}$$

$$\text{TF}_{6—7} = \text{LT}_7 - \text{ET}_6 - D_{6—7} = (6-6-0)\text{天} = 0\text{ 天}$$

$$\text{TF}_{6—8} = \text{LT}_8 - \text{ET}_6 - D_{6—8} = (10-6-2)\text{天} = 2\text{ 天}$$

$$\text{TF}_{7—8} = \text{LT}_8 - \text{ET}_7 - D_{7—8} = (10-6-4)\text{天} = 0\text{ 天}$$

**8. 工作自由时差**（$\text{FF}_{i—j}$）

| 自由时差 | $\text{FF}_{i—j}$ | $\text{FF}_{i—j} = \text{ET}_j - \text{ET}_i - D_{i—j}$ |
| --- | --- | --- |

具体计算如下：

$$\text{FF}_{1—2} = \text{ET}_2 - \text{ET}_1 - D_{1—2} = (3-0-3)\text{天} = 0\text{ 天}$$

$$\text{FF}_{1—3} = \text{ET}_3 - \text{ET}_1 - D_{1—3} = (3-0-1)\text{天} = 2\text{ 天}$$

$$\text{FF}_{1—4} = \text{ET}_4 - \text{ET}_1 - D_{1—4} = (3-0-2)\text{天} = 1\text{ 天}$$

$$\text{FF}_{2—3} = \text{ET}_3 - \text{ET}_2 - D_{2—3} = (3-3-0)\text{天} = 0\text{ 天}$$

$$\text{FF}_{2—4} = \text{ET}_4 - \text{ET}_2 - D_{2—4} = (3-3-0)\text{天} = 0\text{ 天}$$

$$\text{FF}_{3—5} = \text{ET}_5 - \text{ET}_3 - D_{3—5} = (5-3-2)\text{天} = 0\text{ 天}$$

$$\text{FF}_{4—6} = \text{ET}_6 - \text{ET}_4 - D_{4—6} = (6-3-3)\text{天} = 0\text{ 天}$$

$$\text{FF}_{5—7} = \text{ET}_7 - \text{ET}_5 - D_{5—7} = (6-5-0)\text{天} = 1\text{ 天}$$

$$\text{FF}_{5—8} = \text{ET}_8 - \text{ET}_5 - D_{5—8} = (10-5-1)\text{天} = 4\text{ 天}$$

$$\text{FF}_{6—7} = \text{ET}_7 - \text{ET}_6 - D_{6—7} = (6-6-0)\text{天} = 0\text{ 天}$$

$$\text{FF}_{6—8} = \text{ET}_8 - \text{ET}_6 - D_{6—8} = (10-6-2)\text{天} = 2\text{ 天}$$

$$\text{FF}_{7—8} = \text{ET}_8 - \text{ET}_7 - D_{7—8} = (10-6-4)\text{天} = 0\text{ 天}$$

【温馨提示】用节点计算法确定关键工作和关键线路，凡满足下列三个条件的工作必为关键工作：

①$ET_i = LT_i$；②$ET_j = LT_j$；③$LT_j - LT_i = D_{i-j}$。

【职业技能训练】根据某工程网络计划，如图 4-37 所示，按节点计算法计算时间参数，并找出关键线路和关键工作。

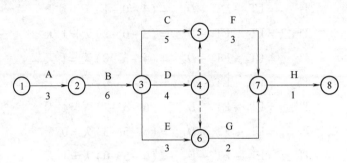

图 4-37　某工程网络计划（四）

**3. 按标号法计算时间参数**

（1）标号法的基本原理。标号法是一种可以快速确定计算工期和关键线路的方法，是工程中应用非常广泛的一种方法。它利用节点计算法的基本原理，对网络计划中的每一个节点进行标号，然后利用标号值（节点的最早时间）确定网络计划的计算工期和关键线路。

（2）标号法工作的步骤。

1）从开始节点出发，顺着箭线用加法计算节点的最早时间，并标明节点时间的计算值及其来源节点号。

2）终点节点的最早时间值为计算工期。

3）从终点节点出发，依源节点号反跟踪到开始节点的线路为关键线路。

【案例 4-5】

某工程网络计划，如图 4-38 所示。按标号法计算工期并找出关键线路。

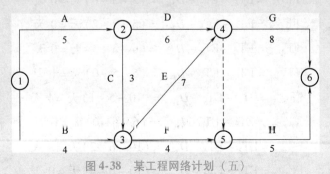

图 4-38　某工程网络计划（五）

【**案例解析**】

（1）按节点计算法的基本原理，对网络计划中的每一个节点进行标号，然后利用标号值确定网络计划的计算工期和关键线路，如图4-39所示。

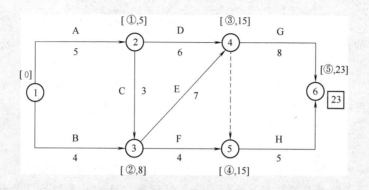

图4-39　网络计划标号法表示图

（2）计算过程。

1）网络计划起点节点的标号值为0。

2）其他节点的标号值计算：$b_i = \max\{b_i + D_{i-j}\}$。

当计算出节点的标号值后，应该用其标号值及其源节点对该节点进行双标号。

3）网络计划的计算工期就是网络计划终点节点的标号值。

4）关键线路应从网络计划的终点节点开始，逆着箭线方向按源节点确定。

【**职业技能训练**】某工程网络计划，如图4-40所示。按标号法计算工期，并找出关键线路和关键工作。

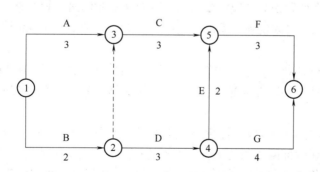

图4-40　某工程网络计划（六）

# 4.4 双代号时标网络计划

**学习目标**

知识目标：了解双代号时标网络计划的概念、特点及适用范围；掌握双代号时标网络计划的规定与绘制方法；熟悉时标网络计划关键线路的判定方法及时间参数计算。

能力目标：结合网络计划的逻辑关系及工程进度情况，合理准确绘制双代号时标网络计划，找出关键线路和关键工作，进行时间参数计算。

**重点难点**

重点：双代号时标网络计划的概念、特点及适用范围；时标网络计划的一般规定。

难点：运用直接法或间接法绘制双代号时标网络计划及关键线路的判定，进行时间参数计算。

## 4.4.1 双代号时标网络计划概述

### 1. 双代号时标网络计划的概念

双代号时标网络计划是指以水平时间坐标为尺度表示工作时间而绘制的双代号网络计划。它综合应用横道图的时间坐标和网络计划的原理，吸取二者的长处，既解决了横道图中各项工作不明确、时间参数无法计算的缺点，又解决了双代号网络计划时间表达不直观的问题。采用双代号时标网络计划，为施工管理进度的调整与控制以及进行资源优化提供了便利。

### 2. 双代号时标网络计划的特点

双代号时标网络计划是综合应用横道图的时间坐标和网络计划原理，在横道图的基础上引入网络计划中各工作之间逻辑关系的表达方法。时标网络计划与无时标网络计划相比较，其特点是：

（1）在时标网络计划中，箭线的水平投影长度直接代表该工作的持续时间。

（2）时标网络计划可以直接显示各施工过程的开始时间、完成时间与计算工期等时间参数，而不必计算。

（3）由于受到时间坐标的限制，所以时标网络计划不会产生闭合回路。

（4）可以直接在时标网络图的下方绘出资源动态曲线，便于分析、平衡调度。

（5）由于箭线的长度和位置受时间坐标的限制，因而修改和调整不如无时标网络计划方便。

（6）节点中心必须对准相应的时标位置，虚工作尽可能以垂直方式的虚箭线表示；当工作面停歇或班组工作不连续时，会出现虚箭线占用时间的情况。

**3. 时标网络计划的适用范围**

（1）工作项目少、工艺过程简单的工程的进度计划。

（2）大型复杂的工程进度计划，可以先分解绘制再合并，如局部网络工程或作业性工程。

（3）便于采用"实际进度前锋线"进行进度控制的网络计划。

### 4.4.2 双代号时标网络计划的一般规定

（1）双代号时标网络计划以水平时间坐标为尺度表示工作时间，时标的时间单位应根据需要，在网络计划编制之前确定，可为时、天、周、月、季等。

（2）时标网络计划以实箭线表示实工作，以虚箭线表示虚工作，以波形线表示工作的自由时差。

（3）时标网络计划中的所有符号在时间坐标上的水平投影位置都必须与时间参数相对应，节点中心必须对准相应的时标位置，虚工作必须以垂直方向的虚箭线表示；若有自由时差，通过追加波形线表示。

（4）时标网络计划宜按最早时间编制。

### 4.4.3 双代号时标网络计划的绘制

双代号时标网络计划的绘制方法有间接绘制法和直接绘制法两种。

**1. 间接绘制法**

间接绘制法是先画出非时标双代号网络计划，计算时间参数，再根据时间参数在时间坐标上进行绘制的方法。具体步骤如下：

（1）先绘制非时标双代号网络计划，计算时间参数，确定关键工作及关键线路。

（2）根据需要确定时间单位，并绘制时标横轴。时标可标注在时标网络图的顶部或底部，时标的长度单位必须注明。

（3）根据工作的最早开始时间或节点最早时间，从起点节点开始，将各节点逐个定位在时标坐标上。

（4）依次在各节点间画出箭线。绘制时先画出关键线路和关键工作，再画出其他工作。箭线最好画成水平箭线或水平线段和竖直线段组成的折线箭线，以直接反映工作的持续时间。若箭线长度不够与该工作的结束节点直接相连，用波形线补足，波形线的水平投影长度为工作的自由时差。

（5）把时差为0的箭线从起点到终点连接起来，即为时标网络计划的关键线路，用粗箭线或彩色箭线表示。

**【案例 4-6】**

某工程网络计划如图4-41所示，利用间接绘制法绘制双代号时标网络计划，并找出关键线路。

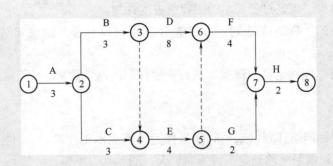

图 4-41　某工程网络计划（七）

## 【案例解析】

第一步：计算网络图节点时间参数。

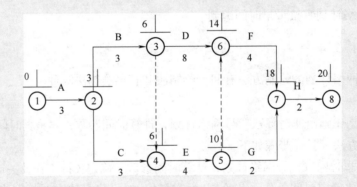

第二步：绘制时间坐标网。

第三步：在时间坐标网中确定节点位置。

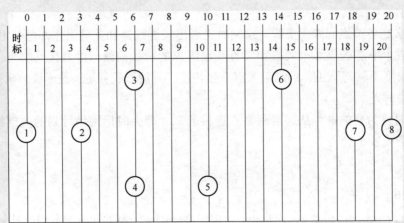

第四步：从节点依次向外引出箭杆。

注意：

（1）箭线水平投影长度代表该工作的持续时间。

（2）虚箭线水平投影长度为0。

（3）若引出箭线长度无法直接与后面节点相连，其余部分用水平波形线替代。

第五步：确定关键线路。

此网络计划中的关键线路为①→②→③→⑥→⑦→⑧，图4-42中用粗箭线表示。

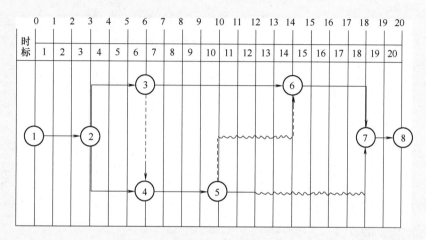

图4-42 双代号时标网络计划（一）

【职业技能训练】某工程网络计划，如图4-43所示。利用间接绘制法绘制双代号时标网络计划，并找出关键线路。

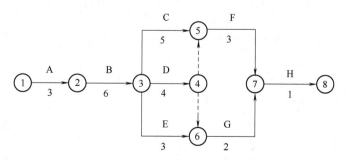

图4-43 某工程网络计划（八）

**2. 直接绘制法**

直接绘制法是先画出非时标双代号网络计划，不进行计算时间参数，直接在时间坐标上进行绘制的方法。具体步骤如下：

（1）先绘制非时标双代号网络计划。

（2）确定时间单位，绘制时间坐标。

（3）将起点节点定位在时标计划表的起始刻度线上。

（4）按工作的持续时间绘制起点节点的外向箭线。

（5）其他节点必须在其内向箭线绘出以后，定位在这些内向箭线中最早完成时间组成的箭线末端；其他内向箭线长度不足以到达该节点时，以波形线补足，直至终点节点绘定。

根据【案例4-6】，利用直接绘制法绘制双代号时标网络计划的步骤如下：

第一步：绘制时标表。

第二步：将起点节点定位于时标表的起始刻度线上。

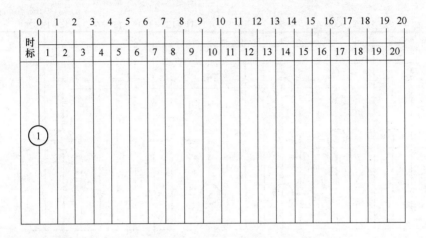

第三步：按工作的持续时间在时标表上绘制起点节点的外向箭线。

第四步：工作的箭头节点必须在其所有的内向箭线绘出以后，定位在这些内向箭线中最晚完成的实箭线箭头处。

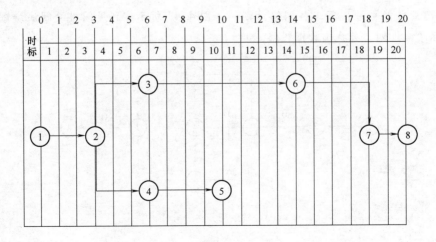

第五步：某些内向实箭线长度不足以到达该箭头节点时，用波形线补足；虚箭线应垂直绘制，如果虚箭线的开始节点和结束节点之间有水平距离时，也以波形线补足。结果如图4-44所示。

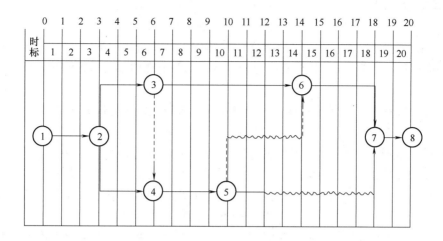

图 4-44 双代号时标网络计划（二）

【温馨提示】使用直接法绘制双代号时标网络计划方法的关键是要把虚箭线处理好。首先，要把它等同于实箭线看待，但其持续时间为0；其次，虽然它本身没有时间，但可能存在时差，故要按规定画好波形线。在画波形线时，虚工作垂直部分应画虚线，箭头在波形线末端或其后存在虚箭线时，应在虚箭线的末端。

【职业技能训练】某工程网络计划，如图 4-45 所示。利用直接绘制法绘制双代号时标网络计划，并找出关键线路。

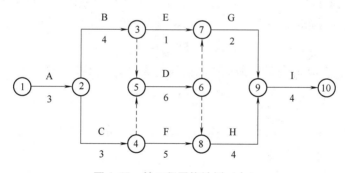

图 4-45 某工程网络计划（九）

## 4.4.4 关键线路的确定与时间参数的判读

**1. 关键线路的确定**

自终点节点至起点节点逆箭线方向朝起点节点观察，自始至终不出现波形线的线路即为关键线路。

**2. 时间参数的判读**

（1）工期的确定。时标网络计划的计算工期应是终点节点所在位置与起点节点所在位

置的时标值之差，即

$$T_c = \mathrm{ET}_n \tag{4-1}$$

（2）工作最早时间的确定。时标网络计划图中，每条箭线箭尾节点中心所对应的时标值代表工作的最早开始时间。箭线实线部分右端或箭头节点中心所对应的时标值代表工作的最早完成时间。

1）最早开始时间。开始节点或箭尾节点所在位置对应的坐标值表示最早开始时间，即

$$\mathrm{ES}_{i-j} = \mathrm{ET}_i \tag{4-2}$$

2）最早完成时间。用实线右端坐标值表示最早完成时间。若实箭线抵达箭头节点（右端节点），则最早完成时间就是箭头节点（右端节点）中心的时标值；若实箭线达不到箭头节点（右端节点），则其最早完成时间就是实箭线右端末端所对应的时标值，即

$$\mathrm{EF}_{i-j} = \mathrm{ES}_{i-j} + D_{i-j} \tag{4-3}$$

（3）工作的自由时差的确定。在时标网络计划图中，工作的自由时差值等于其波形线在坐标轴上水平投影的长度。

（4）工作的总时差的计算。在时标网络计划中，工作的总时差应自右向左，一项工作只有在其紧后工作的总时差都被判定后，才能计算出其总时差值。

1）当该工作有紧后工作时，该工作的总时差等于其所有紧后工作总时差的最小值与本工作自由时差之和，即

$$\mathrm{TF}_{i-j} = \min\{\mathrm{TF}_{j-k}\} + \mathrm{FF}_{i-j} \tag{4-4}$$

2）当以终点节点为箭头（$j = n$）的工作，其总时差应按网络计划的计划工期 $T_p$ 计算确定，即

$$\mathrm{TF}_{i-n} = T_p - \mathrm{EF}_{i-n} \tag{4-5}$$

（5）工作最迟时间的计算。工作的最迟开始时间和最迟完成时间可由最早时间推算。

1）工作的最迟开始时间等于本工作的最早开始时间与其总时差之和，即

$$\mathrm{LS}_{i-j} = \mathrm{ES}_{i-j} + \mathrm{TF}_{i-j} \tag{4-6}$$

2）工作的最迟完成时间等于本工作的最早完成时间与其总时差之和，即

$$\mathrm{LF}_{i-j} = \mathrm{EF}_{i-j} + \mathrm{TF}_{i-j} \tag{4-7}$$

【职业技能训练】某工程双代号时标网络计划如图 4-46 所示（时间单位：周），工作 A 的总时差为（　　）周。

A. 0　　　　　　　B. 2　　　　　　　C. 3　　　　　　　D. 1

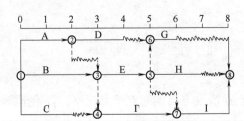

图 4-46　某工程双代号时标网络计划

## 4.5　单代号网络计划

 学习目标

知识目标：了解单代号网络计划的概念及特点；掌握单代号网络计划的基本要素和绘制规则，准确找出关键线路并进行时间参数计算。

能力目标：根据单代号网络计划的特点及绘制规则，结合网络计划的逻辑关系及工程进度情况，合理绘制单代号网络计划并进行时间参数计算。

 重点难点

重点：单代号网络计划的概念、特点、组成的基本要素、绘制规则以及时间参数计算公式。

难点：准确绘制单代号网络计划并判定关键线路，进行时间参数计算。

### 4.5.1　单代号网络计划概述

**1. 单代号网络计划的概念**

单代号网络计划的另一种表达形式是单代号网络图，它也是由节点、箭线和线路组成的。但是，构成单代号网络图的节点和箭线所代表的含义与双代号网络计划不同，它是用一个圆圈或方框代表一项工作，将工作的代号、名称和持续时间写在圆圈或方框之内，箭线仅用来表示工作之间的逻辑关系和先后顺序，如图 4-47 所示。

**2. 组成单代号网络图的基本要素**

单代号网络图由节点、箭线和线路三个基本要素组成，如图 4-48 所示。

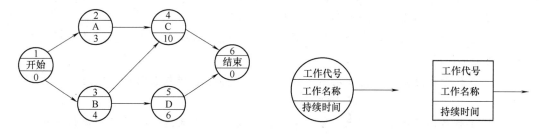

图 4-47　单代号网络计划（一）　　　　图 4-48　单代号网络图的箭线、节点表示图

（1）节点。

1）单代号网络图中，一个节点表示一项工作。节点可以用圆圈或方框来表示，工作的代号、名称和持续时间都要写在圆圈或方框之内。

2）单代号网络图中，节点必须编号，编号标注在节点内，编号顺序应该从小到大，可不连续，严禁重复，而且箭线的箭尾节点编号应小于箭头节点的编号。一项工作应该只有唯一的一个节点及相应的一个编号。

(2) 箭线。

1) 单代号网络图中，箭线表示工作之间的逻辑关系和先后顺序，因此，它既不占用时间，也不消耗资源。

2) 单代号网络图中，只有实箭线，没有虚箭线。

3) 单代号网络图中，箭线应画成水平直线、折线或斜线，箭线水平投影的方向应自左向右，表示工作的进行方向。

(3) 线路。单代号网络图中的线路与双代号网络图中线路的含义相同，即从网络计划的起点节点到终点节点之间的若干条通路。从网络计划的起点节点到终点节点之间持续时间最长的线路为关键线路，其余线路为非关键线路。

**3. 单代号网络图的特点**

(1) 单代号网络图绘制方便，逻辑关系明确，不必增加虚工作，没有虚箭线，图面简洁，弥补了双代号网络图的不足。

(2) 单代号网络图具有便于说明、容易被非专业人员理解和易于修改等特点，这对推广网络计划技术大为有益。

(3) 单代号网络图在表达进度计划时，不如双代号网络图形象，特别是在应用带有时间坐标的网络图中。单代号网络图不能据图优化。

(4) 单代号网络图在应用电子计算机进行计算和优化的过程中，必须按工作逐个列出紧前工作和紧后工作，这在计算机中要占用更多的储存单元；而双代号网络图中用两个代号代表一项工作，可直接反映其紧前或紧后工作的关系。在此方面，双代号网络图显得更为简便。

---

【职业技能训练】

1. 单代号网络图由（　　　　）、（　　　　）和（　　　　）三个基本要素组成。

2. 下列关于单代号网络图的说法中，正确的是（　　　）。

A. 单代号网络图中，既有实箭线，又有虚箭线

B. 单代号网络图在表达进度计划时，不如双代号网络图形象，特别是在应用带有时间坐标的网络图中

C. 单代号网络图中，箭线表示工作之间的逻辑关系和先后顺序，因此箭线占用时间

D. 单代号网络图中，节点必须编号，编号标注在节点内，编号顺序应该从小到大，必须连续，严禁重复

---

**4. 单代号网络图的绘制**

单代号网络图与双代号网络图的绘制方法基本相同。绘制单代号网络图时，同样必须做到以下两点：

1) 绘制的网络图必须正确表达工作之间的各种逻辑关系。

2) 必须遵守单代号网络图的绘制规则。

（1）正确表达逻辑关系。在绘制单代号网络图时，必须正确反映各工作之间的逻辑关系，其表示方法见表4-9。

表4-9  单代号网络图中工作关系的表示方法

| 序　号 | 工作之间的逻辑关系 | 单代号网络图中的表示方法 |
|---|---|---|
| 1 | A 完成后进行 B | 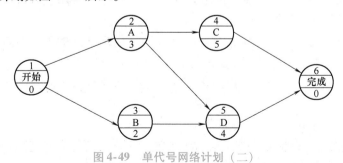 |
| 2 | A、B、C 同时进行 | |
| 3 | A、B、C 同时结束 | |
| 4 | A、B 均完成后进行 C | |
| 5 | A、B 均完成后进行 C、D | |
| 6 | A 完成后进行 B、C | |
| 7 | A 完成后进行 C、D，A、B 均完成后进行 D | |

（2）绘制单代号网络图时，绘制规则跟双代号网络图要求基本相同。单代号网络图应只有一个起点节点和一个终点节点；当网络图中有多项开始工作或多项结束工作时，应在单代号网络图中的两端分别设置一项虚工作，作为网络图的起点节点和终点节点，其他再无任何虚工作。

单代号网络计划如图4-49 所示。

图4-49  单代号网络计划（二）

### 4.5.2  单代号网络计划时间参数的计算

**1. 单代号网络计划时间参数的计算步骤**

单代号网络计划与双代号网络计划只是表现形式不同，它们所表达的内容则完全一样。

单代号网络计划各时间参数的表示如图 4-50 所示。

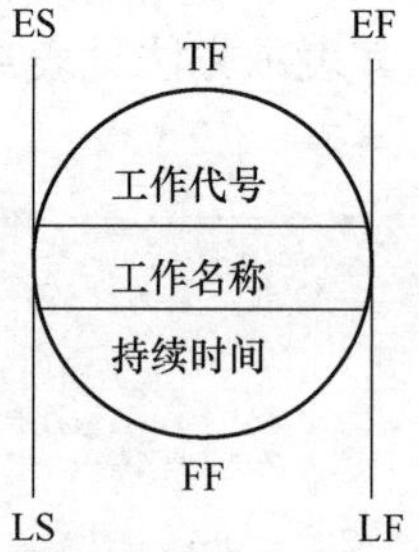

（1）计算工作的最早开始时间和最早完成时间。工作最早开始时间和最早完成时间的计算应从网络计划的起点节点开始，顺着箭线方向，按节点编号从小到大的顺序依次进行。

1）网络计划起点节点所代表的工作，其最早开始时间未规定时取值为 0。

$$ES_1 = 0 \qquad (4-8)$$

2）工作的最早完成时间应等于本工作的最早开始时间与其持续时间之和，即

$$EF_i = ES_i + D_i \qquad (4-9)$$

式中　$EF_i$——工作 $i$ 的最早完成时间；

　　　$ES_i$——工作 $i$ 的最早开始时间；

　　　$D_i$——工作 $i$ 的持续时间。

3）其他工作的最早开始时间应等于其紧前工作最早完成时间的最大值，即

$$ES_j = \max\{EF_i\} \qquad (4-10)$$

式中　$ES_j$——工作 $j$ 的最早开始时间；

　　　$EF_i$——工作 $j$ 的紧前工作 $i$ 的最早完成时间。

4）网络计划的计算工期等于其终点节点所代表的工作的最早完成时间，即

$$T_c = EF_n \qquad (4-11)$$

式中　$EF_n$——终点节点 $n$ 的最早完成时间。

（2）计算相邻两项工作之间的时间间隔。相邻两项工作之间的时间间隔是指其紧后工作的最早开始时间与本工作最早完成时间的差值，即

$$LAG_{i-j} = ES_j - EF_i \qquad (4-12)$$

式中　$LAG_{i-j}$——工作 $i$ 与其紧后工作 $j$ 之间的时间间隔；

　　　$ES_j$——工作 $i$ 的紧后工作 $j$ 的最早开始时间；

　　　$EF_i$——工作 $i$ 的最早完成时间。

（3）确定网络计划的计划工期。网络计划的计算工期 $T_c = EF_n$。假设未规定要求工期，则其计划工期就等于计算工期。

（4）计算工作的总时差。工作总时差的计算应从网络计划的终点节点开始，逆着箭线方向，按节点编号从大到小的顺序依次进行。

1）网络计划终点节点 $n$ 所代表的工作的总时差应等于计划工期与计算工期之差，即

$$TF_n = T_p - T_c \qquad (4-13)$$

当计划工期等于计算工期时，该工作的总时差为 0。

2）其他工作的总时差应等于本工作与其各紧后工作之间的时间间隔加该紧后工作的总时差所得之和的最小值，即

$$TF_i = \min\{LAG_{i-i} + TF_i\} \qquad (4-14)$$

式中　$TF_i$——工作 $i$ 的总时差；

　　$LAG_{i-j}$——工作 $i$ 与其紧后工作 $j$ 之间的时间间隔；

　　　$TF_j$——工作 $i$ 的紧后工作 $j$ 的总时差。

图 4-50　单代号网络计划时间参数表示图

（5）计算工作的自由时差。

1）网络计划终点节点 $n$ 所代表工作的自由时差等于计划工期与本工作的最早完成时间之差，即

$$FF_n = T_p - EF_n \qquad (4\text{-}15)$$

式中　$FF_n$——终点节点 $n$ 所代表的工作的自由时差；

　　　$T_p$——网络计划的计划工期；

　　　$EF_n$——终点节点 $n$ 所代表的工作最早完成时间。

2）其他工作的自由时差等于本工作与其紧后工作之间时间间隔的最小值。即

$$FF_i = \min \{LAG_{i-j}\} \qquad (4\text{-}16)$$

（6）计算工作的最迟完成时间和最迟开始时间。工作的最迟完成时间和最迟开始时间的计算根据总时差计算：

1）工作的最迟完成时间等于本工作的最早完成时间与其总时差之和，即

$$LF_i = EF_i + TF_i \qquad (4\text{-}17)$$

2）工作的最迟开始时间等于本工作的最早开始时间与其总时差之和，即

$$LS_i = ES_i + TF_i \qquad (4\text{-}18)$$

**2. 单代号网络计划关键线路的确定**

（1）利用关键工作确定关键线路。如前所述，总时差最小的工作为关键工作。将这些关键工作相连，并保证相邻两项关键工作之间的时间间隔为 0 而构成的线路就是关键线路。

（2）利用相邻两项工作之间的时间间隔确定关键线路。从网络计划的终点节点开始，逆着箭线方向依次找出相邻两项工作之间时间间隔为 0 的线路就是关键线路。

（3）利用总持续时间确定关键线路。在肯定型网络计划中，线路上工作总持续时间最长的线路为关键线路。

---

**【案例 4-7】**

试计算如图 4-51 所示单代号网络计划的时间参数。

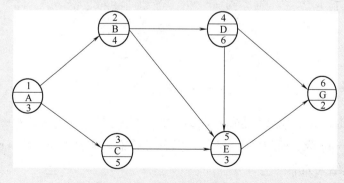

图 4-51　单代号网络计划（三）

**【案例解析】**

（1）工作最早开始时间和最早完成的计算。工作的最早开始时间从网络图的起点节点开始，顺着箭线，用加法计算。因起点节点的最早开始时间未规定，故 $ES_1 = 0$。

工作的最早完成时间应等于本工作的最早开始时间与其持续时间之和，因此 $EF_1 = ES_1 + D_1 = 0 + 3 = 3$。

其他工作的最早开始时间是其各紧前工作的最早完成时间的最大值。

（2）计算网络计划的工期。按 $T_c = EF_n$ 计算，计算工期 $T_c = EF_6 = 18$。

（3）计算各工作之间的时间间隔。按 $LAG_{i-j} = ES_j - EF_i$ 计算，如图 4-52 所示，未标注的工作之间的时间间隔为 0。计算过程如下：

$$LAG_{1-2} = ES_2 - EF_1 = (3-3)\text{天} = 0\text{天}$$

$$LAG_{1-3} = ES_3 - EF_1 = (3-3)\text{天} = 0\text{天}$$

$$LAG_{2-4} = ES_4 - EF_2 = (7-7)\text{天} = 0\text{天}$$

$$LAG_{2-5} = ES_5 - EF_2 = (13-7)\text{天} = 6\text{天}$$

$$LAG_{3-5} = ES_5 - EF_3 = (13-8)\text{天} = 5\text{天}$$

$$LAG_{4-5} = ES_5 - EF_4 = (13-13)\text{天} = 0\text{天}$$

$$LAG_{4-6} = ES_6 - EF_4 = (16-13)\text{天} = 3\text{天}$$

$$LAG_{5-6} = ES_6 - EF_5 = (16-16)\text{天} = 0\text{天}$$

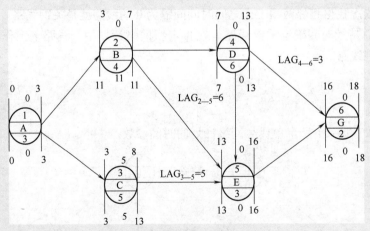

图 4-52 单代号网络计划（四）

（4）计算总时差。终点节点所代表的工作总时差按 $TF_n = T_p - T_c$ 考虑，没有规定，则认为 $T_p = T_c = 18$ 天，所以 $TF_6 = 0$ 天。其他工作总时差按公式 $TF_i = \min\{LAG_{i-j} + TF_j\}$ 计算，其结果如下：

$$TF_5 = LAG_{5-6} + TF_6 = (0+0)\text{天} = 0\text{天}$$

$$TF_4 = \min\begin{pmatrix} LAG_{4-5} + TF_5 \\ LAG_{4-6} + TF_6 \end{pmatrix} = \min\begin{pmatrix} 0+0 \\ 3+0 \end{pmatrix} = 0\text{天}$$

$$TF_3 = LAG_{3-5} + TF_5 = (5+0)\text{天} = 5\text{天}$$

$$TF_2 = \min\begin{pmatrix} LAG_{2-4} + TF_4 \\ LAG_{2-5} + TF_5 \end{pmatrix} = \min\begin{pmatrix} 0+0 \\ 6+0 \end{pmatrix} = 0\text{天}$$

$$TF_1 = \min\begin{pmatrix} LAG_{1-2} + TF_2 \\ LAG_{1-3} + TF_3 \end{pmatrix} = \min\begin{pmatrix} 0+0 \\ 0+5 \end{pmatrix} = 0\text{天}$$

（5）计算自由时差。最后节点自由时差按得 $FF_n = T_p - EF_n$ 得 $FF_6 = 0$。其他工作自由时差按 $FF_i = \min\{LAG_{i-j}\}$ 计算，其结果如下：

$$FF_1 = \min\begin{pmatrix} LAG_{1-2} \\ LAG_{1-3} \end{pmatrix} = \min\begin{pmatrix} 0 \\ 0 \end{pmatrix} = 0\text{天}$$

$$FF_2 = \min\begin{pmatrix} LAG_{2-4} \\ LAG_{2-5} \end{pmatrix} = \min\begin{pmatrix} 0 \\ 6 \end{pmatrix} = 0\text{天}$$

$$FF_3 = LAG_{3-5} = 5\text{天}$$

$$FF_4 = \min\begin{pmatrix} LAG_{4-5} \\ LAG_{4-6} \end{pmatrix} = \min\begin{pmatrix} 0 \\ 3 \end{pmatrix} = 0\text{天}$$

$$FF_5 = LAG_{5-6} = 0\text{天}$$

（6）工作最迟开始和最迟完成时间的计算。其结果如下：

$$ES_1 = 0, \quad LS_1 = ES_1 + TF_1 = (0+0)\text{天} = 0\text{天}$$

$$EF_1 = 3, \quad LF_1 = EF_1 + TF_1 = (3+0)\text{天} = 3\text{天}$$

$$ES_2 = 3, \quad LS_2 = ES_2 + TF_2 = (3+0)\text{天} = 3\text{天}$$

$$EF_2 = 7, \quad LF_2 = EF_2 + TF_2 = (7+0)\text{天} = 7\text{天}$$

$$ES_3 = 3, \quad LS_3 = ES_3 + TF_3 = (3+5)\text{天} = 8\text{天}$$

$$EF_3 = 8, \quad LF_3 = EF_3 + TF_3 = (8+5)\text{天} = 13\text{天}$$

$$ES_4 = 7, \quad LS_4 = ES_4 + TF_4 = (7+0)\text{天} = 7\text{天}$$

$$EF_4 = 13, \quad LF_4 = EF_4 + TF_4 = (13+0)\text{天} = 13\text{天}$$

$$ES_5 = 13, \quad LS_5 = ES_5 + TF_5 = (13+0)\text{天} = 13\text{天}$$

$$EF_5 = 16, \quad LF_5 = EF_5 + TF_5 = (16+0)\text{天} = 16\text{天}$$

$$ES_6 = 16, \quad LS_6 = ES_6 + TF_6 = (16+0)\text{天} = 16\text{天}$$

$$EF_6 = 18, \quad LF_6 = EF_6 + TF_6 = (18+0)\text{天} = 18\text{天}$$

（7）关键工作和关键线路的确定。当无规定时，认为网络计算工期与计划工期相等，这样总时差为0的工作为关键工作。如图4-52所示，关键工作有A、B、D、E、G。将这些关键工作相连，并保证相邻两项关键工作之间的时间间隔为0而构成的线路就是关键线路，即线路①→②→④→⑤→⑥为关键线路。本例关键线路用黑粗线表示。仅仅由这些关键工作相连的线路，不保证相邻两项关键工作之间的时间间隔为0，不一定是关键线路，如线路①→②→④→⑥和线路①→②→⑤→⑥均不是关键线路。因此，在单代号网络计划中，关键工作相连的线路并不一定是关键线路。

关键线路按相邻工作之间时间间隔为 0 的连线确定，则关键线路为①→②→④→⑤→⑥。在单代号网络计划中，线路上工作总持续时间最长的线路为关键线路，即其总持续时间为 18 天，即网络计算工期。

【职业技能训练】某工作 B 有且仅有两个紧后工作 C、D，其中工作 C 的最早开始时间为第 10 天，最迟完成时间为第 18 天，持续时间为 15 天；工作 D 的最早完成时间为第 18 天，最迟完成时间为第 20 天，持续时间为 6 天。该工作和工作 C 之间的时间间隔为 2 天，与工作 D 之间的时间间隔为 4 天，则该工作 B 的总时差为（　　）天。

A. 3　　　　　　　B. 4　　　　　　　C. 5　　　　　　　D. 6

## 【案例 4-8】

已知某网络图的逻辑关系见表 4-10，试绘制单代号网络计划，并计算各工作的时间参数。

表 4-10　某网络图的逻辑关系（一）

| 工　作 | A | B | C | D | E | G |
|---|---|---|---|---|---|---|
| 紧前工作 | — | A | A | B | B、C | D、E |
| 持续时间/天 | 3 | 5 | 2 | 1 | 4 | 6 |

## 【案例解析】

（1）由表 4-10 可知，只有工作 A 一项工作开始和只有工作 G 一项工作结束，故不需要虚拟一个开始工作和一个完成工作。根据表中各工作的逻辑关系绘制的单代号网络计划如图 4-53 所示。

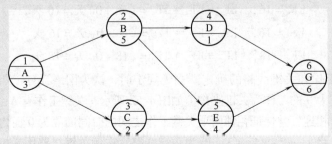

图 4-53　单代号网络计划（五）

（2）利用各工作时间参数的计算公式计算各工作的时间参数，如图 4-54 所示。

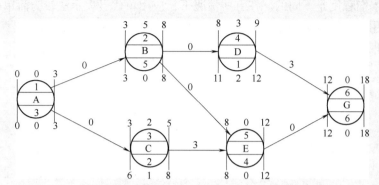

图 4-54　单代号网络计划时间参数的计算

【职业技能训练】已知某网络图的逻辑关系见表 4-11，试绘制单代号网络计划，并计算各工作的时间参数。

表 4-11　某网络图的逻辑关系（二）

| 工　作 | A | B | C | D |
| --- | --- | --- | --- | --- |
| 紧前工作 | — | — | A | A、B |
| 持续时间/天 | 3 | 2 | 5 | 4 |

### 4.5.3　单代号网络图与双代号网络图的比较

（1）单代号网络图绘制比较方便，节点表示工作，箭线表示逻辑关系；而双代号用箭线表示工作，可能有虚工作。在这一点上，绘制单代号网络图比绘制双代号网络图更简单。

（2）单代号网络图具有便于说明、容易被非专业人员所理解和易于修改的优点，这对于推广应用统筹法编制工程进度计划、进行全面的科学管理是非常重要的。

（3）用双代号网络图表示工程进度比用单代号网络图更为形象，特别是应用在带时间坐标的网络图中。

（4）双代号网络计划应用电子计算机进行程序化计算和优化更为简便，这是因为双代号网络图中用两个代号代表一项工作，可以直接反映其紧前或紧后工作的关系；而单代号网络图必须按工作逐个列出其紧前、紧后工作关系，这在计算机中需占用更多的存储单元。

（5）单代号网络图与双代号网络图均属于网络计划，能够明确地反映出各项工作之间错综复杂的逻辑关系。通过网络计划时间参数的计算，可以找出关键工作和关键线路，可以明确各项工作的机动时间。此外，网络计划可以利用计算机进行计算。

由于单代号网络图和双代号网络图有上述各自的优缺点，故两种表示法在不同的情况下，其表现的繁简程度是不同的。在有些情况下，应用单代号表示法较为简单；而在另外一些情况下，使用双代号表示法则更为清楚。因此，单代号和双代号网络图是两种互为补充、各具特色的表现方法。

# 教学单元 5

# 施工组织总设计

**【教学要点】**

本单元主要介绍了施工组织总设计的作用、编制内容、编制依据；阐述了施工组织总设计的程序；叙述了施工部署、施工总进度计划、资源需求量计划与准备工作计划的工作要求和内容；详细介绍了施工总平面图的设计原则、设计要求及设计内容等。

**【教学目标】**

**知识目标**

1. 能正确了解施工组织总设计的编制依据、程序、作用和原则等。

2. 能正确熟悉施工组织总设计的设计内容和设计原则。

3. 能正确熟悉施工总进度计划编制的原则、步骤和方法。

4. 能正确熟悉施工总平面图设计的原则、步骤和方法。

5. 能正确理解施工组织总设计技术经济指标及其计算方法。

**能力目标**

1. 能准确掌握如何编制和设计主要项目施工方案、施工总进度计划。

2. 能够正确根据相关资料编写具有一定深度的施工组织总设计。

3. 能够准确编制施工总进度计划，与实际进度进行分析、比较、调整，合理安排工期。

4. 能够正确编写各种资源需求量计划，编制施工准备工作计划。

5. 能够准确根据设计要求和原则，以及工程实际情况，合理进行施工总平面图的设计。

**【教学资源】**

建筑工程施工图、预算书、建筑施工组织实例、施工现场照片、企业案例、施工现场或实训基地等。

**【教学方法】**

资料展示、现场实物对照、分组学习、案例分析、课堂讨论、多媒体教学、讲授等。

# 5.1　施工组织总设计概述

 学习目标

知识目标：了解施工组织总设计的概念及其作用，熟悉施工组织总设计的编制原则和依据；掌握施工组织总设计的编制内容和程序。

能力目标：结合实际施工组织总设计文件，准确阐述施工组织总设计的编制原则和依据，并说明施工组织总设计的内容。

**重点难点**

重点：施工组织总设计的编制内容和程序。

难点：根据工程实际情况，按照编制程序准确列出施工组织总设计的内容。

## 5.1.1　施工组织总设计的概念和作用

### 1. 施工组织总设计的概念

施工组织总设计也称施工总体规划，是以整个建设工程项目（如一个工厂、一个机场）为对象，在初步设计或扩大初步设计阶段，对整个建设工程的总体战略部署，或以若干单位工程组成的群体工程或特大型项目为主要对象，对整个施工过程起统筹规划、重点控制作用的施工组织设计，是指导性、全局性施工的技术和经济纲要。

### 2. 施工组织总设计的作用

（1）从全局出发，施工组织总设计为整个建设项目的施工做出全面的战略部署。

（2）施工组织总设计为建设单位（业主）编制基本建设计划提供依据。

（3）施工组织总设计为施工单位（承包商）编制施工计划和单位工程施工组织设计提供依据。

（4）施工组织总设计为整个施工作业提供总体部署和科学方案。

（5）施工组织总设计为工程建设有关部门组织投资、技术供应提供依据。

（6）施工组织总设计为确定设计方案的施工可能性和经济合理性提供依据。

## 5.1.2　施工组织总设计的编制原则和依据

### 1. 施工组织总设计的编制原则

（1）严格执行基本建设程序，认真贯彻党和国家关于基本建设的有关方针、政策和规定。

（2）严格遵守工期定额和合同规定的工程竣工及交付使用期限。

（3）从实际出发，科学合理地安排施工程序和顺序。组织连续、均衡而紧凑的施工，保证人力和物力充分发挥作用。

（4）尽量采用先进的科学技术，努力提高工业化、机械化施工水平。

（5）因地制宜、就地取材，精心进行场地规划布置，做到文明施工。

（6）实施目标管理。认真贯彻"质量第一"和"安全生产"的方针，严格按照施工验收规范和施工操作规程的要求，制定具体的保证质量和施工安全的措施，以确保工程顺利进行。

（7）与施工项目管理相结合。进行施工项目管理，必须事先进行规划，使管理工作按规划有序进行。

**2. 施工组织总设计的编制依据**

为了保证施工组织总设计的编制工作顺利进行和提高其编制水平及质量，使施工组织总设计更加结合实际、切实可行，并能更好地发挥其指导施工安排、控制施工进度的作用，应以如下资料作为编制依据：

（1）计划批准文件及有关合同的规定。例如，国家或有关部门批准的基本建设或技术改造项目的计划、可行性研究报告；建设地点所在地区主管部门的有关批件；施工单位上级主管部门下达的施工任务计划；招标投标文件及签订的工程承包合同中有关施工要求的规定；工程所需材料、设备的订货合同以及引进材料、设备的供货合同等。

（2）设计文件及有关规定。例如，批准的初步设计或扩大初步设计，以及设计图和说明书，总概算或修正总概算和已批准的计划任务书等。

（3）建设地区的工程勘察资料和调查资料。勘察资料主要有地形、地貌、水文、地质、气象等自然条件；调查资料主要有可能为建设项目服务的建筑安装企业和预制加工企业的人力、设备、技术与管理水平等情况，工程材料的来源与供应情况、交通运输情况和水电供应情况等建设地区的技术经济条件，以及当地政治、经济、文化、科技、宗教等社会调查资料。

（4）现行的规范、规程和有关技术标准。主要有施工及验收规范、质量标准、工艺操作规程、强制标准、概算指标、概预算定额、技术规定和技术经济指标等。

（5）类似工程的施工组织总设计和经验资料。例如，类似、相似或近似建设项目的施工组织总设计实例、施工经验的总结资料及有关的参考数据等。

## 5.1.3 施工组织总设计的编制内容和程序

**1. 施工组织总设计的编制内容**

根据工程性质、规模、建筑结构的特点以及施工的复杂程度和施工条件的不同，施工组织总设计的内容也有所不同，但一般应包括以下主要内容：

（1）工程概况。介绍工程所在地的地理位置、工程规模、结构形式及结构特点、建筑风格及装修标准、电气、给水排水、暖通专业的配置内容及特点；阐述工程的重要程度以及建设单位对工程的要求；分析工程的特点，凡涉及质量和工期的部分应特别强调，以引起管理人员以及作业层在施工中给予特别重视；介绍当地的气候、交通、水电供应、社会治安状况等情况。

（2）施工部署和主要工程项目施工方案。施工部署主要包括施工建制及施工队伍选择、总分包项目的划分及相互关系（责任、利益和权力）、所有工程项目的施工顺序、总体资源配置、开工和竣工日期等。

（3）施工总进度计划。施工总进度计划是施工现场各项控制性活动在时间上的体现。施工总进度计划是以建设项目为对象，根据规定的工期和施工条件，在施工部署中的施工方案和施工流程的基础上，对全工地的所有施工活动在时间进度上的安排。

（4）施工准备工作计划。施工准备工作计划包括直接为工程施工服务的附属单位以及大型临时设施规划、场地平整方案、交通道路规划、雨期排洪、施工排水以及施工用水、用电、供热、动力等需要计划和供应实施计划。

（5）施工资源需求量计划。施工资源需求量计划包括主要工程的实物工程量、资金工作量计划，以及机械、设备、构配件、劳动力、主要材料的分类调配及供应计划。

（6）施工总平面图。施工总平面图包括水源、电源及引到现场的临时管线，排水沟渠，建筑安装工人的临时住所，各种必须建在现场附近的附属工厂、材料堆场，半成品周转场地、设备堆场、各类物资仓库、易燃品仓库、垃圾堆放区和工地临时办公室，临时道路系统和计划提前修筑供施工期间使用的正式道路、铁路编组站、专用线、水运码头等。

（7）主要技术组织措施。主要技术组织措施包括质量保证体系及措施，安全生产、文明施工措施，环境保护、成本控制措施等。

（8）主要技术经济指标。

施工组织总设计中常用的技术经济评价指标有施工工期、工程质量、劳动生产率、材料使用指标、机械化程度、工厂化程度、成本降低指标等。

**2. 施工组织总设计的编制程序**

施工组织总设计是整个工程项目或群体建筑全面性和全局性的指导施工准备和组织施工的技术文件，通常应该遵循如图5-1所示的编制程序。

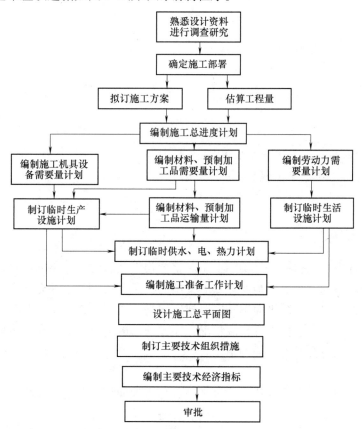

图5-1　建设项目施工组织总设计的编制程序

【职业技能训练】

1. 某施工企业编制某建设项目施工组织总设计，先后进行了相关资料的收集和调研、主要工种工程量的计算、施工总体部署的确定等工作，接下来应进行的工作是（    ）。

A. 施工总进度计划的编制　　　　B. 施工方案的拟订

C. 资源需求量计划的编制　　　　D. 施工总平面图的设计

2. 编制施工组织总设计时，必须遵循的顺序有（    ）。[多选题]

A. 拟订施工方案后，才能编制进度计划

B. 编制进度计划后，才能编制资源需求量计划

C. 确定施工部署后，才能制订施工方案

D. 计算完工程量后，才能确定施工部署

E. 确定资源需求量计划后，才能编制施工准备工作计划

## 5.2　施工部署与施工方案

学习目标

知识目标：了解施工部署的任务和要求；掌握工程概况和施工部署的具体内容。

能力目标：根据工程相关资料编制工程概况，并能准确组织施工部署。

重点难点

重点：工程概况和施工部署的具体内容。

难点：能够准确编制工程概况，组织施工部署。

### 5.2.1　工程概况

施工组织设计中的工程概况，实际上是对整个建设项目的一个总的说明，是对拟建项目或建筑群体工程所做的一个简明扼要、重点突出的文字介绍，为了补充文字说明的不足，有时还需要附上建设项目设计总平面图和主要建筑的平、立、剖面示意图及有关表格。施工组织总设计中的工程概况应包括工程构成情况，建设项目的建设、设计和承包单位，建设地区的特征，以及施工条件和其他方面的情况。

**1. 工程构成情况**

主要介绍建设地点、工程性质、建设规模、总占地面积、总建筑面积、总工期、分期分批投入使用的项目及期限；主要工种工程量、设备安装及其吨位；总投资额、建筑安装工作量、工厂区与生活区的工程量；生产流程和工艺特点；建筑结构类型与特点；新技术与新材

料的特点及应用情况等各项内容。为了更清晰地反映这些内容，也可利用附图或表格等不同形式予以说明，可参照表 5-1 ~ 表 5-3。

表 5-1　建筑安装工程项目一览表

| 序号 | 工程名称 | 建筑面积/m² | 建筑安装工程量/万元 | | 吊装和安装工程量/（t或件） | | 建筑结构 |
|---|---|---|---|---|---|---|---|
| | | | 土建 | 安装 | 吊装 | 安装 | |
| | | | | | | | |

注："建筑结构"栏填混合结构、砖木结构、钢结构、钢筋混凝土结构及层数。

表 5-2　主要建筑物和构筑物一览表

| 序号 | 工程名称 | 建筑结构特征或示意图 | 建筑面积/m² | 占地面积/m² | 建筑体积/m³ | 备注 |
|---|---|---|---|---|---|---|
| | | | | | | |

注："建筑结构特征或示意图"栏说明其基础、墙、柱、屋盖的结构构造。

表 5-3　生产车间、管（网）线、生活福利设施一览表

| 序号 | 工程名称 | 单位 | 合计 | 生产车间 | | | 仓库及运输 | | | | 管网 | | | | 生活福利 | | 大型暂设施 | | 备注 |
|---|---|---|---|---|---|---|---|---|---|---|---|---|---|---|---|---|---|---|---|
| | | | | ××车间 | … | … | 仓库 | 铁路 | 公路 | … | 供电 | 供水 | 排水 | 供热 | 宿舍 | 文化福利 | 生产 | 生活 | |
| | | | | | | | | | | | | | | | | | | | |

注："生产车间"栏按主要生产车间、辅助生产车间、动力车间次序填写。

**2. 建设项目的建设、设计和承包单位**

主要说明建设项目的建设、勘察、设计、总承包和分包单位名称，以及建设单位委托的社会建设监理单位名称及其监理班子组织状况，见表 5-4。

表 5-4　工程建设概况一览表

| 工程名称 | | 工程地址 | |
|---|---|---|---|
| 建设单位 | | 勘察单位 | |
| 设计单位 | | 监理单位 | |
| 质量监督部门 | | 总承包单位 | |
| 合同工期 | | 合同工程投资额 | |
| 主要分包单位 | | | |
| 工程主要功能或用途 | | | |

**3. 建设地区的特征**

主要介绍建设地区的自然条件和技术经济条件。例如，地形、地貌、水文、地质和气象资料等自然条件；地区的施工力量情况、地方企业情况、地方资源供应情况、水电供应和其

他动力供应等技术经济条件。

**4. 施工条件和其他方面的情况**

施工条件主要介绍施工企业的生产能力，技术装备和管理水平，市场竞争力和完成指标的情况，主要设备、材料、特殊物资等的供应情况，以及上级主管部门或建设单位对施工的某些要求等。其他方面的情况主要包括有关建设项目的决议和协议，土地的征用范围、数量，居民搬迁时间等与建设项目实施有关的重要情况。

【职业技能训练】以所在院校或教师指定工程为载体，合理编写整体工程概况。

### 5.2.2 施工部署

施工部署与施工方案是施工组织总设计的核心部分，是决定整个建设项目的关键。

施工部署是在充分了解工程情况、施工条件和建设要求的基础上，明确地指出整个工程施工全过程的工作内容和工作顺序，是对整个建设工程进行全面安排和解决工程施工中重大问题的方案，是编制施工总进度计划的前提。其编制的好坏对整个工程的顺利施工具有重要意义。

在施工组织总设计中，一般应包括施工任务的组织和安排、重点单位工程的施工方案、主要分部分项工程的施工方法和"三通一平"规划等内容。

**1. 施工部署的任务和要求**

（1）施工组织总设计应对项目总体施工做出下列宏观部署：

1）确定项目施工总目标，包括进度、质量、安全、环境和成本目标。

2）根据项目施工总目标的要求，确定项目分阶段（期）交付的计划。

3）确定项目分阶段（期）施工的合理顺序及空间组织。

（2）对项目施工的重点和难点进行简要分析。

（3）总承包单位应明确项目管理组织机构形式，并宜采用框图的形式表示。

（4）对项目施工中开发和使用的新技术、新工艺做出部署。

（5）对主要分包项目施工单位的资质和能力提出明确要求。

**2. 施工部署的内容**

根据建设项目的性质、规模和客观条件不同，施工部署的内容和侧重点有所不同。一般包括以下内容：

（1）建立组织机构。根据工程的规模、特点和企业管理水平，建立有效的组织机构和管理模式；明确施工单位的工程任务，提出质量、工期、成本、安全、文明施工等控制目标及要求；明确分期分批施工交付投产使用的主要项目和穿插施工的项目；正确处理土建工程、设备安装工程及其他专业工程之间相互配合协调的关系。

（2）明确施工任务分工和组织安排。施工部署应首先明确施工项目的管理机构、体制，划分各参与施工单位的任务，明确各承包单位之间的关系，建立施工现场统一的组织领导机构及其职能部门，确定综合的和专业的施工队伍，划分各施工单位（承包商）的任务项目和施工区段，确定各单位分期分批的主攻项目和穿插项目及其建设期限。

（3）编制施工准备工作计划。施工准备工作是顺利完成项目建设任务的一个重要阶段，必须从思想、组织、技术和物资供应等方面做好充分准备，并制订好施工准备工作计划。

（4）主要项目施工方案的拟订。在施工组织总设计中，要对一些主要工程项目和特殊的分项工程项目的施工方案予以拟订。这些项目通常是建设项目中工程量大、施工难度大、工期长、在整个建设项目中起关键作用的单位工程项目以及影响全局的特殊分项工程。其内容一般包括：

1）施工方法。要求兼顾技术的先进性和经济的合理性。在施工组织总设计中，施工方法的选择主要是针对建设项目或建筑群中的主要工程施工工艺流程提出原则性的意见，如土石方、混凝土、基础、砌筑、模板、结构安装、装饰工程以及垂直运输等。因为关键性的分部分项工程的施工往往对整个工程项目的建设进度、工程质量、施工成本等起着控制性的作用。

2）工程量。精确计算工程量，可有效对资源进行合理安排。

3）施工工艺流程。要求兼顾各工种各施工段的合理搭接。

4）施工机械设备。既能使主导机械满足工程需要，又能发挥其效能，使各大型机械在各工程上进行综合流水作业，减少装、拆、运的次数，辅助配套机械的性能应与主导机械相适应。其中，施工方法和施工机械设备应重点组织安排。

（5）确定工程开展程序。根据建设项目总目标的要求，确定合理的工程建设项目开展程序，主要应考虑以下几个方面：

1）在保证工期的前提下，实行分期分批建设。

2）各类项目的施工应统筹安排，保证重点，确保工程项目按期投产。

3）生产上优先使用的机械维修车间、车库、办公及家属宿舍等生活设施。

4）一般工程项目均应按先地下后地上、先深后浅、先干线后支线的原则进行安排。例如，地下管线和筑路的程序，应先铺管线，后筑路。

5）应考虑季节对施工的影响。例如，大规模土方和深基础土方施工一般要避开雨期；寒冷地区应尽量使房屋在入冬前封闭，在冬季转入室内作业和设备安装。

【实习实作】以所在院校或教师指定工程为载体，合理编制施工部署。

### 5.2.3　主要工程项目施工方案的拟订

**1. 重点单位工程的施工方案**

重点单位工程的施工方案主要是根据设计方案和指定采用的新结构、新技术、新工艺来确定的。

拟订重点单位工程施工方案的目的是进行技术和资源的准备工作，同时也是为了施工的顺利开展及合理的现场布置。具体的施工方案可在编制单位工程施工组织设计时确定。

**2. 主要分部分项工程的施工方案**

主要分部分项工程一般是指工程量大、占用工期长、对工程质量起关键作用的工程，如土石方、砌体、混凝土、钢筋混凝土结构、钢结构、设备安装、管道等工程。因此，在确定主要分部分项工程的施工方案时，应结合建设项目的特点和当地的实际情况，尽可能采取工厂化、机械化的施工方案。

（1）工厂化施工。按照实行建筑工业化的方针和逐步扩大预制装配化程度，积极采用先进的生产和施工工艺，努力进行墙体技术改革，妥善安排钢筋混凝土构件生产、木材加工、木制品加工、混凝土搅拌、金属构件加工、机械修理和砂、石、灰的生产等。

（2）机械化施工。机械化施工就是努力提高施工的机械化程度。在充分利用并发挥现有机械能力的基础上，针对薄弱环节，制定配套和改造更新的规划，增添新型的高效节能机械，以提高机械动力的装备程度，扩大机械化施工范围。

## 5.3　施工总进度计划安排

 学习目标

知识目标：熟悉施工总进度计划编制的依据、步骤和方法；合理安排施工总进度计划。

能力目标：结合工程情况及相关文件，合理编制施工总进度计划。

 重点难点

重点：施工总进度计划的编制依据和步骤。

难点：根据工程实际情况和相关依据，合理编制施工总进度计划。

### 5.3.1　施工总进度计划概述

**1. 施工总进度计划的概念**

施工总进度计划是根据施工部署与施工方案，施工现场各项施工活动在时间上和空间上的具体体现，是以拟建项目交付使用时间为目标而确定的控制性施工进度计划。它是控制整个建设项目的施工工期及其各单位工程施工期限和相互搭接关系的依据。

**2. 施工总进度计划的编制依据**

（1）施工合同中的施工组织设计、合同工期、分期分批开工日期和竣工日期，关于工期的延误、调整、加快等的约定，均是编制施工总进度计划的依据。

（2）施工进度目标。除合同约定的施工进度目标外，企业领导可能有自己的施工进度目标（一般是比合同目标更短、以求保险的进度目标），用以指导施工进度计划的编制。

（3）工期定额中规定的工期，是施工项目的最大工期限额，也是发包人和承包人签订合同的依据。在编制施工总进度计划时，应以此为最大工期标准，力争缩短而绝对不能超限。

（4）有关技术经济资料，主要是指可供参考的施工档案资料、地质资料、环境资料、统计资料等。

（5）施工部署与主要工程施工方案，是指施工组织总设计的内容。编制施工总进度计划应在施工部署与主要工程施工方案确定以后进行。

### 5.3.2　施工总进度计划的编制步骤

#### 1. 计算工程项目及全工地性工程的工程量

（1）划分施工项目。施工总进度计划主要起控制总工期的作用，因此，在列工程项目一览表时，项目划分不宜过细，应突出重点。

（2）计算各主要工程项目的工程量。根据批准的总承建工程项目一览表，按工程开展程序和单位工程计算主要实物工程量。此时这些工程量只需粗略地计算即可。

工程量的计算应按初步设计或技术设计图及各种定额手册进行。在缺少定额手册时，可参考已建类似工程的资料。

常用的定额手册资料有以下几种：

1）万元、十万元投资工程量，劳动力及材料消耗扩大指标。这种定额规定了某一种结构类型的建筑每万元或每十万元投资中的劳动力和主要材料消耗量。根据图样中的结构类型，即可估算出拟建工程分项需要的劳动力和主要材料消耗量。

2）概算指标和扩大结构定额。这两种定额都是预计定额的进一步扩大：概算指标是以建筑物的每 $100m^3$ 体积为单位；扩大结构定额是以建筑物的每 $100m^2$ 面积为单位。

查定额时，分别按建筑物的结构类型、跨度、高度分类，查出这种建筑物按拟定单位所需的劳动力和各项主要材料消耗量，从而推出拟计算项目所需劳动力和材料的消耗量。

3）已建房屋、构筑物的资料。在缺少定额手册的情况下，可采用已建类似工程实际材料、劳动力消耗量，按比例估算。但是，由于和拟建工程完全相同的已建工程是比较少见的，因此在利用已建工程的资料时，一般都应进行必要的调整。

除建设项目本身外，还必须计算主要的全工地性工程的工程量，如铁路及道路长度、地下管线长度、场地平整面积等。这些数据可以从建筑总平面图上求得。

按上述方法计算出工程量，填入统一的工程项目一览表，见表5-5。

表5-5　工程项目一览表

| 工程分类 | 工程项目名称 | 结构类型 | 建筑面积/km² | 栋数/个 | 概算投资/万元 | 主要实物工程量 | | | | | | | |
|---|---|---|---|---|---|---|---|---|---|---|---|---|---|
| | | | | | | 场地平整/km² | 土方工程/km³ | 铁路铺设/km | … | 砖石工程/km³ | 钢筋混凝土工程/km³ | 装饰工程/km² | … |
| 全工地性工程 | | | | | | | | | | | | | |
| 主题项目 | | | | | | | | | | | | | |
| 辅助项目 | | | | | | | | | | | | | |

（续）

| 工程分类 | 工程项目名称 | 结构类型 | 建筑面积/km² | 栋数/个 | 概算投资/万元 | 主要实物工程量 | | | | | | | |
|---|---|---|---|---|---|---|---|---|---|---|---|---|---|
| | | | | | | 场地平整/km² | 土方工程/km³ | 铁路铺设/km | … | 砖石工程/km³ | 钢筋混凝土工程/km³ | … | 装饰工程/km² | … |
| 永久住宅 | | | | | | | | | | | | | |
| 临时建筑 | | | | | | | | | | | | | |
| 合计 | | | | | | | | | | | | | |

**2. 确定各单位工程（或单个建筑物）的施工期限**

单位工程的工期可参阅工期定额（指标）予以确定。工期定额是根据我国各部门多年来的经验，经分析汇总而成。单位工程的施工期限应根据施工现场的具体条件，结合以下影响因素综合考虑后确定。影响单位工程施工工期的因素有建筑类型、结构特征、施工方法、施工技术、组织管理水平以及机械化施工程度、劳动力和物资供应条件、现场地形地质条件、气候条件等，故确定工期时应予以综合考虑。

**3. 确定单位工程的开工时间、竣工时间和相互搭接关系**

在施工部署中已确定了总的施工程序和各系统的控制期限及搭接时间，但对每一建筑物何时开工、何时竣工尚未确定。在解决这一问题时，主要考虑下述因素：

（1）考虑使用要求和施工可能性。结合物资供应情况及施工准备条件，合理安排各单位工程的施工顺序，分期分批组织施工，并明确每个施工阶段的主要施工项目和开工、竣工时间。对于在生产（或使用）上有重大意义的主体工程，工程规模较大、施工规模较大、施工难度较大、施工周期较长的项目，以及需要先期配套使用或可供施工使用的项目应尽早安排。

（2）保证重点，兼顾一般。在安排进度时，要分清主次、抓住重点，同一时期进行的项目不宜过多，以免分散有限的人力和物力。

（3）要满足连续、均衡的施工要求。组织好流水施工作业，尽量保证各施工段上能够同时进行施工，以达到施工的连续性，避免施工段的闲置。

（4）要满足生产工艺的要求，综合安排，一条龙施工。做到土建施工、设备安装、试生产三者在时间上的综合安排，合理安排各个建筑物的施工顺序，以缩短建设周期，尽快发挥投资效益。

（5）认真考虑与施工总平面图的关系。建设项目各单位工程的分布，一般在满足规范的要求下，为了节省用地，布置得比较紧凑，从而导致了施工场地狭小，给场内运输、材料堆放、设备拼装、机械布置等造成困难。

（6）全面考虑各种条件限制。在确定各建筑物施工顺序时，应考虑各种施工条件的限制，如由于建筑施工受季节、环境影响较大，经常会对某些项目的施工时间提出具体要求，从而对施工的时间和顺序安排产生影响。

**4. 编制施工总进度计划**

施工总进度计划可以用横道图表达，也可以用网络图表达，用网络图表达时，应优先采用时标网络图。施工总进度计划的绘制步骤是：首先，根据施工项目的工期和相互搭接时间，编制施工总进度计划的初步方案；然后，在进度计划的下面绘制投资、工作量、劳动力等主要资源消耗动态曲线图，并对施工总进度计划进行综合平衡、调整，使之趋于均衡；最后，绘制成正式的施工总进度计划和主要分部工程施工进度，可参照表 5-6 和表 5-7。

表 5-6　施工总进度计划

| 序号 | 施工项目 | 建筑指标 | | 设备安装指标/t | 造价/千元 | | | 总劳动量/工日 | 施工总进度 | | | | | | | | |
|---|---|---|---|---|---|---|---|---|---|---|---|---|---|---|---|---|
| | | 单位 | 数量 | | 合计 | 建筑工程 | 设备安装 | | 第一年 | | | | 第二年 | | | | 第三年 |
| | | | | | | | | | 1 | 2 | 3 | 4 | 1 | 2 | 3 | 4 | |
| | | | | | | | | | | | | | | | | | |

表 5-7　主要分部工程施工进度计划

| 序号 | 单项工程单位工程分部工程名称 | 工程量 | | 机械 | | | 劳动力 | | | 施工天数 | 施工进度/月 | | | | |
|---|---|---|---|---|---|---|---|---|---|---|---|---|---|---|---|
| | | 单位 | 数量 | 机械名称 | 台班数量 | 机械台数 | 工种名称 | 总工日数 | 工人数 | | ××年 | | | | |
| | | | | | | | | | | | 1 | 2 | 3 | … | |
| | | | | | | | | | | | | | | | |

【职业技能训练】简述施工组织总设计进度计划编制的步骤。

# 5.4　资源需求量计划

## 学习目标

知识目标：熟悉施工准备计划和资源需求量计划的内容，准确填写劳动力、机械设备及物资需求量相关内容。

能力目标：能够结合工程实际情况，准确合理安排施工准备，并编制资源需求量计划。

## 重点难点

重点：施工准备工作计划的内容及资源需求量计划汇总表。

难点：根据工程实际情况，科学合理编制资源需求量计划。

依据总施工部署、总进度计划可以编制施工中各种资源的总需求计划，以确保资源的组织和供应，从而使项目施工能顺利进行。

### 5.4.1　施工准备工作计划

为确保工程按期开工和施工总进度计划的如期完成，应根据建设项目的施工部署、工程施工的展开程序和主要工程项目的施工方案，及时编制好全场性的施工准备工作计划。施工准备工作计划通常以表格形式表示，见表5-8。

表5-8 主要施工准备工作计划

| 序号 | 项目 | 施工准备工作内容 | 负责单位 | 设计单位 | 要求完成日期 | 备 注 |
|------|------|------------------|----------|----------|--------------|-------|
|      |      |                  |          |          |              |       |

### 5.4.2 资源需求量计划汇总表

根据建设项目施工总进度计划，按照表5-9将主要实物工程量进行汇总，编制工程量进度计划。然后，根据工程量汇总表计算劳动力及施工技术物资需求量。

表5-9 工程量汇总表

| 序号 | 工程名称 | 计算单位 | 全部工程 | 其中包括 各项工程 | | | | | 工程量进度计划 1 季度 | | | | 2 | 3 |
|------|----------|----------|----------|---|---|---|---|---|---|---|---|---|---|---|
|      |          |          |          | I | II | III | IV | V | 一 | 二 | 三 | 四 |   |   |
| 1 | 2 | 3 | 4 | 5 | 6 | 7 | 8 | 9 | 10 | 11 | 12 | 13 | 14 | 15 |
| 1 | 土方工程 | | | | | | | | | | | | | |
| 1.1 | 挖土 | | | | | | | | | | | | | |
| 1.2 | 填土 | | | | | | | | | | | | | |
| 2 | 砖石工程 | | | | | | | | | | | | | |
| 3 | 整体式钢筋混凝土结构 | | | | | | | | | | | | | |
| 4 | 整体式混凝土结构 | | | | | | | | | | | | | |
| 5 | 结构安装 | | | | | | | | | | | | | |
| 6 | 整体式混凝土结构 | | | | | | | | | | | | | |
| | ⋮ | | | | | | | | | | | | | |
| 7 | 门窗工程 | | | | | | | | | | | | | |
| 7.1 | 门 | | | | | | | | | | | | | |
| 7.2 | 窗 | | | | | | | | | | | | | |
| 8 | 隔墙 | | | | | | | | | | | | | |
| 9 | 地面工程 | | | | | | | | | | | | | |
| 10 | 屋面工程 | | | | | | | | | | | | | |
| | ⋮ | | | | | | | | | | | | | |

**1. 劳动力需求量及使用计划**

劳动力需求量计划是规划临时设施工程和组织劳动力进场的依据。编制时，首先按照施工准备工作计划、施工总进度计划和主要分部（分项）工程进度计划，套用概算定额或经验资料，分别计算出一年四季（或各月）所需劳动力数量；然后按表汇总成劳动力需求量及使用计划（见表5-10），同时提出解决劳动力不足的措施，如加强技术培训、调度安排、技术革新等。

表5-10 劳动力需求量及使用计划

| 序号 | 工种名称 | 劳动量/工日 | 全工地性工程 | | | | | | 生活用房 | | 暂设工程 | 用工时间 | | | | | | | |
|---|---|---|---|---|---|---|---|---|---|---|---|---|---|---|---|---|---|---|---|
| | | | 主厂房 | 辅助车间 | 道路 | 铁路 | 给排水 | 电气工程 | 永久性 | 临时性 | | ××年 | | | | | ××年 | | |
| | | | | | | | | | | | | 1 | 2 | 3 | … | 12 | 1 | 2 | 3 … |
| 1 2 3 | 钢筋工 木工 混凝土工 … | | | | | | | | | | | | | | | | | | |

【实习实作】以所在院校或教师指定的工程项目为载体，合理编写劳动力需求量及使用计划。

**2. 主要施工及运输机械需求量汇总表**

根据施工进度计划、主要建筑物施工方案和工程量、套用机械产量定额，即可得到主要施工机械需求量；辅助机械可根据安装工程概算指标求得，从而编制出机械需求量计划；根据施工部署和主要建筑物的施工方案、技术措施以及总进度计划的要求，即可提出必需的主要施工机具的数量及进场日期。这样可使所需机具按计划进场，另外可为计算施工用电、选择变压器容量等提供依据。主要施工及运输机械需求量汇总见表5-11。

表5-11 主要施工及运输机械需求量汇总

| 序号 | 机械名称 | 规格型号 | 生产效率 | 电动机功率/kW | 数量 | 需求量计划 | | | | | | | | | | | |
|---|---|---|---|---|---|---|---|---|---|---|---|---|---|---|---|---|---|
| | | | | | | ××年 | | | | | | ××年 | | | | | |
| | | | | | | 1 | 2 | 3 | … | 11 | 12 | 1 | 2 | 3 | 4 | 5 | … |
| | | | | | | | | | | | | | | | | | |

【实习实作】以所在院校或教师指定的工程项目为载体，合理编写施工机械需求量计划。

**3. 建设项目各种物资需求量计划**

根据工种工程量汇总表和总进度计划的要求，查概算指标即可得出各单位工程所需的物资需求量，从而编制出物资需求量计划，见表5-12。

表5-12 建设项目各种物资需求量计划

| 序号 | 类别 | 材料名称 | 全工地性工程 | | | | | | 生活设施 | | 暂设工程 | 用工时间 | | | | | | | |
|---|---|---|---|---|---|---|---|---|---|---|---|---|---|---|---|---|---|---|---|
| | | | 主厂房 | 辅助车间 | 道路 | 铁路 | 给水排水 | 电气工程 | 永久性 | 临时性 | | ××年 | | | | | ××年 | | |
| | | | | | | | | | | | | 1 | 2 | 3 | … | 12 | 1 | 2 | 3 … |
| 1 | 构件类 | 预制桩 预制梁 四孔板 … | | | | | | | | | | | | | | | | | |

（续）

| 序号 | 类别 | 材料名称 | 全工地性工程 | | | | | | 生活设施 | | 暂设工程 | 用工时间 | | | | | | | |
|---|---|---|---|---|---|---|---|---|---|---|---|---|---|---|---|---|---|---|---|
| | | | 主厂房 | 辅助车间 | 道路 | 铁路 | 给水排水 | 电气工程 | 永久性 | 临时性 | | ××年 | | | | | ××年 | | |
| | | | | | | | | | | | | 1 | 2 | 3 | …12 | 1 | 2 | 3 | … |
| 2 | 主要材料 | 钢筋<br>水泥<br>砖<br>石灰<br>⋮ | | | | | | | | | | | | | | | | | |
| 3 | 半成品类 | 砂浆<br>混凝土<br>木门<br>窗<br>⋮ | | | | | | | | | | | | | | | | | |

【实习实作】以所在院校或教师指定的工程项目为载体，合理编写各种物资需求量计划。

## 5.5　施工总平面图

**学习目标**

知识目标：了解施工总平面图的设计原则和设计依据；掌握施工总平面图的设计内容及设计步骤。

能力目标：能够结合工程实际情况和设计步骤科学合理绘制施工总平面图。

**重点难点**

重点：施工总平面图的设计内容及设计步骤。

难点：科学合理绘制施工总平面图。

施工总平面图是在拟建项目施工场地范围内，按照施工布置和施工总进度计划的要求，将拟建项目和各种临时设施进行合理部署的总体布置图。它是施工组织总设计的重要内容，也是现场文明施工、节约施工用地、减少各种临时设施数量、降低工程费用的先决条件。

### 5.5.1　施工总平面图的设计内容

施工总平面图的设计一般包含以下内容：

（1）建设项目的建筑总平面图上一切地上、地下的已有和拟建建筑物、构筑物及其他设施的位置和尺寸。

（2）一切为全工地施工服务的临时设施的位置，包括：

1）施工用地范围、施工用道路。

2）加工厂及有关施工机械的位置。

3）各种材料仓库、堆场及取土弃土的位置。

4）办公、宿舍、文化福利设施等建筑的位置。

5）水源、电源、变压器、临时给水排水管线、通信设施、供电线路及动力设施的位置。

6）机械站、车库的位置。

7）一切安全、消防设施的位置。

（3）永久性及半永久性坐标的位置、取土弃土的位置。

### 5.5.2　施工总平面图的设计原则

施工总平面图设计总的原则是：平面紧凑合理，方便施工流程，运输方便通畅，降低临建费用，便于生产生活，保护生态环境，保证安全可靠。具体内容包括：

（1）平面紧凑合理是指少占农田、减少施工用地，充分调配各方面的布置位置，使其合理有序。

（2）方便施工流程是指施工区域的划分应尽量减少各工种之间的相互干扰，充分调配人力、物力和场地，保持施工均衡、连续、有序。

（3）运输方便畅通是指合理组织运输，减少运输费用，保证水平运输和垂直运输畅通无阻，保证不间断施工。

（4）降低临建费用是指充分利用既有建筑，作为办公、生活福利等用房，应尽量少建临时性设施。

（5）便于生产生活是指尽量为生产工人提供方便的生产生活条件。

（6）保护生态环境是指施工现场及周围环境需要注意保护。例如，能保留的树木应尽量保留，对文物及有价值的物品应采取保护措施，对周围的水源不应造成污染，垃圾、废土、废料、废水不随便乱堆、乱放、乱泄等，做到文明施工。

（7）保证安全可靠是指安全防火、安全施工，尤其不要出现影响人身安全的事故。

### 5.5.3　施工总平面图设计所依据的资料

（1）设计资料，包括建筑总平面图、地形地貌图、区域规划图、建设项目范围内有关的一切已有和拟建的各种地上、地下设施及位置图。

（2）建设地区资料，包括当地的自然条件和经济技术条件、当地的资源供应状况和运输条件等。

（3）建设项目的建设概况，包括施工方案、施工进度计划，以便了解各施工阶段情况，合理规划施工现场。

（4）物资需求资料，包括建筑材料、构件、加工品、施工机械、运输工具等物资的需求量表，以规划现场内部的运输线路和材料堆场等位置。

（5）各构件加工厂、仓库、临时性建筑的位置和尺寸。

### 5.5.4　施工总平面图的设计步骤

#### 1. 运输线路的布置

设计全工地性的施工总平面图，首先应解决大宗材料进入工地的运输方式。例如，铁路运输需将铁轨引入工地，水路运输需考虑增设码头、仓储和转运问题，公路运输需考虑运输路线的布置问题等。

（1）铁路运输。一般大型工业企业都设有永久性铁路专用线，通常提前修建，以便于为工程项目施工服务。由于铁路的引入将严重影响场内施工的运输和安全，因此，一般先将铁路引入到工地两侧，当整个工程进展到一定程度，工程可分为若干个独立施工区域时，才可以把铁路引到工地中心区。此时，铁路对每个独立的施工区都不应有干扰，应位于各施工区的外侧。

（2）水路运输。当大量物资由水路运输时，就应充分利用原有码头的吞吐能力。当原有码头吞吐能力不足时，应考虑增设码头，其码头的数量不应少于两个，且宽度应大于2.5m，一般用石或钢筋混凝土结构建造。一般码头距工程项目施工现场有一定距离，故应考虑在码头修建仓储库房以及考虑从码头运往工地的运输问题。

（3）公路运输。当大量物资由公路运进现场时，由于公路布置较为灵活，一般将仓库、加工厂等生产性临时设施布置在最方便、最经济合理的地方，而后再布置通向场外的公路线。

#### 2. 仓库与材料堆场的布置

通常考虑将仓库与材料堆场设置在运输方便、位置适中、运距较短并且安全防火的地方，并应区别不同材料、设备和运输方式来布置。

（1）仓库的布置。布置仓库时，应注意以下几点：

1）仓库一般应接近使用地点，其纵向宜与道路平行；装卸时间长的仓库不宜靠近路边。

2）当采用铁路运输时，宜沿铁路线布置中心仓库和周转仓库。

3）当采用公路运输时，仓库布置比较灵活，应尽量使用永久性仓库为施工服务，也可在施工现场设置现场仓库。

4）当采用水路运输时，如江河靠近工地，可在码头附近设置中心仓库、周转仓库及加工厂仓库。

5）水泥仓库和砂、石堆场应布置在搅拌站附近，砖、预制构件应直接布置在垂直运输设备或用料地点附近。

6）钢筋、木材仓库应布置在其加工厂附近。

7）油料、氧气、电石等仓库应布置在偏远、人少的安全地点；易燃材料仓库要设置在拟建工程的下风向。

8）车库、机械站应布置在现场入口处。

9）工具库应布置在加工区与施工区之间交通方便之处。

10）工业建设项目的设备仓库或堆场应尽量设置在拟建车间附近等。

（2）仓库材料储备量的确定。确定仓库内的材料储备量时，一方面要保证施工的正常需要，另一方面又不宜储备过多，以免加大仓库面积、积压资金。仓库材料储备量可按下式

计算

$$P = \frac{K_1 T_i Q}{T} \qquad (5\text{-}1)$$

式中　$P$——材料储备量（$m^3$、$t$ 等）；

　　　$K_1$——材料使用不均匀系数，见表 5-13；

　　　$T_i$——材料储备期，见表 5-13；

　　　$Q$——某施工项目的材料需求量（$m^3$、$t$ 等）；

　　　$T$——某施工项目的施工延续时间（天）。

表 5-13　材料使用不均匀系数及材料储备期表

| 序号 | 材料名称 | 材料使用不均匀系数 $K_1$ | | 储备期 $T$/天 |
| --- | --- | --- | --- | --- |
| | | 季　度 | 月　份 | |
| 1 | 砂子 | 1.2～1.4 | 1.5～1.8 | 25～35 |
| 2 | 碎石、卵石 | 1.2～1.4 | 1.6～1.9 | 25～35 |
| 3 | 石灰 | 1.2～1.4 | 1.7～2.0 | 30～35 |
| 4 | 砖 | 1.4～1.8 | 1.6～1.9 | 25～30 |
| 5 | 瓦 | 1.6～1.8 | 2.2～2.5 | 25～30 |
| 6 | 块石 | 1.5～1.7 | 2.5～2.6 | 25～30 |
| 7 | 炉渣 | 1.4～1.6 | 1.7～2.0 | 20 |
| 8 | 水泥 | 1.2～1.4 | 1.3～1.6 | 40～50 |
| 9 | 型钢、钢板 | 1.3～1.5 | 1.7～2.0 | 60～70 |
| 10 | 钢筋 | 1.2～1.4 | 1.6～1.9 | 60～70 |
| 11 | 木材 | 1.2～1.4 | 1.2～1.4 | 70～80 |
| 12 | 沥青 | 1.3～1.5 | 1.2～1.4 | 55～60 |
| 13 | 卷材 | 1.5～1.7 | 1.2～1.4 | 60～65 |
| 14 | 玻璃 | 1.2～1.4 | 2.7～3.0 | 50～55 |

（3）仓库面积的计算。

1）按材料储备量计算。计算公式为

$$F = \frac{P}{q K_2} \qquad (5\text{-}2)$$

式中　$F$——材料仓库总面积（$m^2$）；

　　　$P$——材料储备量（$m^3$、$t$ 等）；

　　　$q$——仓库每平方米面积内能存放的材料数量，见表 5-14；

　　　$K_2$——仓库面积利用系数，见表 5-14。

表 5-14　仓库每平方米材料库存定额及仓库面积利用系数

| 序号 | 材料名称 | 单位 | 每平方米的数量（$q$） | 堆放高度/m | 面积利用系数（$K_2$） | 保管方式 |
| --- | --- | --- | --- | --- | --- | --- |
| 1 | 砂、石 | $m^3$ | 1.2 | 1.2～1.5 | 0.7 | 露天 |
| 2 | 石灰 | t | 1.5 | 1.2 | 0.7 | 密闭 |

（续）

| 序号 | 材料名称 | 单位 | 每平方米的数量（$q$） | 堆放高度/m | 面积利用系数（$K_2$） | 保管方式 |
|---|---|---|---|---|---|---|
| 3 | 砖 | 千块 | 0.3 | 1.5 | 0.6 | 露天 |
| 4 | 瓦 | 千块 | 0.4 | 1.0 | 0.6 | 露天 |
| 5 | 块石 | m³ | 0.8 | 1.0 | 0.6 | 露天 |
| 6 | 水泥 | t | 2.0 | 1.5 ~ 2.0 | 0.65 | 密闭 |
| 7 | 型钢、钢板 | t | 2.0 ~ 2.4 | 0.8 ~ 2.0 | 0.4 | 露天 |
| 8 | 钢筋 | t | 1.2 ~ 2.0 | 0.6 ~ 0.7 | 0.4 | 露天 |
| 9 | 原木 | m³ | 0.9 ~ 1.0 | 2.0 ~ 3.0 | 0.4 | 露天 |
| 10 | 成材 | m³ | 1.4 | 2.5 | 0.45 | 露天 |
| 11 | 卷材 | 卷 | 3.0 | 1.8 | 0.8 | 库棚 |
| 12 | 耐火砖 | t | 2.2 | 1.5 | 0.6 | 露天 |
| 13 | 水泥管 | t | 0.6 | 1.0 ~ 1.2 | 0.6 | 露天 |
| 14 | 钢门窗 | t | 1.2 | 2.0 | 0.6 | 露天 |
| 15 | 木门窗 | m² | 4.5 | 2.0 ~ 2.5 | 0.6 | 库棚 |
| 16 | 钢结构 | t | 0.4 | 2.0 | 0.6 | 露天 |
| 17 | 混凝土板 | m³ | 0.4 | 2.0 ~ 2.5 | 0.4 | 露天 |
| 18 | 混凝土梁 | m³ | 0.3 | 1.0 ~ 1.2 | 0.4 | 露天 |

2）按系数计算（适合于规划估算）。计算公式为

$$F = \varphi m \tag{5-3}$$

式中　$F$——材料仓库总面积（m²）；

　　　$\varphi$——系数，见表 5-15；

　　　$m$——计算基数，见表 5-15。

表 5-15　按系数计算仓库面积参考资料

| 序号 | 名称 | 计算基数（$m$） | 单位 | 系数（$\varphi$） |
|---|---|---|---|---|
| 1 | 仓库（综合） | 按年平均全员人数（工地） | m²/人 | 0.7 ~ 0.8 |
| 2 | 水泥库 | 按当年水泥用量的 40% ~ 50% | m²/t | 0.7 |
| 3 | 其他仓库 | 按当年工作量 | m²/万元 | 1.0 ~ 1.5 |
| 4 | 五金杂品库 | 按年建安工程量计算 | m²/万元 | 0.1 ~ 0.2 |
| | | 按年平均在建建筑面积计算 | m²/100m² | 0.5 ~ 1.0 |
| 5 | 土建工具库 | 按高峰年（季）平均全员人数 | m²/人 | 0.1 ~ 0.2 |
| 6 | 水暖器材库 | 按年平均在建建筑面积 | m²/100m² | 0.2 ~ 0.4 |
| 7 | 电器器材库 | 按年平均在建建筑面积 | m²/100m² | 0.3 ~ 0.5 |
| 8 | 化工油漆、危险品仓库 | 按年建安工作量 | m²/万元 | 0.05 ~ 0.1 |
| 9 | 三大工具堆场（脚手架、跳板、模板） | 按年平均在建建筑面积 | m²/100m² | 1.0 ~ 2.0 |
| | | 按年建安工作量 | m²/万元 | 0.3 ~ 0.5 |

**3. 加工厂布置**

加工厂一般包括混凝土搅拌站、构件预制厂、钢筋加工厂、木材加工厂、金属结构加工厂等。布置这些加工厂时，主要考虑的问题是：材料加工和成品、半成品运往需要地点的总运输费用最少；加工厂的生产和工程项目的施工互不干扰。

（1）混凝土搅拌站布置。根据工程的具体情况，混凝土搅拌站可采用集中、分散或集中与分散相结合三种方式布置。当现浇混凝土量大时，宜在工地设置现场混凝土搅拌站；当运输条件好时，采用集中搅拌最有利；当运输条件较差时，则宜采用分散搅拌。

（2）构件预制厂布置。构件预制加工厂一般建在空闲区域，既能安全生产，又不影响现场施工。

（3）钢筋加工厂。根据不同情况，钢筋加工厂可采用集中或分散布置。对于冷加工、对焊、点焊的钢筋网等宜集中布置；设置中心加工厂，其位置应靠近构件加工厂；对于小型加工件，利用简单机具即可加工的钢筋，可在靠近使用地处分散设置加工棚。

（4）木材加工厂。根据木材加工的性质、数量，木材加工厂可选择集中或分散布置。一般原木加工批量生产的产品等加工量大的，应集中布置在铁路、公路附近；简单的小型加工件，可分散布置在施工现场，搭设几个临时加工棚。

（5）金属结构加工厂。金属结构、焊接、机修等车间的布置，由于相互之间在生产上联系密切，应尽量集中布置在一起。

**4. 布置内部运输道路**

（1）场内运输道路的布置。场内运输道路的布置应满足以下要求：

1）应满足材料、构件等的运输要求，使道路通到各个仓库及堆场，距离装卸区越近越好。

2）根据工程防火要求，应设立消防站，一般设置在易燃建筑物（木材、仓库等）附近，并必须有通畅的出口和消防车道，其宽度不宜小于 6m，与拟建房屋的距离不得大于25m，也不得小于 5m；沿道路布置消火栓时，其间距不得大于 10m，消火栓到路边的距离不得大于 2m。应满足消防要求，使道路靠近建筑物、木料场等易发生火灾的地方。消防车道的宽度不小于 3.5m。

3）尽量利用永久性道路或提前修筑永久性道路的路基，待工程完工后再修筑路面。

4）尽量将连接仓库、加工厂等的主要道路按双行环形路线布置；次要道路则按单行直线布置。

5）尽量避开拟建工程、二期扩建工程及地下管线工程等。

（2）临时道路的技术要求。现场内简易临时道路的技术要求见表 5-16；临时道路路面的种类和厚度要求见表 5-17。

表 5-16　简易临时道路的技术要求

| 指 标 名 称 | 单 位 | 技 术 标 准 |
| --- | --- | --- |
| 设计车速 | km/h | ≤20 |
| 路基宽度 | m | 双车道 6~6.5；单车道 4.4~5；困难地段 3.5 |
| 路面宽度 | m | 双车道 5~5.5；单车道 3~3.5 |
| 平面曲线最小半径 | m | 平原、丘陵地区 20；山区 15；回头弯道 12 |

（续）

| 指标名称 | 单　位 | 技术标准 |
|---|---|---|
| 最大纵坡 | — | 平原地区 6%；去领地区 8%；山区 9% |
| 纵坡最短长度 | m | 平原地区 100；山区 50 |
| 桥面宽度 | m | 木桥 4~4.5 |
| 桥涵载重等级 | t | 木桥涵 7.8~10.4 |

表 5-17　临时道路路面的种类和厚度要求

| 路面种类 | 特点及其使用条件 | 路基土 | 路面厚度/cm | 材料配合比 |
|---|---|---|---|---|
| 级配砾石路面 | 雨天照常通车，可通行较多车辆，但材料级配要求严格 | 砂质土 | 10~15 | 体积比：黏土:砂:石子＝1:0.7:3.5 质量比：①面层：黏土 13%~15%，砂石料 85%~87% ②底层：黏土 10%，砂石混合料 90% |
| | | 黏质土或黄土 | 14~18 | |
| 碎（砾）石路面 | 雨天照常通车，碎（砾）石本身含土较多，不加砂 | 砂质土 | 10~15 | 砂（碎）石 >65%，当地土含量≤35% |
| | | 黏质土或黄土 | 15~20 | |
| 碎砖路面 | 可维持雨天通车，通行车辆较少 | 砂质土 | 13~15 | 垫层：砂或炉渣 4~5cm 底层：碎石 7~10cm 面层：碎砖 2~5cm |
| | | 黏质土或黄土 | 15~18 | |
| 炉渣或矿渣路面 | 可维持雨天通车，通行车辆较少，当附近有此项材料时可利用 | 一般土 | 10~15 | 炉渣或矿渣 75% 当地土含量≤25% |
| | | 松软土 | 15~30 | |
| 砂土路面 | 雨天停车，通行车辆较少，附近不产石料而只有砂 | 砂质土 | 15~20 | 粗砂 50% 细砂、粉砂和黏质土 50% |
| | | 黏质土 | 15~30 | |
| 风化石屑路面 | 雨天不通车，通行车辆较少，附近有石屑可利用 | 一般土 | 10~15 | 石屑 90% 黏土 10% |

**5. 行政与生活临时设施设置**

（1）临时性房屋设置原则。临时性房屋一般有办公室、汽车库、职工休息室、开水房、浴室、食堂、商店、俱乐部等。布置时应考虑：

1）全工地性管理用房（办公室、门卫等）应设在工地入口处。

2）工人生活福利设施（商店、俱乐部、浴室等）应设在工人较集中的地方。

3）食堂可布置在工地内部或工地与生活区之间。

4）职工住房应布置在工地以外的生活区，一般距工地 500~1000m 为宜。

（2）办公及福利设施的规划与实施。在工程项目建设中，办公及福利设施的规划应根据工程项目建设中的用人情况来确定。

1）确定人员数量。一般情况下，直接生产工人（基本工人）数用下式计算

$$R = n\frac{T}{t} \cdot K_2 \tag{5-4}$$

式中　$R$——需要的工人数；

　　　$n$——直接生产的基本工人数；

　　　$T$——工程项目年（季）度所需总工作日；

　　　$t$——年（季）度有效工作日；

　　　$K_2$——年（季）度施工不均衡系数，取 $1.1 \sim 1.2$。

非生产人员参照国家规定的比例计算，可以参考表 5-18 的规定。

表 5-18　非生产人员比例表

| 序号 | 企业类别 | 非生产人员比例（%） | 其　　中 | | 折算为生产人员比例（%） |
|---|---|---|---|---|---|
| | | | 管理人员（%） | 服务人员（%） | |
| 1 | 中央省市自治区属 | 16 ~ 18 | 9 ~ 11 | 6 ~ 8 | 19 ~ 22 |
| 2 | 省辖市、地区属 | 8 ~ 10 | 8 ~ 10 | 5 ~ 7 | 16.3 ~ 19.0 |
| 3 | 县（市）企业 | 10 ~ 14 | 7 ~ 9 | 4 ~ 6 | 13.6 ~ 16.3 |

注：1. 工程分散，职工数较大者取上限。

　　2. 新辟地区或当地服务网站尚未建立时，服务人员应增加 5% ~ 10%。

　　3. 大城市、大工业区的服务人员应减少 2% ~ 4%。

安排家属视工地情况而定。工期短、距离近的，应少安排些家属；工期长、距离远的，应多安排些家属。

2）确定办公及福利设施的临时建筑面积。当工地人员确定后，可按实际人数确定建筑面积。计算公式为

$$S = nP \tag{5-5}$$

式中　$S$——建筑面积（$m^2$）；

　　　$n$——工地人员实际人数；

　　　$P$——建筑面积指标，可参照表 5-19 取定。

表 5-19　行政、生活福利临时建筑面积参考指标　　　　（单位：$m^2$/人）

| 序号 | 临时建筑名称 | 指标使用方法 | 参考指标 |
|---|---|---|---|
| 一 | 办公室 | 按使用人数 | 3 ~ 4 |
| 二 | 宿舍 | | |
| 1 | 单层通铺 | 按高峰年（季）平均人数 | 2.5 ~ 3.0 |
| 2 | 双层床 | （扣除不在工地住人数） | 2.0 ~ 2.5 |
| 3 | 单层床 | （扣除不在工地住人数） | 3.5 ~ 4.0 |
| 三 | 家属宿舍 | 按高峰年（率）平均人数 | 16 ~ 25 $m^2$/户 |
| 四 | 食堂 | 按高峰年（率）平均人数 | 0.05 ~ 0.80 |
| | 食堂兼礼堂 | 按高峰年（率）平均人数 | 0.6 ~ 0.9 |
| 五 | 其他合计 | 按高峰年（率）平均人数 | 0.5 ~ 0.6 |
| 1 | 医务所 | 按高峰年（率）平均人数 | 0.05 ~ 0.07 |

| 序号 | 临时建筑名称 | 指标使用方法 | 参考指标 |
|---|---|---|---|
| 2 | 浴室 | 按高峰年（率）平均人数 | 0.07 ~ 0.10 |
| 3 | 理发室 | 按高峰年（率）平均人数 | 0.01 ~ 0.03 |
| 4 | 俱乐部 | 按高峰年（率）平均人数 | 0.10 |
| 5 | 小卖部 | 按高峰年（率）平均人数 | 0.03 |
| 6 | 招待所 | 按高峰年（率）平均人数 | 0.06 |
| 7 | 托儿所 | 按高峰年（率）平均人数 | 0.03 ~ 0.06 |
| 8 | 子弟校 | 按高峰年（率）平均人数 | 0.06 ~ 0.08 |
| 9 | 其他公用 | 按高峰年（率）平均人数 | 0.05 ~ 0.10 |
| 六 | 小型建筑 | 按高峰年（率）平均人数 | 0.05 ~ 0.10 |
| 1 | 开水房 | | 10 ~ 40 |
| 2 | 厕所 | 按工地平均人数 | 0.02 ~ 0.07 |
| 3 | 工人休息室 | 按工地平均人数 | 0.15 |

**6. 工地临时供水系统的设置**

设置临时性水电管网时，应尽量利用可用的水源、电源。一般排水干管和输电线沿主干道布置；水池、水塔等储水设施应设在地势较高处；总变电站应设在高压电入口处；消防站应布置在工地出入口附近，消火栓沿道路布置；过冬的管网要采取保温措施。

工地用水主要有三种类型：生活用水、生产用水和消防用水。工地临时供水系统设置的主要内容有确定用水量、选择水源、确定供水系统和布置临时供水管网。

（1）确定用水量。

1）生产用水包括施工工程用水和施工机械用水。

施工工程用水量的计算公式为

$$q_1 = K_1 \sum \frac{Q_1 N_1}{T_1 b} \times \frac{K_2}{8 \times 3600} \tag{5-6}$$

式中　$q_1$——施工工程用水量（L/s）；

　　　$K_1$——未预见的施工用水系数，$K_1 = 1.05 ~ 1.15$；

　　　$Q_1$——年（季）度工程量（以实物计量单位表示）；

　　　$N_1$——施工工程用水定额，按表5-20取定；

　　　$T_1$——年（季）度有效工作日（天）；

　　　$b$——每天工作班数（次）；

　　　$K_2$——施工工程用水不均衡系数，按表5-21取定。

表 5-20　施工工程用水参考定额（$N_1$）

| 序号 | 用水对象 | 单　　位 | 耗水量（$N_1$）/L | 备　　注 |
|---|---|---|---|---|
| 1 | 浇注混凝土全部用水 | m³ | 1700 ~ 2400 | |
| 2 | 搅拌普通混凝土 | m³ | 250 | 实测数据 |
| 3 | 搅拌轻质混凝土 | m³ | 300 ~ 350 | |

（续）

| 序号 | 用水对象 | 单位 | 耗水量（$N_1$）/L | 备注 |
|---|---|---|---|---|
| 4 | 搅拌泡沫混凝土 | $m^3$ | 300 ~ 400 | |
| 5 | 搅拌热混凝土 | $m^3$ | 300 ~ 350 | |
| 6 | 混凝土养护（自然养护） | $m^3$ | 200 ~ 400 | |
| 7 | 混凝土养护（蒸汽养护） | $m^3$ | 500 ~ 700 | |
| 8 | 冲洗模板 | $m^3$ | 5 | |
| 9 | 搅拌机清洗 | 台班 | 600 | 实测数据 |
| 10 | 人工冲洗石子 | $m^3$ | 1000 | |
| 11 | 机械冲洗石子 | $m^3$ | 600 | |
| 12 | 洗砂 | $m^3$ | 1000 | |
| 13 | 砌砖工程全部用水 | $m^3$ | 150 ~ 250 | |
| 14 | 砌石工程全部用水 | $m^3$ | 50 ~ 80 | |
| 15 | 粉刷工程全部用水 | $m^3$ | 30 | |
| 16 | 砌耐火砖砌体 | $m^3$ | 100 ~ 150 | 包括砂浆搅拌 |
| 17 | 洗砖 | 千块 | 200 ~ 250 | |
| 18 | 洗硅酸盐砌块 | $m^3$ | 300 ~ 350 | |
| 19 | 抹面 | $m^2$ | 4 ~ 6 | 不包括调制用水 |
| 20 | 楼地面 | $m^2$ | 190 | 同找平层 |
| 21 | 搅拌砂浆 | $m^3$ | 300 | |
| 22 | 石灰消化 | t | 3000 | |
| 23 | 上水管道工程 | $m^3$ | 98 | |
| 24 | 下水管道工程 | $m^3$ | 1130 | |
| 25 | 工业管道工程 | $m^3$ | 35 | |

表 5-21 施工工程用水不均衡系数表

| $K$ | 用水名称 | 系数 |
|---|---|---|
| $K_2$ | 施工工程用水 | 1.5 |
| | 附属生产企业用水 | 1.25 |
| $K_3$ | 施工机械、运输机具用水 | 2.00 |
| | 动力设备用水 | 1.05 ~ 1.10 |
| $K_4$ | 施工现场生活用水 | 1.30 ~ 1.50 |
| $K_5$ | 生活区生活用水 | 2.00 ~ 2.50 |

施工机械用水量的计算公式为

$$q_2 = K_1 \sum Q_2 N_2 \times \frac{K_3}{8 \times 3600} \tag{5-7}$$

式中  $q_2$——施工机械用水量（L/s）；

　　　$K_1$——未预见的施工用水系数，$K_1 = 1.05 ~ 1.15$；

$Q_2$——同种机械台数（台）；

$N_2$——施工机械用水定额，按表5-22取定；

$K_3$——施工机械用水不均衡系数，按表5-21取定。

表5-22　施工机械用水参考定额（$N_2$）

| 序号 | 用水对象 | | 单　位 | 耗水量（$N_2$）/L | 备　注 |
|---|---|---|---|---|---|
| 1 | 内燃挖土机 | | m³/台班 | 200~300 | 以斗容量 m³ 计 |
| 2 | 内燃起重机 | | t/台班 | 15~18 | 以起重量吨数计 |
| 3 | 蒸汽起重机 | | t/台班 | 300~400 | 以起重机吨数计 |
| 4 | 蒸汽打桩机 | | t/台班 | 1000~1200 | 以锤重吨数计 |
| 5 | 内燃压路机 | | t/台班 | 12~15 | 以压路机吨数计 |
| 6 | 蒸汽压路机 | | t/台班 | 100~150 | 以压路机吨数计 |
| 7 | 拖拉机 | | 台/昼夜 | 200~300 | — |
| 8 | 汽车 | | 台/昼夜 | 400~700 | — |
| 9 | 标准轨蒸汽机车 | | 台/昼夜 | 10000~20000 | — |
| 10 | 空压机 | | m³/min 台班 | 40~80 | 以空压机单位容量计 |
| 11 | 内燃机动力装置（直流水） | | 马力①/台班 | 120~300 | — |
| 12 | 内燃机动力装置（循环水） | | 马力/台班 | 25~40 | 以小时蒸发量计 |
| 13 | 锅炉 | | t/h | 1050 | — |
| 14 | 点焊机 | 25 型 | 台/h | 100 | — |
| | | 50 型 | 台/h | 150~200 | — |
| | | 75 型 | 台/h | 250~300 | — |
| 15 | 对焊机 | | 台/h | 300 | — |
| 16 | 冷拔机 | | 台/h | 300 | — |
| | 凿岩机 | 01—30 型 | 台/min | 3~8 | — |
| | | 01—30 型 | 台/min | 3~8 | — |
| 17 | | YQ100 型 | 台/min | 8~12 | — |
| 18 | 木工厂 | | 台班 | 20~25 | — |
| 19 | 锻工房 | | 炉/台班 | 40~50 | 以烘炉数计 |

① 1 马力 = 735.499W

2）生活用水量包括施工现场生活用水和生活区生活用水。

施工现场生活用水量的计算公式为

$$q_3 = \frac{P_1 N_3 K_4}{b \times 8 \times 3600} \qquad (5\text{-}8)$$

式中　$q_3$——施工现场生活用水量（L/s）；

$P_1$——高峰人数（人）；

$N_3$——施工现场生活用水定额，视当地气候、工种而定，一般取100~120L/（人·昼夜）；

$K_4$——施工现场生活用水不均衡系数，参考表5-21；

$b$——每天工作班数（次）。

生活区生活用水量的计算公式为

$$q_4 = \frac{P_2 N_4 K_5}{24 \times 3600} \tag{5-9}$$

式中　$q_4$——生活区生活用水量（L/s）；

　　　$P_2$——居民人数（人）；

　　　$N_4$——生活区生活用水定额，参考表 5-23；

　　　$K_5$——生活区生活用水不均衡系数，参考表 5-21。

表 5-23　生活区生活用水量参考定额（$N_4$）

| 序号 | 用水对象 | 单位 | 耗水量（$N_4$）/L | 备注 |
|---|---|---|---|---|
| 1 | 工地全部生活用水 | L/（人·日） | 100 ~ 200 | |
| 2 | 生活用水（盥洗、生活饮用） | L/（人·日） | 25 ~ 30 | |
| 3 | 食堂 | L/（人·日） | 15 ~ 20 | |
| 4 | 浴室（淋浴） | L/（人·次） | 50 | |
| 5 | 淋浴带大池 | L/（人·次） | 30 ~ 50 | |
| 6 | 洗衣 | L/人 | 30 ~ 35 | |
| 7 | 理发室 | L/（人·次） | 15 | |
| 8 | 小学学校 | L/（人·日） | 12 ~ 15 | |
| 9 | 幼儿园托儿所 | L/（人·日） | 75 ~ 90 | |
| 10 | 医院病房 | L/（病床·日） | 100 ~ 150 | |

3）消防用水量。消防用水量（$q_5$）包括生活区消防用水和施工现场消防用水，应根据工程项目的大小及居住人数的多少来确定，可参考表 5-24。

表 5-24　消防用水量表

| 用水场所 | 规模 | 火灾同时发生次数 | 单位 | 用水量/L |
|---|---|---|---|---|
| 生活区消防用水 | 5000 人以内 | 一次 | L/s | 10 |
| | 10000 人以内 | 二次 | L/s | 10 ~ 15 |
| | 25000 人以内 | 二次 | L/s | 15 ~ 20 |
| 施工现场消防用水 | 施工现场在 25hm² 以内 | 一次 | L/s | 10 ~ 15（每增加 25hm² 递增 5） |

4）总用水量。由于生产用水、生活用水和消防用水不同时使用，日常只有生产用水和生活用水，消防用水是在特殊情况下产生的，故总用水量不能简单地将几项相加，而应考虑有效组合，即既要满足生产用水和生活用水，又要有消防储备。一般可分为以下三种组合：

当 $q_1 + q_2 + q_3 + q_4 \leqslant q_5$ 时，取 $Q = q_5 + \dfrac{1}{2}(q_1 + q_2 + q_3 + q_4)$；

当 $q_1 + q_2 + q_3 + q_4 > q_5$ 时，取 $Q = q_1 + q_2 + q_3 + q_4$；

当工地面积小于 5hm²，并且 $q_1 + q_2 + q_3 + q_4 < q_5$ 时，取 $Q = q_5$。

当总用水量 $Q$ 确定后，还应增加 10%，以补偿不可避免的水管漏水等损失，即

$$Q_{总} = 1.1Q \tag{5-10}$$

（2）选择水源。工程项目工地临时供水水源的选择，有供水管道供水和天然水源供水两种方式。最好的方式是采用附近居民区既有的供水管道供水。只有当工地附近没有现成的

供水管道，或现成的给水管道无法使用以及供水量难以满足施工要求时，才使用天然水源供水（如江、河、湖、井等）。选择水源应考虑的因素有：水量是否充足、可靠，能否满足最大需求量要求；能否满足生活饮用水、生产用水的水质要求；取水、输水、净水设施是否安全、可靠；施工、运转、管理和维护是否方便。

（3）确定供水系统。

1）供水系统的确定。供水系统由取水设施、净水设施、储水构筑物、输水管道、配水管道等组成。通常情况下，综合工程项目的首建工程应是永久性供水系统，只有在工程项目的工期紧迫时，才修建临时供水系统；如果已有供水系统，可以直接从供水源接输水管道。

2）取水设施的确定。取水设施一般由取水口、进水管和水泵组成。取水口距河底（或井底）一般为0.25~0.9m，在冰层下部边缘的距离不小于0.25m。给水工程一般使用离心泵、隔膜泵和活塞泵三种，所用的水泵应具有足够的抽水能力和扬程。

3）确定储水构筑物。储水构筑物一般有水池、水塔和水箱。在临时供水时，如水泵不能连续供水，需设置储水构筑物。其容量以每小时消防用水决定，但不得少于10m³。

储水构筑物的高度应根据供水范围、供水对象位置及水塔本身位置来确定。

4）确定供水管径。计算公式为

$$D = \sqrt{\frac{4Q \times 1000}{\pi v}} \qquad (5-11)$$

式中　$D$——配水管内径；

　　　$Q$——用水量（L/s）；

　　　$v$——管网中水流速度（m/s），参考表5-25。

根据已确定的管径和水压的大小，可选择配水管，一般干管为钢管或铸铁管，支管为钢管。

表5-25　临时水管经济流速表

| 管径/m | 流速/(m/s) | |
|---|---|---|
| | 正常时间 | 消防时间 |
| 支管 $D < 0.10$ | 0.5~1.2 | — |
| 生产消防管道 $D = 0.1 ~ 0.3$ | 1.0~1.6 | 2.5~3.0 |
| 生产消防管道 $D > 0.3$ | 1.5~1.7 | 2.5~3.0 |
| 生产用水管道 $D > 0.3$ | 1.5~2.5 | 2.5~3.0 |

（4）布置临时供水管网。一般情况下，临时供水管网的布置方式有环状管网、枝状管网和混合式管网三种。

1）环状管网为环形封闭图形。其优点是能保证供水的可靠性，当管网某一处发生故障时，水仍可以沿管网其他支管供给；其缺点是管线长，管材消耗量大，造价高。它一般适用于建筑群或要求供水可靠的建设项目。

2）枝状管网由干管和支管两部分组成。其优缺点与环状管网相反，管线短，造价低，但供水可靠性差。它一般适用于中小型工程。

3）混合式管网即在主要用水区及干线管采用环状管网，其他用水区采用枝状管网的供水方式。这种供水方式兼有以上两种管网的优点，尤其适用于大型工程项目，因此，大多数工地上采用这种布置方式。

【案例】

某工程，建筑面积为 $18133m^2$，占地面积为 $4600m^2$。地下一层，地上9层，筏形基础，现浇混凝土框架剪力墙结构，填充墙空心砌块隔墙；生活区与现场一墙之隔，建筑面积 $750m^2$，常住工人330名。水源从现场南侧引入，要求保证施工生产、生活及消防用水。

问题：

（1）未预见的施工用水系数 $K_1=1.15$，年混凝土浇筑量 $11743m^3$，施工用水定额 $2400L/m^3$，年持续有效工作日为150天，两班作业，施工工程用水不均衡系数 $K_2=1.5$，要求计算现场施工用水。

（2）施工机械主要是混凝土搅拌机，共4台，包括混凝土输送泵的清洗用水、进出施工现场运输车辆冲洗等，用水定额平均 $N_2=300L/台$，未预见的施工用水系数 $K_1=1.15$，施工不均衡系数 $K_3=2.0$，要求计算施工机械用水量。

（3）假定现场生活高峰人数 $P_1=350$ 人，施工现场生活用水定额 $N_3=40L/班$，施工现场生活用水不均衡系数 $K_4=1.5$，每天用水两个班，要求计算施工现场生活用水量。

（4）假定生活区常住工人平均每人每天消耗水量为 $N_4=120L$，生活区用水不均衡系数 $K_5=2.5$，计算生活区生活用水量。

（5）请根据现场占地面积设定消防用水量。

（6）计算总用水量。

（7）计算临时用水管径。

【案例解析】

（1）计算现场施工用水量

$$q_1=K_1\sum\frac{Q_1N_1}{T_1b}\times\frac{K_2}{8\times3600}=\left[1.15\times\frac{11743\times2400}{150\times2}\times\frac{1.5}{8\times3600}\right]L/s=5.626L/s$$

（2）计算施工机械用水量

$$q_2=K_1\sum Q_2N_2\times\frac{K_3}{8\times3600}=\left(1.15\times4\times300\times\frac{2.0}{8\times3600}\right)L/s=0.0958L/s$$

（3）计算施工现场生活用水量

$$q_3=\frac{P_1N_3K_4}{b\times8\times3600}=\left(\frac{350\times40\times1.5}{2\times8\times3600}\right)L/s=0.365L/s$$

（4）计算生活居住区生活用水量

$$q_4=\frac{p_2N_4K_5}{24\times3600}=\left(\frac{330\times120\times2.5}{24\times3600}\right)L/s=1.15L/s$$

（5）设定消防用水量：消防用水量 $q_5$ 的确定。按规程规定，施工现场在25ha（250000m²）以内时，不大于15L/s。

由于施工占地面积远远小于 250000m², 故按最小消防用水量选用, 即 $q_5 = 10L/s$。

（6）计算总用水量。$q_1 + q_2 + q_3 + q_4 = (5.626 + 0.0958 + 0.365 + 1.15)L/s = 7.237L/s < q_5$, 故总用水量按消防用水量考虑, 即总用水量为 $Q = q_5 = 10L/s$。若考虑 10% 的漏水损失, 则总用水量为 $Q = (1 + 10\%) \times 10L/s = 11L/s$。

（7）计算临时用水管径。供水管管径是在计算总用水量的基础上按公式计算的, 如果已知用水量, 按规定设定水流速度（假定为 1.5m/s）, 就可以进行计算。计算公式为

$$D = \sqrt{\frac{4Q \times 1000}{\pi v}} \, mm = \sqrt{\frac{4 \times 11 \times 1000}{3.14 \times 1.5}} mm = 96mm$$

按钢管管径规定系列选用, 最接近 96mm 的规格是 100 mm, 故本工程临时用水管径选用 $\phi$100mm 管径。

### 7. 工地临时供电系统的布置

工地临时供电系统的布置包括工地总用电量的计算、电源选择、变压器的确定、配电线路设置和导线截面面积的确定。

（1）工地总用电量的计算。施工现场用电一般可分为动力用电和照明用电。

工地总用电量按下式计算

$$P = (1.05 \sim 1.10) \times \left( K_1 \frac{\sum P_1}{\cos\phi} + K_2 \sum P_2 + K_3 \sum P_3 + K_4 \sum P_4 \right) \tag{5-12}$$

式中　　　　$P$——供电设备总需要容量（kV·A）;

$P_1$——电动机额定功率（kW）;

$P_2$——电焊机额定功率（kV·A）;

$P_3$——室内照明容量（kW）;

$P_4$——室外照明容量（kW）;

$\cos\phi$——电动机的平均功率因数, 在施工现场最高为 0.78, 一般为 0.65 ~ 0.75;

$K_1$、$K_2$、$K_3$、$K_4$——需求系数, 参考表 5-26。

表 5-26　需求系数（K 值）表

| 用 电 名 称 | 数量/台 | 需求系数 | | | | 备　注 |
|---|---|---|---|---|---|---|
| | | $K_1$ | $K_2$ | $K_3$ | $K_4$ | |
| 电动机 | 3 ~ 10 | 0.7 | | | | 如施工中需要电热时, 将其电量计算进去。式中各动力照明用电应根据不同工作性质分类计算 |
| | 11 ~ 30 | 0.6 | | | | |
| | 30 以上 | 0.5 | | | | |
| 加工厂动力设备 | | 0.5 | | | | |
| 电焊机 | 3 ~ 10 | | 0.6 | | | |
| | 10 以上 | | 0.5 | | | |
| 室内照明 | | | | 0.8 | | |
| 室外照明 | — | | | | 1.0 | |

其他机械动力设备以及工具用电可参考有关定额。由于照明用电量远小于动力用电量,

故当单班施工时，其用电总量可以不考虑照明用电。

根据实际情况确定供电方案，一般情况下是将工地附近的高压电网引入工地的变压器进行调配。其变压器功率可由下式计算

$$P = K\left(\frac{\sum P_{\max}}{\cos\phi}\right) \tag{5-13}$$

式中　$P$——变压器的功率（kV·A）；

　　　$K$——功率损失系数，取 1.05；

　$\sum P_{\max}$——各施工区的最大计算负荷（kW）；

　$\cos\phi$——功率因数。

根据计算结果，应选取略大于该结果的变压器。

（2）电源选择。选择施工现场临时供电电源时，应考虑下列因素：

1）施工现场建筑安装工程的工程量和施工进度安排。

2）各施工阶段的电力需求量。

3）施工现场各用电设备的布置情况及距离电源的远近。

4）施工现场附近现有配电装置情况等。

选择施工现场临时供电电源方案时，应做到：

1）完全由施工现场附近现有的永久性配电装置供给。

2）施工现场附近现有的配电装置只能供给一部分，尚需自行扩大现有电源或增设临时供电系统以补充其不足。

3）利用施工现场附近的高压电力网，设置临时变压器。现场附近有 10kV 或 6kV 高压电源时，一般多在工地设小型临时变电所，装设变压器将二次电压降至 380V/220V，有效供电半径一般在 500m 以内；大型工地可在几处设变压器。

4）设置临时发电装置等。一般有内燃机发电、火力发电、列车发电和水力发电等。

（3）导线截面面积的确定。导线的自身强度必须能防止受拉或机械性损伤而折断，导线还必须耐受因电流通过而产生的温升，还应使电压损失在允许范围之内，这样导线才能正常传输电流，保证各方用电的需要。

选择导线应考虑如下因素：

1）按机械强度选择。导线在各种敷设方式下，应按其强度需要，保证必需的最小截面，以防拉折而断。导线按机械强度要求允许的最小截面面积见表 5-27。

表 5-27　导线按机械强度要求允许的最小截面面积　　　　　　（单位：mm²）

| 序号 | 电源 | 裸导线 | | 绝缘导线 | |
|---|---|---|---|---|---|
| | | 铜 | 铝 | 铜 | 铝 |
| 1 | 高压 | 10 | 25 | — | — |
| 2 | 低压 | 6 | 16 | 4 | 10 |

2）按照允许电压降选择。导线满足所需要的允许电压，其本身引起的电压降必须限制在一定范围内。导线要承受负荷电流长时间通过所引起的温升，因而其自身电阻越小越好，使电流通畅，温度则会降低，因此，导线的截面面积是关键因素。可由下式计算

$$S = \frac{\sum PL}{C\varepsilon} \tag{5-14}$$

式中  $S$——导线截面面积（$mm^2$）；

$P$——负荷电功率或线路输送的电功率（kW）；

$L$——输送电线路的距离（m）；

$C$——系数，视导线材料、送电电压及调配方式而定，参考表5-28；

$\varepsilon$——允许的相对电压降（即线路的电压损失%），一般 $\varepsilon = 2.5\% \sim 5\%$。

其中，照明电路中允许的电压降范围应为 2.5~5%；

电动机的电压降不应超过 ±5%，临时供电可达到 ±8%。

表5-28 按允许电压降计算的 $C$ 值

| 线路额定电压/V | 线路系统及电流种类 | 系数 $C$ 值 | |
| --- | --- | --- | --- |
| | | 铜 线 | 铝 线 |
| 380/220 | 三相四线 | 77.0 | 46.3 |
| 220 | | 12.80 | 7.75 |
| 110 | | 3.2 | 1.9 |
| 36 | | 0.34 | 0.21 |

根据以上三个条件选择的导线，取截面面积最大的作为现场使用的导线。通常导线的选择先根据计算的负荷电流大小来确定，而后根据其机械强度和允许电压损失值进行复核。

（4）负荷电流的计算。

1）三相四线制线路上的电流可按下式计算

$$I = \frac{P}{\sqrt{3} \times V\cos\phi} \tag{5-15}$$

2）二线制线路可按下式计算

$$I = \frac{P}{V\cos\phi} \tag{5-16}$$

式中  $I$——电流值（A）；

$P$——功率（W）；

$V$——电压（V）；

$\cos\phi$——功率因数。

导线制造厂家根据导线的允许温升，规定了各类导线在不同敷设条件下的持续容许电流值。在选择导线时，导线中的电流不得超过此值。

【职业技能训练】某拟建建筑工程，地段处于六条道路交叉口，为弧形三角用地，其西边为城市主要干道，场地周围为既有建筑和居民区，该工程采用"Y"形平面形式。建筑面积10000$m^2$，其中地下1层1300$m^2$，地上10层12000$m^2$。本工程设计为框架-剪力墙结构，墙柱现浇，梁板预制加现浇叠合层，抗震设计按8度设防。该工程位于市区中心，周围原有居民建筑密集，现场可利用空地面积小，施工不便，现场不能进行预制构件生产，需要从加工厂运来，场内道路狭窄，需要合理布置。现场附近有市政给排水设施、电源及场外道路，均能满足要求。

问题：(1) 试述施工总平面图设计应坚持的基本原则。

(2) 简述施工总平面图的设计步骤。

(3) 场外道路引入采用公路运输时，运输道路应注意的问题有哪些？

(4) 进行施工总平面图设计时，临时仓库和加工厂如何布置？

**8. 施工总平面图的绘制**

经过上述规划布置及有关计算后，即可绘制施工总平面图。图幅可选用 1 号或 2 号图纸，绘制比例用 1：1000 或 1：2000，在进行合理规划和图面设计后，根据施工总平面图的设计要求，将建筑总平面图中的有关内容按确定的比例绘制在图面上。在进行各项布置后，经分析比较、调查修改，形成施工总平面图，并做必要的文字说明，标上图例、比例、指北针等。绘制施工总平面图时，要求精心设计、认真绘制，比例要正确，图例要规范，线条粗细要分明，字迹要端正，图面要整洁美观。

【实习实作】以所在院校或教师指定的工程项目为载体，按照绘图要求及步骤绘制施工总平面图。

## 5.6　施工组织总设计的技术经济评价

**学习目标**

知识目标：掌握施工组织总设计常用的技术经济指标及评价方法；了解施工组织总设计技术经济指标的计算公式。

能力目标：能够采用施工组织总设计评价方法，利用技术经济指标进行施工组织总设计评价。

**重点难点**

重点：施工组织总设计常用的技术经济指标及评价方法。

难点：施工组织总设计技术经济指标的计算和技术经济评价。

施工组织总设计是整个建设项目或群体施工的全局性、指导性文件，其编制质量的高低对工程建设的进度、质量和经济效益影响较大。因此，对施工组织总设计应进行技术经济评价。技术经济评价的目的是对施工组织总设计通过定性及定量的计算分析，论证在技术上是否可行，在经济上是否合理。对照相应的同类型有关工程的技术经济指标，反映所编施工组织总设计的最终效果，并应反映在施工组织总设计文件中，作为施工组织总设计的考核评价和上级审批的依据。

### 5.6.1 施工组织总设计技术经济评价的指标体系

施工组织总设计中常用的技术经济评价指标有工期指标、质量指标、劳动指标、机械化施工程度、工厂化施工程度、材料使用指标、降低成本指标、临时工程投资比例等。

主要指标的计算方法如下：

**1. 工期指标**

（1）总工期（天）：从工程破土动工到竣工的全部日历天数。

（2）施工准备期（天）：从施工准备开始到主要项目开工日止。

（3）部分投产期（天）：从主要项目开工到第一批项目投产使用日止。

**2. 质量指标**

这是施工组织设计中确定的控制目标。质量优良品率（％）的计算公式为

$$质量优良品率 = \frac{优良工程个数（或面积）}{施工项目总个数（或总面积）} \tag{5-17}$$

**3. 劳动指标**

（1）劳动力均衡系数（％）。它表示整个施工期间使用劳动力的均衡程度。其计算公式为

$$劳动力均衡系数 = \frac{施工高峰人数}{施工期平均人数} \tag{5-18}$$

（2）单方用工（工日/m²）。它反映劳动的使用和消耗水平。其计算公式为

$$单方用工 = \frac{总工数}{总工期} \tag{5-19}$$

（3）劳动生产率（元/工日）。它表示每个生产工人或建安工人每工日所完成的工作量。其计算公式为

$$劳动生产率 = \frac{总工作量}{总工数} \tag{5-20}$$

**4. 机械化施工程度**

机械化施工程度（％）用机械化施工所完成的工作量与总工作量之比来表示。其计算公式为

$$机械化施工程度 = \frac{机械化施工完成的工作量}{总工作量} \tag{5-21}$$

**5. 工厂化施工程度**

工厂化施工程度（％）是指在预制加工厂里施工完成的工作量与总工作量之比。其计算公式为

$$工厂化施工程度 = \frac{预制加工厂完成的工作量}{总工作量} \tag{5-22}$$

**6. 材料使用指标**

（1）主要材料节约量。它是指靠施工技术组织措施实现的材料节约量。其计算公式为

$$主要材料节约量 = 预算用量 - 施工组织设计计划用量 \tag{5-23}$$

（2）主要材料节约率（％）。其计算公式为

$$主要材料节约率 = \frac{主要材料节约量}{主要材料预算用量} \tag{5-24}$$

**7. 降低成本指标**

（1）降低成本额（元）。降低成本额是指靠施工技术组织措施实现的降低成本金额。

（2）降低成本率（％）。其计算公式为

$$降低成本率 = \frac{降低成本额}{总工作量} \tag{5-25}$$

**8. 临时工程投资比例**

临时工程投资比例（％）是指全部临时工程投资额与总工作量之比，表示临时设施费用的支出情况。其计算公式为

$$临时工程投资比例 = \frac{全部临时工程投资额}{总工作量} \tag{5-26}$$

## 5.6.2　施工组织总设计的技术经济评价方法

每一项施工活动都可以采用不同的施工方法和应用不同的施工机械，不同施工方法和不同施工机械对工程的工期、质量和成本费用等的影响都不同。因此，在编制施工组织总设计时，应根据现有的以及可能获得的技术和机械情况，拟订几个不同的施工方案，然后从技术和经济上进行分析比较，从中选出最合理的方案。应把技术上的可能性与经济上的合理性统一起来，以最少的资源消耗获得最佳的经济效果，多快好省地完成施工任务。

对施工组织设计进行技术经济分析，常用的有两种方法：定性分析法和定量分析法。施工组织总设计的技术经济分析以定性分析为主，定量分析为辅。

**1. 定性分析法**

定性分析法是根据实际施工经验对不同施工方案进行分析比较。这种方法主要凭借经验进行分析、评价，虽然比较方便，但精确度不高，也不能优化，决策易受主观因素的制约，一般在施工实践经验比较丰富的情况下采用。

**2. 定量分析法**

定量分析法是对不同的施工方案进行一定的数学计算，对计算结果进行优劣比较。如果有多个计算指标，为便于分析、评价，常常对多个计算指标进行加工，形成单一（综合）指标，然后进行优劣比较。

# 教学单元6

# 单位工程施工组织设计

## 【教学要点】

本单元主要介绍了单位工程施工组织设计的编制依据、作用、原则和设计内容；阐述了工程概况的编制目的和内容、施工方案选择、施工进度计划的编制步骤、施工准备工作计划及各项资源需求量计划；叙述了施工平面图布置的设计内容及设计要求和程序，以及对保证工程管理目标实现的技术组织保证措施。

## 【教学目标】

### 知识目标

1. 能正确熟悉单位工程施工组织设计的编制依据、作用、原则等。
2. 能准确掌握施工方案内容的选择与要求、施工进度计划的编制程序与步骤。
3. 能准确阐述施工平面图的编制内容、原则和步骤，编制各种资源需求量计划。
4. 能正确了解单位工程施工组织设计和施工平面图的动态控制与管理。
5. 能正确掌握单位工程施工平面布置图的内容、设计原则及设计步骤等。

### 能力目标

1. 能够准确进行施工方案施工顺序的选择方法。
2. 能够根据砖混结构、现浇混凝土结构及单层装配式工业厂房等特点，合理遵循其施工顺序。
3. 能够根据单位工程施工进度计划的编制步骤和方法，准确编制单位工程施工进度计划。
4. 能够合理编写各种资源需求量计划，编制施工准备工作计划。
5. 能够准确根据设计要求和内容，合理绘制单位工程施工平面图。

## 【教学资源】

建筑工程施工图、预算书、建筑施工组织实例、施工现场照片、企业案例、施工现场或实训基地等。

## 【教学方法】

资料展示、现场实物对照、分组学习、案例分析、课堂讨论、多媒体教学、讲授等。

## 6.1 单位工程施工组织设计概述

**学习目标**

　　知识目标：了解单位工程施工组织设计的作用和编制依据；熟悉单位工程施工组织设计的编写原则和编制程序；掌握单位工程施工组织设计的内容。

　　能力目标：能够准确编制单位工程施工组织设计的依据；根据编制原则和编制程序，准确列出单位工程施工组织设计的内容。

**重点难点**

　　重点：单位工程施工组织设计的作用、编制依据和编制原则。

　　难点：单位工程施工组织设计的编制程序和内容。

　　单位工程施工组织设计是进行单位工程施工组织的文件，是计划书，也是指导书，是针对一个具体的拟建单位工程，从施工准备工作到整个施工的全过程进行规划，实行科学管理和文明施工，使投入到施工中的人力、物力、财力和技术能最大限度地发挥作用，使施工能有条不紊地进行，从而实现项目的质量、工期和成本目标。

### 6.1.1 单位工程施工组织设计的作用和编写依据

**1. 单位工程施工组织设计的作用**

　　施工企业在施工前应针对每一个施工项目，编制详细的施工组织设计。其作用主要有：

　　（1）对施工准备工作做详细安排。施工准备是单位工程施工组织设计的一项重要内容。在单位工程施工组织设计中，对各项施工准备工作提出明确的要求或做出详细、具体的安排。

　　（2）对项目施工过程中的技术管理做具体安排。单位施工组织设计是指导施工的技术文件，可以针对很多方面的技术方案和技术措施做出详细的安排，用以指导施工。

**2. 单位工程施工组织设计的编写依据**

　　单位工程施工组织设计的主要编写依据有：

　　（1）施工组织总设计。当单位工程为建筑群的一个组成部分时，该建筑物的施工组织设计必须按照施工组织总设计的各项指标和任务要求来编制，如进度计划的安排应符合总设计的要求等。

　　（2）施工现场条件和地质勘察资料。例如，施工现场的地形、地貌、地上与地下障碍物以及水文地质、交通运输道路、施工现场可占用的场地面积等。

　　（3）工程所在地的气象资料。例如，施工期间的最低、最高气温及延续时间，雨期、雨量等。

　　（4）施工图及设计单位对施工的要求。其中包括单位工程的全部施工图样、会审记录和相关标准图等有关设计资料。对较复杂的工业建筑、公共建筑和高层建筑等，还应了解设备图样和设备安装对土建施工的要求，设计单位对新结构、新技术、新材料和新工艺的要求。

（5）材料、预制构件及半成品的供应情况。主要包括工程所在地的主要建筑材料、预制构件、半成品的供货来源、供应方式及运距和运输条件等。

（6）劳动力配备情况。主要有两个方面的资料：一方面是企业能提供的劳动力总量和各专业工种的劳动人数；另一方面是工程所在地的劳动力市场情况。

（7）施工机械设备的供应情况。

（8）施工企业年度生产计划对该工程项目的安排和规定的有关指标。例如，开工、竣工时间及其他项目穿插施工的要求等。

（9）本项目相关的技术资料。主要包括标准图集、地区定额手册、国家操作规程及相关的施工与验收规范、施工手册等；同时包括企业相关的经验资料、企业定额等。

（10）建设单位的要求。包括开工、竣工时间，对项目质量、建材以及其他的一些特殊要求等。

（11）建设单位可能提供的条件。例如，现场"三通一平"情况，临时设施以及合同中约定的建设单位供应的材料、设备的时间等。

（12）与建设单位签订的工程承包合同。

### 6.1.2 单位工程施工组织设计的编写原则和程序

#### 1. 单位工程施工组织设计的编写原则

单位工程施工组织设计的编写应遵循以下原则：

（1）符合施工组织总设计的要求。若单位工程属于群体工程中的一部分，则此单位工程施工组织设计在编制时应满足总设计对工期、质量及成本目标的要求。

（2）合理划分施工段和安排施工顺序。为合理组织施工，满足流水施工的要求，应将施工对象划分成若干个施工段。同时，按照施工的客观规律和建筑产品的工艺要求安排施工顺序，也是编制单位工程施工组织设计的重要原则。

（3）采用先进的施工技术和施工组织措施。先进的施工技术是提高劳动生产率、保证工程质量、加快施工进度、降低施工成本、减轻劳动强度的重要途径。但是，选用新技术应从企业实际出发，以实事求是的态度，在调查研究的基础上，经过科学分析和技术经济论证，既要考虑其先进性，更要考虑其适用性和经济性。

（4）专业工种的合理搭接和密切配合。由于建筑施工对象趋于复杂化、高技术化，因而完成一个工程的施工所需要的工种将越来越多，它们相互之间的影响以及对工程施工进度的影响也将越来越大，这就需要各工种之间密切配合。

（5）应对施工方案做技术经济比较。首先对主要工程的施工方案和主要施工机械的选择方案进行论证和技术经济分析，以选择经济上合理、技术上先进，并且切合现场实际、适合本项目的施工方案。

（6）确保工程质量、施工安全和文明施工。在单位工程施工组织设计中，应根据工程条件拟定保证质量、降低成本和安全施工的措施，务必要求切合实际、有的放矢，同时提出文明施工及保护环境的措施。

**2. 单位工程施工组织设计的编制程序**

单位工程施工组织设计的一般编制程序如图6-1所示。

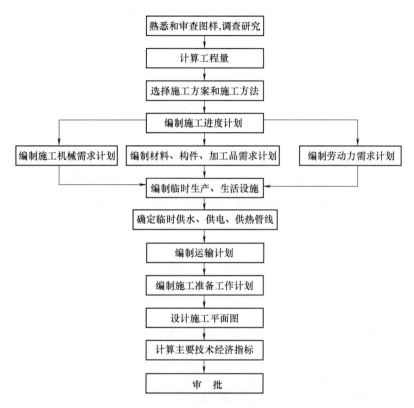

图6-1 单位工程施工组织设计的一般编制程序

【分组讨论】单位工程施工组织设计的编制程序能否改变顺序?

### 6.1.3 单位工程施工组织设计的内容

根据工程性质、规模、结构特点技术繁简程度的不同,单位工程施工组织设计的内容和深度、广度要求也应不同。但内容必须具体、实用、简明扼要、有针对性,使其真正能起到指导现场施工的作用。

**1. 工程概况**

工程概况包括拟建工程的性质、规模、建筑和结构特点、建设条件、施工条件、建设单位及上级的要求等。

**2. 施工方案**

施工方案的选择是施工单位在工程概况及特点分析的基础上,结合自身的人力、材料、机械、资金和可采用的施工方法等生产因素进行相应的优化组合,全面、具体地布置施工任务,再对拟建工程可能采用的几个方案进行技术和经济上的对比分析,从而选择最佳方案。

**3. 施工进度计划**

施工进度计划是工程进度的依据，反映了施工方案在时间上的安排。它具体包括划分施工过程、计算工程量、计算劳动量或机械量、确定工作天数及相应的作业人数或机械台数、编制进度计划表及检查与调整等。

> 【知识拓展】对于一般常见的建筑结构类型和规模不大的单位工程，施工组织设计可以编写得简单一些，其内容一般为"一案、一图、一表"。"一案"即施工方案；"一图"即施工现场平面布置图；"一表"即施工进度计划度，并辅以简明扼要的文字说明。

**4. 施工准备工作计划与各种资源需求量计划**

施工准备工作计划主要是明确施工前应完成的施工准备工作的内容、起止期限、质量要求等。各种资源需求量计划主要包括资金、劳动力、施工机具、主要材料、半成品的需求量及加工供应计划。

**5. 施工平面图**

施工平面图是施工方案和施工进度计划在空间上的全面安排。主要包括各种主要材料、构件、半成品堆放安排，施工机具布置，各种必需的临时设施及道路、水、电等的安排与布置。

**6. 主要技术经济指标**

应对确定的施工方案、施工进度计划及施工平面图的技术经济效益进行全面的评价。主要技术经济指标有施工工期、全员劳动生产率、资源利用系数、机械使用总台班量等。

## 6.2 工 程 概 况

### 学习目标

知识目标：了解工程概况的构成；掌握工程特点、建设地点特征和施工条件等包含的具体内容。

能力目标：能够结合工程概况的内容及单位工程的特点，编写单位工程施工组织设计工程概况。

### 重点难点

重点：工程概况的构成及工程特点、建设地点特征和施工条件的具体内容。

难点：结合工程实际背景资料，合理准确编写单位工程施工组织设计工程概况。

工程概况是对拟建工程的工程特点、建设地点特征和施工条件等所做的简明扼要的介绍。

### 6.2.1 工程特点

#### 1. 工程建设概况

工程建设概况应说明拟建工程的建设单位，工程名称、性质、规模、用途、作用和建设目的，资金来源及工程投资额，开竣工日期及工期要求，设计单位、监理单位、施工单位，施工图情况，工程合同，主管部门的有关文件及要求，组织施工的指导思想和具体原则要求等。

> 【资料展示】教师将施工企业单位工程施工组织设计中工程概况内容展示给学生，通过资料展示进行教学讲解。

**2. 工程设计概况**

（1）建筑设计特点。主要说明拟建工程的平面形状，平面组合和使用功能的划分，平面尺寸、建筑面积、层数、层高、总高度，室内外装饰的构造及做法等，并可附有拟建工程的平面、立面和剖面简图。

（2）结构设计特点。主要说明拟建工程的基础类型与构造、埋置深度、土方开挖及支护要求，主体结构类型及墙体、柱、梁板等主要构件的类型、截面尺寸、材料及安装位置等，新材料、新结构的应用要求，工程抗震设防等级等。

（3）设备安装设计特点。主要说明拟建工程的建筑给水排水、采暖、建筑电气、通信、通风与空调、消防系统、电梯安装等方面的设计参数和要求。

> 【实习实作】以某单位工程为载体，合理编写单位工程概况。

**3. 工程施工概况**

应概括指出拟建工程的施工特点、施工重点与难点，以便在施工准备工作、施工方案、施工进度、资源配置及施工现场管理等方面制定相应的措施。

不同类型的建筑、不同条件下的工程均有其不同的特点。例如，砖混结构住宅建筑的施工特点是砌筑和抹灰工程量大，水平与垂直运输量大，主体施工占整个工期的35%左右，应尽量使砌筑与楼板混凝土工程流水施工，装修阶段占整个工期的50%左右，工种交叉作业，应尽量组织立体交叉平行流水施工。而现浇钢筋混凝土结构高层建筑的施工特点是基坑、地下室支护结构工程量大、施工难度高，结构和施工机具设备的稳定性要求严，钢材加工量大，混凝土浇筑烦琐，脚手架、模板系统需进行设计，安全问题突出，应有高效率的垂直运输设备等。

## 6.2.2 建设地点的特征

主要说明：拟建工程的位置、地形，工程地质与水文地质条件，不同深度土壤结构分析；冬期冻结起止时间和冻结深度变化范围；地下水位、水质、气温；冬期雨期施工起止时间，主导风力、风向；地震烈度等。

## 6.2.3 施工条件

重点说明：施工现场的道路、水、电及场地平整的"三通一平"情况，现场临时设施、施工场地的使用范围及周围环境等情况；当地交通运输条件、地材供应、预制构件生产、加工能力及供应情况，当地建筑业企业数量和水平；施工企业的机械、设备、车辆类型和型号及可供程度，施工项目组织形式，施工单位内部承包方式、劳动力组织形式及施工管理水平等，类似工程的施工经历等。

> 【现场观摩】教师将学生带入施工现场或实训基地，学习单位工程施工组织设计的内容，并结合施工现场的施工组织设计实例，培养学生专业学习的兴趣爱好，激发学习兴趣。

## 6.3 施工方案的选择

学习目标

知识目标：掌握施工顺序、施工流程；熟悉施工方法和施工机械。

能力目标：按照施工顺序和施工流程，能够选择合理的施工方法和施工机械进行施工，并制定技术组织措施。

重点难点

重点：施工顺序、施工流程及几种常见结构的施工顺序。

难点：结合工程实际情况合理选择施工顺序、施工流程、施工方法和施工机械组织施工，编写施工技术组织措施。

施工方案是施工组织设计的核心，直接影响到工程的质量、工期、造价、施工效率等方面，应选择技术上先进、经济上合理而且符合施工现场和施工单位实际情况的方案。施工方案主要解决的问题是施工顺序和施工流程、施工方法及施工机械、施工组织各项技术组织措施。

### 6.3.1 施工顺序

施工顺序是指各分项工程或工序之间施工的先后顺序。施工顺序受自然条件和物质条件的制约，选择合理的施工顺序是确定施工方案、编制施工进度计划时应首先考虑的问题，它对于施工组织能否顺利进行，以及保证工程的进度和质量，都具有十分重要的作用。虽然施工顺序随工程性质、施工条件不同而变化，但经过合理安排，还是可以找到可供遵循的规律。考虑施工顺序时，应注意以下几点：

**1. 先准备、后施工，严格执行开工报告制度**

单位工程开工前必须做好一系列准备工作，具备开工条件后还应写出开工报告，经上级审查批准后才能开工。

**2. 遵守"先地下后地上""先主体后围护""先结构后装修""先土建后设备"的一般原则**

（1）"先地下后地上"是指地上工程开始之前，尽量把管道、线路等地下设施、土方工程和基础工程完成或基本完成，以免对地上部分施工产生干扰，应提供良好的施工场地。

（2）"先主体后围护"主要是指框架建筑、排架建筑等先主体结构、后围护结构的总程序和安排，要有合理的搭接。特别是对高层建筑物，应尽量搭接施工，以有效缩短工期。

（3）"先结构后装修"是指先完成主体结构的施工，再进行装饰工程的施工。就一般情况而言，有时为了缩短工期，也可以部分搭接施工。

（4）"先土建后设备"是指不论是工业建筑还是民用建筑，一般说来，土建施工应先于水、电、暖、通信等建筑设备的安装。它们之间更多的是穿插配合的关系，一般在土建施工的同时要配合进行有关建筑设备安装的预埋工作。尤其在装修阶段，应处理好各工种之间协作配合的关系。

【分组讨论】施工过程中为什么要遵循"先地下后地上""先主体后围护""先结构后装修""先土建后设备"的一般原则？

### 3. 做好土建施工与设备安装的程序安排

工业厂房施工比较复杂，除了要完成一般土建工程的施工外，还要同时完成工艺设备和电器、管道等的安装工作。为了早日竣工投产，在考虑施工方案时，应合理安排土建施工与设备安装之间的施工程序。一般土建施工与设备安装有以下三种施工程序：

（1）封闭式施工。封闭式施工是指土建主体结构完成之后，即可进行设备安装的施工程序，如一般机械工业厂房。对精密仪表厂房、要求恒温恒湿的车间等，应在土建装饰工程完成后再进行设备安装。

（2）敞开式施工。敞开式施工即先安装工艺设备，然后建设厂房。这种施工顺序通常适合设备基础较大，而且基底埋置较深，设备基础的施工将影响厂房柱基的情况，如某些重型工业厂房、冶金车间、发电厂等。这种施工顺序的优缺点正好与封闭式施工顺序相反。

（3）设备安装与土建施工同时进行。设备安装与土建施工同时进行是指当土建施工为设备安装创造了必要的条件，同时又采取能够防止被砂浆、垃圾等污染的措施时，设备安装与土建施工可同行进行。例如，建造水泥厂时，经济上最适宜的施工程序是两者同时进行。

### 4. 安排好最后收尾工作

收尾工作主要包括设备调试、生产或使用准备、交工验收等工作。只有做到前有准备、后有收尾，才是周密的程序。

## 6.3.2　施工流程

施工流程是指单位工程在平面或空间上施工的开始部位及其展开方向。对于单层建筑物，如单层厂房，按其车间、工段或节间，要分区分段地确定平面上的施工流程；对于多层建筑物，除了确定每层平面上的施工流程外，还要确定竖向的施工流程。例如，多层房屋内墙抹灰施工应采用自上而下还是自下而上的顺序，涉及一系列施工活动的开展和进程，是组织施工的重要一环。

确定单位工程施工起点流向时，一般应考虑以下几个因素：

### 1. 施工方法

施工方法是确定施工流向的关键因素。例如，一栋建筑物的基础部分采用顺作法施工地下两层结构。其施工流程为：测量定位放线→底板施工→换拆第二道支撑→地下二层施工→换拆第一道支撑→±0.000顶板施工→上部结构施工。若为了缩短工期采用逆作法，其施工流程为：测量定位放线→进行地下连续墙施工→进行钻孔灌注桩施工→±0.000标高结构层施工→地下二层结构施工，同时进行地上一层结构施工→底板施工并做各层柱，完成地下室施工→完成上部结构。又如，在结构吊装工程中，采用分件吊装法时，其施工流向不同于综合吊装法的施工流向；同样，设计人员的要求不同，也使得其施工流向不同。

**2. 车间生产工艺过程**

车间生产工艺过程往往是确定施工流向的基本因素。从工艺上考虑，要先试生产的工段先施工；或在生产工艺上要影响其他工段试车投产的工段则应当先施工。

**3. 要求紧急的工程段或部位**

根据建设单位的要求，生产或使用上要求紧急的工段或部位先施工。对于高层民用建筑，如饭店、宾馆等，可以在主体结构施工到一定层数后，即进行地面上若干层的设备安装与室内外装饰。

**4. 分部分项工程的繁简程度**

单位工程各分部分项工程的繁简程度不同。一般来说，技术复杂、施工进度较慢、工期长的工段或部位应先施工。例如高层建筑，主楼应先施工，裙楼部分后施工。

**5. 施工顺序**

当有高低层或高低跨并列时，柱的吊装应先从并列处开始；当柱基、设备基础有深浅时，一般应按先深后浅的施工方向。屋面防水层的施工，当有高低层（跨）时，应按先高后低的方向施工；一个屋面的防水层，则由檐口到屋脊方向施工。

**6. 场地、道路布置及施工机械**

施工场地的大小、道路布置和施工方案中采用的施工机械也是确定施工流向的重要因素。根据工程条件，选用施工机械（挖土机械和吊装机械），这些机械开行路线或布置位置便决定了基础挖土及结构吊装的施工起点流向。例如土方工程，在边开挖边将余土外运时，则施工流向起点应确定在离道路远的位置，并应按由远及近的方向进行。

**7. 变形缝**

划分施工层、施工段的部位，如伸缩缝、沉降缝、施工缝等，也可决定施工起点流向。

**8. 施工经验**

多层砖混结构工程主体结构施工的起点流向必须从下而上，平面上从哪边先开始都可以。

根据装修工程的特点，一般情况下可分为自上而下或自下而上两种顺序组织流水施工。具体分述如下：

（1）室外装修工程。室外装修工程一般采用自上而下的施工流向，即在屋面工程全部完工后，室外装修从顶层至底层逐层向下进行。采用这种顺序的优点是：可以使房屋在主体结构完成后，有足够的沉降和收缩期，从而保证装修工程的质量，同时便于脚手架及时拆除。其缺点是在上部进行外装饰时，易损坏、污染下部的装饰。

（2）室内装修工程。

1）自上而下的施工流向。室内装修工程自上而下的施工流向是指屋面防水层完工后，装修从顶层至底层逐层向下进行，又可分为水平向下和垂直向下两种，如图6-2所示，通常采用水平向下的施工流向。其优点是：房屋主体结构完成后，建筑物有足够的沉降和收缩期，沉降变化基本趋于稳定；屋面防水层做好后，这样可保证屋面防水工程质量，防止渗漏，也能保证室内装修质量；可以减少或避免各工种操作互相交叉，便于组织施工，有利于施工安全，而且自上而下进行楼层清理也很方便。其缺点是：不能与主体结构施工搭接，故总工期相对较长。

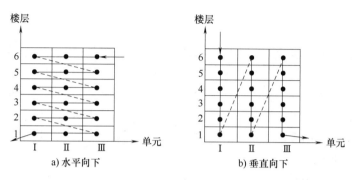

图 6-2　室内装修工程自上而下的施工流向

2）自下而上的施工流向。室内装修工程自下而上的施工流向是指主体结构施工到三层及三层以上（有两层楼板，以确保底层施工安全）时，装修从底层开始逐层向上进行，与主体结构平行搭接施工，也有水平向上和垂直向上两种形式，如图 6-3 所示，通常采用水平向上的施工流向。为了防止雨水或施工用水从上层楼板渗漏，应先做好上层楼板的面层，再进行本层顶棚、墙面、楼地面的饰面。这种施工流向的优点是：可以与主体结构平行搭接施工，从而缩短工期。其缺点是：工种操作相互交叉，需要增加安全措施；资源供应集中，现场施工组织和管理比较复杂。因此，只有当工期紧迫时，室内装修工程才考虑采用自下而上的施工流向。

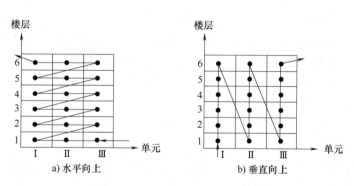

图 6-3　室内装修工程自下而上的施工流向

综上所述，装修工程采用哪种施工流向，要根据工期、质量、施工条件、安全文明施工等因素进行综合考虑。此外，在装修工程阶段，还需考虑室内装修与室外装修的先后顺序。

在内粉刷的顶棚与地面施工的先后顺序上，也有两种做法：一种是先顶棚、墙面后地面；另一种是先地面后顶棚、墙面。这两种做法同样各有利弊，应灵活掌握。

### 6.3.3 选择施工方法及施工机械

选择施工方法及施工机械是施工方案中的关键问题，直接影响施工进度、质量和安全以及工程成本。必须根据建筑结构的特点、工程量大小、工期长短、资源供应情况、施工现场情况和周围环境等因素，制订出几个可行方案，在此基础上进行技术经济分析比较，确定最优施工方案。

**1. 选择施工方法**

在单位工程施工组织设计中，主要项目的施工方法是根据工程特点，在具体施工条件下拟定的，其内容要求简明扼要。在描述施工方法时，应选择比较重要的分部分项工程，施工技术复杂或采用新技术、新工艺的项目，以及工人在操作上还不够熟练的项目。对这些项目应制订详细而具体的施工组织设计，有时还必须单独编制施工组织设计。凡按常规做法和工人熟练的项目，不必详细拟定，只要提出这些项目在本工程中的一些特殊要求即可。通常应着重考虑的内容如下：

（1）基础工程。挖基槽（坑）土方是基础工程的主要施工过程之一，其施工方法包括下述若干问题，需研究确定。

1）挖土方法。确定采用人工挖土还是机械挖土方法。如果采用机械挖土，则应选择挖土机的型号、数量，确定机械开挖的方向与路线，以及考虑在机械开挖时，人工如何配合修整槽（坑）底坡。

2）挖土顺序。根据基础施工流向及基础挖土中基底标高确定挖土顺序。

3）挖土技术措施。根据基础平面尺寸及深度、土壤类别等条件，确定基坑单个挖土还是按柱列轴线连通大开挖；是否留工作面及确定放坡系数；如果基础尺寸不大也不深，也可考虑按垫层平面尺寸直壁开挖，以减少土方量、节约垫层支模；如果有可能出现地下水，应如何采取排水或降低地下水的技术措施；排除地面水的方法，以及沟渠、集水井的布置和所需设备；冬期与雨期的有关技术与组织措施等。

4）运、填、夯实机械的型号和数量。在基础工程中的挖土、垫层、扎筋、支模、浇筑混凝土、养护、拆模、回填土等工序应采用流水作业连续施工。也就是说，基础工程施工方法的选择，除了技术方法外，还必须对组织方法，即对施工段的划分做出合理的选择。

（2）混凝土和钢筋混凝土工程。应着重于模板工程的工具化和钢筋、混凝土施工的机械化。

1）模板的类型和支模方法。根据不同的结构类型、现场条件确定现浇和预制用的各种模板（如工具式钢模、木模、翻转模板、土胎模等）、各种支撑方法（如钢、木立柱、桁架等）和各种施工方法（如分节脱模、重叠支模、滑模、大模等），并分别列出采用的项目、部位和数量，明确加工制作的分工，以及隔离剂的选用。

2）钢筋加工、运输和安装方法。明确在加工厂或现场加工的范围（如成型程度是加工成单根、网片或骨架），除锈、调直、切断、弯曲、成型方法，钢筋冷拉方法，焊接方法（如电弧焊、对焊、点焊、气压焊等），以及运输和安装方法，从而提出加工申请计划和机具设备需求量计划。

3）混凝土搅拌和运输方法。确定混凝土是集中搅拌还是分散搅拌，其砂石筛洗、计量和后台上料的方法，混凝土的运输方法，选用搅拌机的型号，以及所需的掺和料、外加剂的品种数量，提出所需材料机具设备数量。确定混凝土的浇筑顺序、施工缝位置、分层高度、工作班制、振捣方法和养护制度等。

（3）预制工程。装配式单层工业厂房的柱子和屋架等大型在现场预制的构件，应根据厂房的平面尺寸、柱与屋架数量及其尺寸、吊装路线及选用的起重吊装机械的型号、吊装方法等因素，确定柱与屋架现场预制平面布置图。构件现场预制的平面布置应按照吊装工程的布置原则进行，并在图上标出上下层叠浇时屋架与柱的编号，这与构件的翻转、就位次序和方式有密切的关系。在预应力屋架布置时，应考虑预应力筋孔的留设方法，采取钢管抽芯法时拔出预留孔钢管及穿预应力筋所需的空间。

（4）结构吊装工程。吊装机械的选择应根据建筑物的外形尺寸，所吊装构件的外形尺寸、位置及重量，工程量与工期，现场条件，吊装工地的拥挤程度与吊装机械通向建筑工地的可能性，工地上可能获得的吊装机械类型等条件，与吊装机械的参数和技术特性加以比较，选出最适当的机械类型和所需的数量。确定吊装方法（分件吊装法、综合吊装法），安排吊装顺序、机械位置和行驶路线以及构件拼装方法和场地，构件的运输、装卸、堆放方法，以及所需机具设备（如平板拖车、载重汽车、卷扬机及架子车等）的型号、数量和对运输道路的要求。吊装工程的准备，提出杯底找平、杯口面弹出中心轴线、柱子就位、弹出柱面中心线等；起重机行走路线压实加固；各种吊具、临时加固、电焊机等要求及与吊装有关的技术措施。

（5）砌砖工程。主要是确定现场垂直、水平运输方式和脚手架类型。在砖混结构建筑中，还应就砌砖与吊装楼板如何组织流水作业施工做出安排，以及砌砖与搭架子的配合。选择垂直运输方式时，应结合吊装机械的选择并充分利用构件吊装机械做一部分材料的运输。当吊装机械不能满足运输量的要求时，一般可采用井架、门架等垂直运输设施，并确定其型号及数量、设置的位置。选择水平运输方式时，确定各种运输车（手推车、机动小翻斗车、架子车、构件安装小车等）的型号与数量。为提高运输效率，还应确定与上述配套使用的专用工具设备，如砖笼、混凝土及砂浆料斗等，并综合安排各种运输设施的任务和服务范围，如划分运送砖、砌块、构件、砂浆、混凝土的时间和工作班次，做到合理分工。

（6）装修工程。确定抹灰工程的施工方法和要求，根据抹灰工程机械化施工方法，提出所需的机具设备（如灰浆的制备、喷灰机械、地面抹光及磨光机械等）的型号和数量；确定工艺流程和施工组织，组织流水施工。

**2. 选择施工机械**

选择施工方法必须涉及施工机械的选择问题。机械化施工是改变建筑工业生产落后面貌、实现建筑工业化的基础，因此，施工机械的选择是施工方法选择的中心环节。选择施工机械时，应着重考虑以下几方面：

（1）选择施工机械时，首先应根据工程特点，选择适宜主导工程的施工机械。例如，在选择装配式单层工业厂房结构安装用的起重机类型时，当工程量较大且集中时，可以采用生产效率较高的塔式起重机；而当工程量较小或工程量虽大却相当分散时，则采用无轨自行式起重机较为经济。在选择起重机型号时，应使起重机在起重臂外伸长度一定的条件下，能适应起重量及安装高度的要求。

（2）各种辅助机械或运输工具应与主导机械的生产能力协调配套，以充分发挥主导机械的效率。例如，土方工程施工中采用汽车运土时，汽车的载重量应为挖土机斗容量的整数倍，汽车的数量应保证挖土机的连续工作。

（3）在同一工地上，应力求建筑机械的种类和型号尽可能少，以利于机械管理。因此，当工程量大且分散时，宜采用多用途机械施工，如挖土机既可用于挖土，又能用于装卸、起重和打桩。

（4）施工机械的选择还应考虑充分发挥施工单位现有机械的能力。当本单位的机械能力不能满足工程需要时，则应购置或租赁所需的新型机械或多用途机械。

【温馨提示】要综合考虑使用机械的各项费用（如运输费、折旧费、租赁费、对工期的延误而造成的损失等）后进行成本的分析和比较，从而决定是选择租赁机械还是使用本单位的机械，有时采用租赁成本更低。

### 6.3.4 制订技术组织措施

技术组织措施是指在技术和组织方面为保证工程质量、保证施工进度、降低工程成本和文明安全施工而制订的一套管理方法。其主要包括技术、质量、安全施工、降低成本和现场文明施工等措施。

**1. 技术措施**

对新材料、新结构、新工艺、新技术的应用，对高耸、大跨度、重型构件以及深基础、设备基础、水下和软弱地基项目，均应编制相应的技术措施。其主要内容如下：

（1）需要表明的平面、剖面示意图以及工程量一览表。

（2）施工方法的特殊要求和工艺流程。

（3）水下及冬期、雨期施工措施。

（4）技术要求和质量安全注意事项。

（5）材料、构件和机具的特点、使用方法及需求量。

**2. 质量措施**

保证质量的措施，可从以下几方面来考虑：

（1）确保定位放线、标高测量等准确无误的措施。

（2）确保地基承载力及各种基础、地下结构施工质量的措施。

（3）确保主体结构中关键部位施工质量的措施。

（4）确保屋面、装修工程施工质量的措施。

（5）保证质量的组织措施，如人员培训、编制工艺卡及质量检查验收制度等。

**3. 安全施工措施**

保证安全施工的措施，可从以下几方面来考虑：

（1）保证土石方边坡稳定的措施。

（2）脚手架、吊篮、安全网的设置以及各类洞口、临边防止人员坠落的措施。

（3）外用电梯、井架及塔吊等垂直运输机具的拉结要求和防倒塌措施。

（4）安全用电和机电设备防短路、防触电的措施。

（5）易燃、易爆、有毒作业场所的防火、防爆、防毒措施。

（6）季节性安全措施，如雨期的防洪、防雨，夏期的防暑降温，冬期的防滑、防火等措施。

（7）现场周围通行道路及居民的保护隔离措施。

（8）保证安全施工的组织措施，如安全宣传、教育及检查制度等。

**4. 降低成本措施**

应根据工程情况，按分部分项工程逐项提出相应的节约措施，计算有关技术经济指标，分别列出节约工料数量与金额数字，以便衡量降低成本效果。其内容包括以下几个方面：

（1）合理进行土方平衡，以节约土方运输及人工费用。

（2）综合利用吊装机械，减少吊次，以节约台班费。

（3）提高模板精度，采用整装整拆，加速模板周转，以节约木材或钢材。

（4）混凝土、砂浆中掺外加剂或掺和料（如粉煤灰、硼泥等），以节约水泥。

（5）采用先进的钢筋焊接技术（如气压焊）以节约钢筋。

（6）构件及半成品采用预制拼装、整体安装的方法，以节约人工费、机械费等。

**5. 现场文明施工措施**

文明施工或场容管理一般包括以下内容：

（1）施工现场围栏与标牌设置，出入口交通安全，道路畅通，场地平整，安全与消防设施齐全。

（2）临时设施的规划与搭设，办公室、宿舍、更衣室、食堂、厕所的安排与环境卫生。

（3）各种材料、半成品、构件的堆放与管理。

（4）散碎材料、施工垃圾的运输及防止各种环境污染。

（5）成品保护及施工机械保养。

## 6.4 施工进度计划

**学习目标**

知识目标：了解施工进度计划的作用、分类；掌握施工进度计划的编制依据和程序；熟悉施工进度计划的表示方法；科学准确按照程序编制施工进度计划。

能力目标：能够科学准确编制施工进度计划，绘制横道图或网络图。

**重点难点**

重点：施工进度计划的编制步骤和编制方法。

难点：结合工程情况及编制依据，利用合理的方法按照程序编制施工进度计划，并准确绘制横道图或网络图。

单位工程施工进度计划是指控制工程施工进度和工程竣工期限等各项施工活动的实施计划，是在确定了施工方案的基础上，根据规定工期和各种资源的供应条件，按照施工过程的合理施工顺序及组织施工的原则，用网络图或者横道图的形式表示。

### 6.4.1 施工进度计划的作用与分类

**1. 施工进度计划的作用**

单位工程施工进度计划是施工组织设计的重要组成内容之一，是控制各分部分项工程施工进度的主要依据，也是编制月、季度施工作业计划及各项资源需求量计划的依据。它的主要作用如下：

（1）确定各主要分部分项工程的名称及其施工顺序，确定各施工过程需要的延续时间，以及它们互相之间的衔接、穿插、平行搭接、协作配合等关系。

（2）指导现场施工安排；确保施工进度和施工任务如期完成。

（3）确定为完成任务所必需的劳动工种和总劳动量及各种机械、各种技术物资资源的需求量，为编制相关的施工计划做好准备、提供依据。

**2. 施工进度计划的分类**

单位工程施工进度计划根据施工项目划分的粗细程度，可分为控制性施工进度计划和指导性施工进度计划两类。

（1）单位工程控制性施工进度计划。这种控制性施工计划是以分部工程作为施工项目划分对象，控制各分部工程的施工时间以及它们之间互相配合、搭接关系的一种进度计划。它主要适用于工程结构比较复杂、规模较大、工期较长而需要跨年度施工的工程。例如，大型工业厂房、大型公共建筑。它还适用于规模不是很大或者结构不算复杂，但由于施工各种资源（劳动力、材料、机械等）不落实，或者由于工程建筑、结构等可能发生变化，以及其他各种情况。

（2）单位工程指导性施工进度计划。这种指导性施工进度计划是以分项工程或施工过程为施工项目划分对象，具体确定各个主要施工过程施工所需要的时间以及相互之间搭接、配合的关系。它适用于任务具体而明确、施工条件落实、各项资源供应正常、施工工期不太长的工程。编制控制性施工进度计划的单位工程，当各分部工程或施工条件基本落实以后，在施工之前也应编制指导性施工计划。这时可按各施工阶段分别具体地、比较详细地进行编制。

### 6.4.2 施工进度计划的编制依据和程序

**1. 施工进度计划的编制依据**

编制单位工程施工进度计划，主要依据下列资料：

（1）经过审批的建筑总平面图及工程全套施工图、地形图及水文、地质、气象等资料。

（2）施工组织总设计对本单位工程的有关规定。

（3）建设单位或上级规定的开工、竣工日期。

（4）单位工程的施工方案，如施工程序、施工段划分、施工方法、技术组织措施等。

（5）工程预算文件可提供工程量数据，但要依据施工段、分层、施工方法等因素分解、合并、调整、补充。

（6）劳动定额及机械台班定额。

（7）施工企业的劳动资源能力。

（8）其他有关的要求和资料，如工程合同等。

**2. 施工进度计划的编制程序**

单位工程施工进度计划的编制程序如图6-4所示。

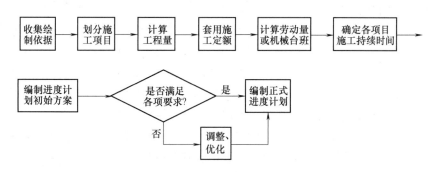

图6-4 单位工程施工进度计划的编制程序

### 6.4.3 施工进度计划的表示方法

施工进度计划的表示方法有多种，最常用的为横道图和网络图。这里介绍横道图格式，它由两大部分组成：左侧部分是以分部分项工程为主的表格，包括相应分部分项工程的内容及其工程量、定额（劳动效率）、劳动量或机械量等计算数据；右侧部分是以左侧表格计划数据设计出来的指示图表。它用线条形象地表现了各分部分项工程的施工进度，各个工程阶段的工期和总工期，并且综合反映了各个分部分项工程相互之间的关系。进度计划表的形式见表6-1。

表6-1 进度计划表

| 序号 | 分部分项工程 | 工程量 | | 定额 | 劳动量 | | 需要机械 | | 每天工作班次 | 每天工人数 | 工作天数 | 进度日程 | |
|---|---|---|---|---|---|---|---|---|---|---|---|---|---|
| | | 单位 | 数量 | | 工种 | 数量 | 机械名称 | 台班数 | | | | ×月 | ×月 |
| | | | | | | | | | | | | | |
| | | | | | | | | | | | | | |
| | | | | | | | | | | | | | |

### 6.4.4 施工进度计划的编制

根据施工进度计划的程序，现将其编制的主要步骤和方法介绍如下。

**1. 划分施工项目**

编制施工进度计划时，首先应按照图样和施工顺序将拟建单位工程的各个施工过程列出，并结合施工方法、施工条件、劳动组织等因素加以适当调整，使之成为编制施工进度计划所需的施工项目。施工项目是包括一定工作内容的施工过程，它是施工进度计划的基本组成单元。

单位工程施工进度计划的施工项目仅仅是包括现场直接在建筑物上施工的施工过程，如砌筑、安装等，而对于构件制作和运输等施工过程，则不包括在内。但现场就地预制钢筋混凝土构件的制作，不仅单独占有工期，而且对其他施工过程的施工有影响，需要列入施工进度计划；或构件的运输需要与其他施工过程的施工密切配合，如楼板的随运随吊，则这些制作和运输过程仍需列入施工进度计划。

在划分施工项目时，应注意以下几个问题：

（1）施工项目划分的粗细程度，应根据进度计划的需要来决定。对控制性施工进度计划，项目划分得粗一些，通常只列出分部工程。例如，混合结构居住房屋的控制性施工进度计划只列出基础工程、主体工程、屋面工程和装饰工程四个施工过程。而对指导性施工进度计划，项目划分得细一些，应明确到分项工程或更具体，以满足指导施工作业的要求。例如，屋面工程应划分为找平层、隔汽层、保温层、防水层等分项工程。

（2）施工过程的划分要结合所选择的施工方案。例如，结构安装工程，若采用分件吊装方法，则施工过程的名称、数量、内容及其吊装顺序应按构件来确定；若采用综合吊装方法，则施工过程应按施工单元（节间或区段）来确定。

（3）适当简化施工进度计划的内容，以避免施工项目划分过细、重点不突出。因此，可考虑将某些穿插性分项工程合并到主要分项工程中去，如门窗框安装可并入砌筑工程；而对于在同一时间内由同一施工班组施工的过程可以合并，如工业厂房中的钢窗油漆、钢门油漆、钢支撑油漆、钢梯油漆等可合并为钢构件油漆一个施工过程；对于次要的、零星的分项工程，可合并为"其他工程"一项列入。

（4）水、暖、电、卫和设备安装智能系统等专业工程不必细分具体内容，由各专业施工队自行编制计划并负责组织施工，而在单位工程施工进度计划中只要反映出这些工程与土建工程的配合关系即可。

（5）所有施工项目应大致按施工顺序列成表格，编排序号，避免遗漏或重复，其名称可参考现行施工定额手册上的项目名称。

**2. 计算工程量**

工程量的计算是一项十分烦琐的工作，应根据施工图、有关计算规则及相应的施工方法进行，而且往往是重复劳动。如设计概算、施工图预算、施工预算等文件中均需计算工程量，故在单位工程施工进度计划中不必再重复计算，只需直接套用施工预算的工程量，或根据施工预算中的工程量总数，按各施工层和施工段在施工图中所占的比例加以划分即可。因为进度计划中的工程量仅用来计算各种资源需求量，而不作为计算工资或工程结算的依据，故不必精确计算。计算工程量应注意以下几个问题：

（1）各分部分项工程的工程量计算单位应与采用的施工定额中相应项目的单位一致，以便计算劳动量及材料需求量时可直接套用定额，不用再进行换算。

（2）工程量计算应结合选定的施工方法和安全技术要求，使计算所得工程量与施工实际情况相符合。例如挖土时是否放坡，是否加工作面；坡度大小与工作面的尺寸是多少，是否使用支撑加固；开挖方式是单独开挖、条形开挖还是整片开挖，这些都直接影响到基础土方工程量的计算。

（3）结合施工组织要求，分区、分段、分层计算工程量，以便组织流水作业。若每层、每段上的工程量相等或相差不大，可根据工程量的总数分别除以层数、段数，即可得到每层、每段上的工程量。

（4）如已编制预算文件，应合理利用预算文件中的工程量，以免重复计算。施工进度计划中的施工项目大多可直接采用预算文件中的工程量，可按施工过程的划分情况将预算文件中有关项目的工程量汇总。例如，"砌筑砖墙"一项的工程量，可以首先分析它包含哪些内容，然后按其所包含的内容从预算的工程量中抄出并汇总求得。施工进度计划中的有些施工项目与预算文件中的项目完全不同或局部有出入（如计量单位、计算规则、采用定额等不同）时，则应根据施工中的实际情况加以修改、调整或重新计算。

### 3. 套用施工定额

根据所划分的施工项目和施工方法，套用施工定额（当地实际采用的劳动定额及机械台班定额或当地生产工人的实际劳动生产效率），以确定劳动量和机械台班量。

套用国家或地方的定额时，必须注意结合本单位工人的技术等级、实际施工操作水平、施工机械情况和施工现场条件等因素，确定完成定额的实际水平，使计算出来的劳动量、机械台班量符合实际需要，为准确编制施工进度计划打下基础。

有些采用新技术、新材料、新工艺或特殊施工方法的项目，施工定额中尚未编入，这时可参考类似项目的定额、经验资料，或根据实际情况确定。

### 4. 劳动量与机械台班数的确定

劳动量与机械台班数应根据各分部分项工程的工程量、施工方法和现行的施工定额，结合当时当地的具体情况加以确定（施工单位可在现行定额的基础上，结合本单位的实际情况，编制扩大的施工定额，作为计算生产资源需求量的依据）。一般按下式计算

$$P_i = \frac{Q_i}{S_i} = Q_i H_i \tag{6-1}$$

式中 $Q_i$——需要完成的工程量（$m^3$、$m^2$、t 等）；

$S_i$——采用的产量定额（$m^3/$工日、$m^2/$工日、$m/$工日、$t/$工日等）；

$H_i$——采用的时间定额（工日$/m^3$、工日$/m^2$、工日$/m$、工日$/t$ 等）；

$P_i$——所需的劳动量（工日）或机械台班量（台班）。

【知识拓展】施工定额有两种形式，即时间定额和产量定额。时间定额是指某种专业、某种技术等级的工人小组或个人在合理的技术组织条件下，完成单位合格的建筑产品所必需的工作时间，一般用符号 $H_i$ 表示，它的单位有工日$/m^3$、工日$/m^2$、工日$/m$、工日$/t$ 等。因为时间定额是以劳动工日数为单位，便于综合计算，故在劳动量统计中使用比较普遍。产量定额是指在合理的技术组织条件下，某种专业、某种技术等级的工人小组或个人在单位时间内所应完成合格的建筑产品的数量，一般用符号 $S_i$ 表示，它的单位有 $m^3/$工日、$m^2/$工日、$m/$工日、$t/$工日等。因为产量定额是以建筑产品的数量来表示的，具有形象化的特点，故在分配施工任务时使用比较普遍。时间定额和产量定额是互为倒数的关系，即

$$H_i = \frac{1}{S_i} \text{ 或 } S_i = \frac{1}{H_i}$$

定额使用中，可能遇到以下几种情况：

（1）计划中的一个项目包括了定额中同一性质不同类型的几个分项工程。这在查用定额时，定额对同一工种不一样，要用其综合定额（例如外墙砌砖的产量定额是 $0.85m^3/$工

日；内墙则是 $0.94m^3/$ 工日）。当同一工种不同类型分项工程的工程量相等时，综合定额可用其绝对平均值。计算公式为

$$\overline{S} = \frac{S_1 + S_2 + \cdots + S_n}{n} \qquad (6-2)$$

当某一分项工程是由若干具有同一性质而不同类型的分项工程合并而成时，应根据各个不同分项工程的劳动定额和工程量，按合并前后总劳动量不变的原则计算合并后的综合劳动定额。计算公式为

$$\overline{S} = \frac{\sum_{i=1}^{n} Q_i}{\frac{Q_1}{S_1} + \frac{Q_2}{S_2} + \cdots + \frac{Q_n}{S_n}} \qquad (6-3)$$

式中    $\overline{S}$——综合产量定额；

  $Q_1，Q_2，\cdots，Q_n$——同一工种不同类型分项工程的工程量；

  $S_1，S_2，\cdots，S_n$——同一工种不同类型分项工程的产量定额。

【职业技能训练】门窗油漆项内木门及钢窗油漆两项合并，计算其综合定额。

  设：木门面积 $Q_1 = 296.29m^2$；木门油漆的产量定额 $S_1 = 8.22m^2/$ 工日；钢窗面积

$Q_2 = 463.92m^2$；钢窗油漆的产量定额 $S_2 = 11.0m^2/$ 工日。计算综合产量定额 $\overline{S}$。

或者，首先用其所包括的各分项工程的工程量与其对应的分项工程产量定额（或时间定额）计算出各自的劳动量，然后求和，即为计划中项目的综合劳动定额。

实际应用时，应特别注意合并前各分项工程工作内容和工程量的单位。当合并前各分项工程的工作内容和工程量单位完全一致时，式（6-3）中的 $\sum_{i=1}^{n} Q_i$ 应等于各分项工程工程量之和；反之，应取与综合劳动定额单位一致，且工作内容也基本一致的各分项工程的工程量之和。综合劳动定额的单位总是与合并前各分项工程中之一的劳动定额单位一致，最终取哪一单位为好，应视使用方便而定。

（2）施工计划中的新技术或特殊施工方法的工程项目无定额可查用时，可参考类似项目的定额或经过实际测算，确定其补充定额，然后套用。

（3）施工计划中"其他项目"所需劳动量，实践中常根据工程特点，结合工地和施工单位的具体情况，以总劳动量的一定比例估算，一般占总劳动量的 10% ~ 20%。

有些新技术或特殊的施工方法无定额可遵循，此时可将类似项目的定额进行换算或根据经验资料确定，或采用三点估计法确定综合定额。三点估计法的计算公式为

$$S_i = \frac{a_i + 4c_i + b_i}{6} \qquad (6-4)$$

式中    $S_i$——综合产量定额；

    $a_i$——最乐观估计的产量定额；

    $b_i$——最保守估计的产量定额；

    $c_i$——最可能估计的产量定额。

在目前的市场经济条件下，施工的过程就是承包商履行合同的过程。通常是项目经理部根据合同规定的工期（或《项目管理目标责任书》的要求工期），结合自身的施工经验，先确定各分部分项工程的施工时间，再按各分部分项工程需要的劳动量或机械台班数量，确定每一分部分项工程的每个班组所需要的工人数或机械台班数。

**5. 编制施工进度计划的初步方案**

（1）对主要施工阶段（分部工程）组织流水施工。先安排其中主导施工过程的施工进度，使其尽可能连续施工，其他穿插施工过程尽可能与主导施工过程配合、穿插、搭接。例如，砖混结构房屋中的主体结构工程，其主导施工过程为砖墙砌筑和现浇钢筋混凝土楼板；现浇钢筋混凝土框架结构房屋中的主体结构工程，其主导施工过程为钢筋混凝土框架的支模、扎筋和浇筑混凝土。

（2）配合主要施工阶段，安排其他施工阶段（分部工程）的施工进度。

（3）按照工艺的合理性和施工过程相互配合、穿插、搭接的原则，将各施工阶段（分部工程）的流水作业图表搭接起来，即可得到单位工程施工进度计划的初始方案。

**6. 施工进度计划的检查与调整**

检查与调整的目的在于使施工进度计划的初始方案满足规定的目标。一般从以下几方面进行检查与调整：

（1）各施工过程的施工工序是否正确，流水施工组织方法的应用是否正确，技术间歇是否合理。

（2）在工期方面，初始方案的总工期是否满足合同工期。

（3）在劳动力方面，主要工种工人是否连续施工，劳动力消耗是否均衡。劳动力消耗的均衡性是针对整个单位工程或各个工种而言的，应力求每天出勤的工人人数不发生过大变动。

（4）在物资方面，主要机械、设备、材料等的利用是否均衡，施工机械是否充分利用。

经过检查，需要对初始方案中不符合要求的部分进行调整。调整方法一般有：增加或缩短某些施工过程的施工持续时间；在符合工艺关系的条件下，将某些施工过程的施工时间向前或向后移动。必要时，还可以改变施工方法。

应当指出，上述编制施工进度计划的步骤不是孤立的，而是互相依赖、互相联系的，有的可以同时进行。还应看到，由于建筑施工是一个复杂的生产过程，受周围客观条件影响的因素很多，在施工过程中，由于劳动力和机械、材料等物资供应及自然条件等因素的影响，经常使其不符合原计划的要求，因此，不仅要有周密的计划，而且必须善于使自己的主观认识随着施工过程的发展而转变，并在实际施工中不断修改和调整，以适应新的情况变化。同时，在制订计划的时候要充分留有余地，以免在施工过程发生变化时陷入被动的处境。

> 【实习实作】以某单位工程为载体，按照编制要求和程序合理编制单位工程施工进度计划。

## 6.5 施工准备工作计划与各种资源需求量计划

 **学习目标**

知识目标：熟悉施工准备工作计划与各种资源需求量计划的内容。

能力目标：根据工程实际需要，合理组织施工准备工作，并准确汇总各种资源需求量计划。

 **重点难点**

重点：施工准备工作计划与各种资源需求量计划的内容。

难点：根据工程实际需要，合理编写完善施工准备工作计划表及各种资源需求量计划表。

编制单位工程施工进度计划后，可根据各工序及持续期间所需资源编制施工准备工作计划和材料、劳动力、构件、半成品，施工机具等资源需求量计划。作为有关职能部门按计划调配的依据，以利于及时组织劳动力和物资的供应，确定工地临时设施，以保证施工的顺利进行。这些计划也是施工组织设计的组成部分，是施工单位安排施工准备及劳动力和物资供应的主要依据。

### 6.5.1 施工准备工作计划

单位工程施工前，应编制施工准备工作计划，这也是施工组织设计的一项重要内容。

为使施工准备工作有计划地进行并便于检查、监督，各项准备工作应有明确的分工，由专人负责并规定期限。施工准备工作计划的表格见表6-2。

表6-2 施工准备工作计划

| 序号 | 准备工作项目 | 工 作 量 | | 简要内容 | 负责单位或负责人 | 起 止 日 期 | | 备 注 |
|---|---|---|---|---|---|---|---|---|
| | | 单 位 | 数 量 | | | 日/月 | 日/月 | |
| | | | | | | | | |
| | | | | | | | | |
| | | | | | | | | |

【实习实作】以所在院校某单位工程为载体，按照表6-2编制施工准备工作计划。

### 6.5.2 劳动力需求量计划

劳动力需求量计划主要根据确定的施工进度计划提出。其编制方法是按进度表上每天所需人数分工种分别统计，得出每天所需工种及人数，按时间进度要求汇总，就可编制出主要工种劳动力需求计划。劳动力需求量计划的表格见表 6-3。它的作用是为施工现场的劳动力调配提供依据。

表 6-3　劳动力需求量计划

| 序号 | 工资名称 | 总工日数 | 需要人数及时间 | | | | | | | | | | | |
|---|---|---|---|---|---|---|---|---|---|---|---|---|---|---|
| | | | ×月 | | | ×月 | | | ×月 | | | ×月 | | |
| | | | 上旬 | 中旬 | 下旬 | 上旬 | 中旬 | 下旬 | 上旬 | 中旬 | 下旬 | 上旬 | 中旬 | 下旬 |
| | | | | | | | | | | | | | | |
| | | | | | | | | | | | | | | |
| | | | | | | | | | | | | | | |

【实习实作】以某单位工程为载体，按照表 6-3 编制劳动力需求量计划。

### 6.5.3　施工机械、主要机具需求量计划

主要根据单位工程分部分项施工方案及施工进度计划要求，提出各种施工机械、主要机具的名称、规格、型号、数量及使用时间。其编制方法是将施工进度计划表中每个施工过程、每天所需的机械类型、数量和施工工期进行汇总，以得出施工机械、主要机具需求量计划。施工机械、主要机具需求量计划的表格见表 6-4。

表 6-4　施工机械、主要机具需求量计划

| 序号 | 机械名称 | 类型型号 | 需求量 | | 货源 | 使用起止时间 | 备注 |
|---|---|---|---|---|---|---|---|
| | | | 单位 | 数量 | | | |
| | | | | | | | |
| | | | | | | | |

【实习实作】以某单位工程为载体，按照表 6-4 编制施工机械、主要机具需求量计划。

### 6.5.4　预制构件、半成品需求量计划

预制构件、半成品需求量计划主要用于落实加工订货单位，并按照所需规格、数量、时间，组织加工、运输和确定仓库或堆场，可根据施工图和施工进度计划编制。预制构件包括钢筋混凝土构件、木构件、钢构件、混凝土制品等。预制构件、半成品需求量计划的表格见表 6-5。

表6-5 预制构件、半成品需求量计划

| 序号 | 品名 | 规格 | 图号 | 需求量 | | 使用部位 | 加工单位 | 供应日期 | 备注 |
|---|---|---|---|---|---|---|---|---|---|
| | | | | 单位 | 数量 | | | | |
| | | | | | | | | | |
| | | | | | | | | | |

【实习实作】以某单位工程为载体，按照表6-5编制预制构件、半成品需求量计划。

### 6.5.5 主要材料需求量计划

主要根据工程量及预算定额统计、计算并汇总施工现场需要的各种主要材料需求量。主要材料需求量计划是组织供应材料、拟订现场堆放场地及仓库面积需求量和运输计划的依据。编制时，应提出各种材料的名称、规格、数量、使用时间等要求。主要材料需求量计划见表6-6。

表6-6 主要材料需求量计划

| 序号 | 材料名称 | 需求量 | | 供应时间 | 备注 |
|---|---|---|---|---|---|
| | | 单位 | 数量 | | |
| | | | | | |
| | | | | | |
| | | | | | |

【实习实作】以某单位工程为载体，按照表6-6编制施工主要材料需求量计划。

## 6.6 施工平面图

### 学习目标

知识目标：熟悉施工平面图的设计依据和原则；掌握施工平面图的设计步骤和内容。

能力目标：结合工程实际和施工平面图的设计依据和原则，按照施工平面图的设计步骤合理绘制施工平面图。

### 重点难点

重点：施工平面图的设计步骤和内容。

难点：科学合理进行施工平面图设计并绘制施工平面图。

施工平面图是施工过程空间组织的具体成果，也是根据施工过程空间组织的原则，对施工过程所需的工艺路线、施工设备、原材料堆放、动力供应、场内运输、半成品生产、仓库、料场、生活设施等进行空间的特别是平面的科学规划与设计，并以平面图的形式加以表达。施工平面图绘制的比例一般为 1:100~1:500。

### 6.6.1 施工平面图的设计依据

施工平面图的设计依据包括：建筑总平面图、施工图、现场地形图、施工现场的现有条件（如水源、电源、建设单位能提供的原有房屋及其他生活设施的条件）、各类材料和半成品的供应计划和运输方式、各类临时设施的布置要求（性质、形式、面积和尺寸）、各加工车间和场地的规模与设备数量等。

### 6.6.2 施工平面图的内容

（1）建筑总面图上已建和拟建的地上和地下的一切建筑物、构筑物以及其他设施的位置和尺寸。

（2）测量放线标桩位置、地形等高线和土方取弃场地。

（3）起重机的开行路线及垂直运输设施的位置。

（4）材料、加工半成品、构件和机具的仓库或堆场。

（5）生产、生活用品临时设施。例如，搅拌站、高压泵站、钢筋棚、木工棚、仓库、办公室、供水管、供电线路、消防设施、安全设施、道路以及其他需搭建或建造的设施。

（6）场内施工道路与场外交通的连接。

（7）临时给水排水管线、供电管线、供气供暖管道及通信线路布置。

（8）一切安全及防火设施的位置。

（9）必要的图例、比例尺、方向及风向标记。

上述内容可根据建筑总平面图、施工图、现场地形图、现有水源、场地大小、可利用的已有房屋和设施、施工组织总设计、施工方案、进度计划等，经科学的计算、优化，并遵照国家有关规定进行设计。

【分组讨论】施工总平面图和单位工程施工平面图的内容有何区别？

### 6.6.3 施工平面图设计的基本原则

施工平面图在布置设计时，应满足以下原则：

（1）在满足现场施工要求的前提下，布置紧凑，便于管理，尽可能减少施工用地。特别应注意不占或少占农田。

（2）在确保施工顺利进行的前提下，尽可能减少临时设施，减少施工用的管线，尽可能利用施工现场附近的既有建筑作为施工临时用房，并利用永久性道路供施工使用。

（3）最大限度地减少场内运输，减少场内材料、构件的二次搬运；各种材料按计划分期分批进场，充分利用场地；各种材料堆放的位置，根据使用时间的要求，尽量靠近使用地点，节约搬运劳动力和减少材料多次转运中的消耗。

（4）临时设施的布置应便利施工管理及工人生产和生活。办公用房应靠近施工现场；福利设施应在生活区范围之内。

（5）生产、生活设施应尽量分区，以减少生产与生活的相互干扰，保证现场施工生产安全进行。

（6）施工平面布置要符合劳动保护、安全、防火的要求。

根据以上基本原则并结合现场实际情况，施工平面图可布置几个方案，从中选取其技术上最合理、费用上最经济的方案。可以从如下几个方面进行定量比较：施工用地面积、施工用临时道路、管线长度、场内材料搬运量和临时用房面积等。

### 6.6.4 施工平面图的设计步骤和要点

工程施工平面图的一般设计步骤是：确定垂直运输机械的位置→确定搅拌站、仓库、材料和构件堆场、加工厂的位置→布置运输道路→布置行政管理、生活福利用临时设施→布置水、电管线→计算技术经济指标。

单位工程平面图的设计步骤如图 6-5 所示。

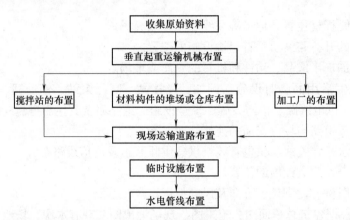

图 6-5　单位工程平面图的设计步骤

**1. 垂直起重运输机械布置**

垂直运输设备的位置影响着仓库、料堆、砂浆、混凝土搅拌站的位置及场内道路和水电管网的布置。因此，它是施工现场布置的核心，必须首先确定。

布置固定垂直运输机械设备（如井架、龙门架等）的位置时，必须根据建筑物的平面形状、施工段的划分、高度及材料、构件的重量，考虑机械的起重能力和服务范围，做到便于运输材料，便于组织分层分段流水施工，使运距最小。布置时应考虑以下几个方面：

（1）各施工段高度相近时，应布置在施工段的分界线附近；高度相差较大时，应布置在高低分界线较高部位一侧，以使楼面上各施工段水平运输互不干扰。

（2）井架的位置布置在有窗口之处为宜，以避免砌墙留槎和减少井架拆除后的修补工作。

（3）固定式起重运输设备中，卷扬机的位置不应距离起重机过近，以便驾驶员能看到整个升降过程。一般要求此距离大于建筑物的高度，距外脚手架 3m 以上。

塔式起重机是集起重、垂直提升、水平输送三种功能为一体的机械设备。按其在工地上使用架设的要求不同，可分为固定式、轨行式、附着式和内爬式四种类型。

塔式起重机的布置位置主要根据建筑物的平面形状和尺寸、施工场地的条件及安装工艺来定。要考虑使起重机有最大的服务半径，从而使材料和构件获得最大的堆放场地并能直接运至任何施工地点，避免出现"死角"。当在塔式起重机的起重臂操作范围内有架空电线等通过时，应特别注意采取安全措施，并应尽可能避免交叉。

有轨式起重机的轨道一般沿建筑物的长向布置，其位置和尺寸取决于建筑物的平面形状和尺寸、构件自重、起重机的性能及四周施工场地的条件。通常轨道布置方式有三种：单侧布置、双侧布置和环形布置，如图6-6所示。当建筑物宽度较小、构件自重不大时，可采用单侧布置方式；当建筑物宽度较大、构件自重较大时，应采用双侧布置或环形布置方式。

当塔式起重机轨道路基在排水坡下边时，应在其上游设置挡水堤或截水沟将水排走，以免雨水冲坏轨道及路基。

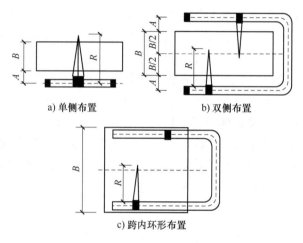

图6-6　塔式起重机的轨道布置方式

轨道布置完成后，应绘制出塔式起重机的服务范围。以轨道两端有效端点的轨道中点为圆心，以最大回转半径为半径画出两个半圆，连接两个半圆，即为塔式起重机的服务范围，如图6-7和图6-8所示。

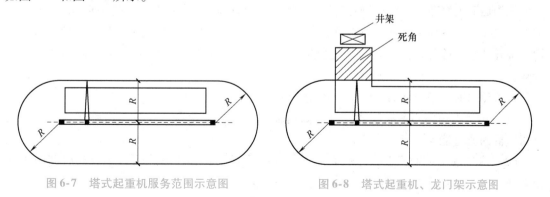

图6-7　塔式起重机服务范围示意图　　　　图6-8　塔式起重机、龙门架示意图

单层装配式工业厂房构件的吊装一般采用履带式或轮胎式起重机进行节间吊装，有时也利用塔式起重机配合吊天窗架、大型屋面板等构件。采用履带式或轮胎式起重机吊装

时，开行路线及停机位置主要取决于建筑物的平面布置、构件自重、吊装高度和吊装方法等，平面布置是否合理直接影响起重机的吊装速度。施工总平面布置要考虑构件的制作、堆放位置，并适合起重机的运行与吊装，以保证起重机按程序流水作业，减少吊车走空或窝工。在起重机运行路线上，地下、地上及空间的障碍物应提前处理或排除，防止发生不安全的事故。

**2. 搅拌站、加工厂、各种材料和构件的堆场或仓库布置**

垂直运输采用塔式起重机时，搅拌站、加工厂、各种材料和构件的堆场或仓库的位置应尽量靠近使用地点或在塔式起重机的服务范围之内，并考虑到运输和装卸的方便。

搅拌站的位置应尽量靠近使用地点或靠近垂直运输设备，力争熟料由搅拌站到工作地点的运距最短。有时在浇筑大型混凝土基础时，为了减少混凝土运输，可将混凝土搅拌站直接设在基础边缘，待基础混凝土浇完后再转移。砂、石堆场及水泥仓库应紧靠搅拌站布置。同时，搅拌站的位置还应考虑使这些大宗材料的运输和装卸较为方便。当前，利用大型搅拌站集中生产混凝土，用罐车运至现场，可节约施工用地，提高机械利用率，是今后的发展方向。

材料、构件的堆放应尽量靠近使用地点，并考虑到运输及卸料方便，底层以下用料可堆放在基础四周，但不宜离基坑、槽边太近，以防塌方。当采用固定式垂直运输设备时，材料、构件堆场应尽量靠近垂直运输设备，以缩短地面水平运距；当采用轨道式塔式起重机时，材料、构件堆场以及搅拌站出料口等均应布置在塔式起重机的有效起吊服务范围之内；当采用无轨自行式起重机时，材料、构件堆场及搅拌站的位置应沿着起重机的开行路线布置，并且应在起重臂的最大起重半径范围之内。

构件的堆放位置应考虑安装顺序，先吊的放在上面、前面，后吊的放在下面。构件进场时间应与安装进度密切配合，力求直接就位，避免二次搬运。加工厂（如木工棚、钢筋加工棚）的位置宜布置在建筑物四周稍远位置，并且应有一定的材料、成品的堆放场地；石灰仓库、淋灰池的位置应靠近搅拌站，并设在下风向；沥青堆放场及熬制锅的位置应远离易燃物品，也应设在下风向。

**3. 现场运输道路布置**

现场运输道路布置主要应满足材料构件的运输和消防的要求。应使道路连通到各材料及构件堆放场地，并使它们离道路越近越好，以便装卸。消防方面对道路的要求，除了消防车能直接开到消火栓处之外，还应使道路靠近建筑物、木料场，以便消防车能直接进行灭火抢救。

布置道路时，还应注意以下几方面要求：

（1）尽量将道路布置成直线，以提高运输车辆的行车速度，并应使道路形成循环，以提高车辆的通过能力。

（2）应考虑下一期开工的建筑物位置和地下管线的布置。道路的布置要与后期施工结合起来考虑，以免临时改道或道路被切断影响运输。

（3）布置道路应尽量把临时道路与永久道路相结合，即可先修永久性道路的路基，作为临时道路使用，尤其是需修建场外临时道路时，要着重考虑这一点，可节约大量投资。在有条件的地方，可以把永久性道路路面也事先修建好，更有利于运输。

**4. 临时设施布置**

（1）临时设施的分类及内容。

1）生产性临时设施，内容包括：在现场加工制作的作业棚，如木工棚、钢筋加工棚、薄钢板加工棚；各种材料库、棚，如水泥库、油料库、卷材库、沥青库、石灰棚；各种机械操作棚，如搅拌机棚、卷扬机棚、电焊机棚；各种生产性用房，如锅炉房、烘炉房、机修房、水泵房、空气压缩机房等；其他设施，如变压器等。

2）非生产性临时设施，内容包括：各种生产管理办公用房、会议室、文娱室、福利性用房、医务室、宿舍、食堂、浴室、开水房、警卫传达室、厕所等。

（2）单位工程临时设施的布置原则。

1）循环使用方便，有利于施工，尽量合并搭建，符合安全、消防要求的原则。

2）结合现场地形和条件、施工道路的规划等因素布置，各种临时设施均不能布置在拟建工程（或后续开工工程）、拟建地下管沟、取土、弃土等地点。

3）各种临时设施尽可能采用活动式、装拆式结构。

4）施工现场范围应设置临时围墙、围网或围笆。

5）生活性与生产性临时设施要分开设置，并保持安全距离。

**5. 布置水、电管网**

（1）供水管网的布置。供水管道一般从建设单位的干管或自行布置的干管接到用水地点，同时应保证管网总长度最短。管径的大小和出水龙头的数目及设置，应视工程规模的大小通过计算确定。管道可埋于地下，也可铺于路上，根据当地的气候条件和使用期限的长短而定。

临时水管最好埋设在地面以下，以防汽车或其他机械在上面行走时压坏。严寒地区应埋设在冰冻线以下，明管部分应做保温处理。工地临时管线不要布置在第二期拟建建筑物或管线的位置上，以免开工时水源被切断，影响施工。

临时施工用水管网布置时，除了要满足生产、生活要求外，还要满足消防用水的要求，并设法使管道铺设得越短越好。

根据实践经验，一般面积在 $5000\sim10000m^2$ 的单位工程施工用水的总管用 $\phi100mm$ 管，支管用 $\phi38mm$ 或 $\phi25mm$ 管，$\phi100mm$ 管可用于消火栓的水量供给。

施工现场应设消防水池、水桶、灭火器等消防设施。单位工程施工中的防火，一般使用建设单位的永久性消防设备；若为新建企业，则根据全工地的施工总平面图考虑。

一般供水管网的形式分为以下几种：

1）环形管网。管网为环形封闭形状，优点是能够保证可靠地供水，当管网某一处发生故障时，水仍能沿管网向其他支管供水。其缺点是管线长、造价高、管材耗量大。

2）枝形管网。管网由干线及支线两部分组成。管线长度短、造价低，但供水可靠性差。

3）混合式管网。主要用水区及干管采用环形管网，其他用水区采用枝形管网。这种混合式管网兼备两种管网的优点，在大工地中采用较多。

（2）供电管网的布置。施工现场用的变压器应布置在现场边缘高压线接入处，四周设置铁丝网等围栏。变压器不宜布置在交通要道口；配电室应靠近变压器，以便于管理。

现场架空线必须采用绝缘铜线或绝缘铝线。架空线必须设在专用电杆上，并布置在道路一侧，严禁架设在树木、脚手架上。现场正式的架空线（工期超过半年的现场，必须按正式线架设）与施工建筑物的水平距离不小于10m，与地面的垂直距离不小于6m，跨越建筑物或临时设施时，与其顶部的垂直距离不小于2.5m，距树木不应小于1m。架空线与杆间距一般为25~40m，分支线及引入线均应从杆上横担处连接。

施工现场临时用电线路布置一般有以下两种形式：

1）枝状系统。按用电地点直接架设干线与支线。其优点是省线材、造价低；缺点是线路内如发生故障断电，将影响其他用电设备的使用。因此，对需要连续供电的机械设备（如水泵等）则应避免使用枝状系统。

2）网状系统。用一个或两个变压器，在闭合线路上供电。在大工地及起重机械（如塔式起重机）多的现场，最好使用网状系统，既可以保证供电，又可以减少机械用电时的电压。

以上是单位工程施工平面图设计的主要内容及要求。在设计中，还应参考国家及各地区有关安全消防等方面的规定，如各类建筑物、材料堆放的安全防火间距等。此外，对较复杂的单位工程，应按不同的施工阶段分别设计施工平面图。

【案例】

某超高层建筑位于街道转弯处。工程设计为纯剪力墙结构，抗震设防烈度为8度，围护结构和内隔墙采用加气混凝土砌块，现场严格按照某企业制订的施工现场CI（Corporate Identity，企业形象识别）体系实施方案布置。根据场地条件、周围环境和施工进度计划，本工程采用商品混凝土，预制构件现场加工，加工厂、堆放材料的临时仓库以及水、电、动力管线和交通运输道路等各类临时设施均已布置完毕。

问题：（1）试述单位工程施工平面图的设计要点。

（2）简述单位工程施工平面图的设计步骤。

（3）简述施工现场管理的总体要求。

【案例解析】

（1）单位工程施工平面图的设计要点：

1）起重机械布置。井架、门架等固定式垂直运输设备的布置，要结合建筑物的平面形状、高度、材料、构件重量，考虑机械的负荷能力和服务范围，做到便于运输，便于组织分层分段流水施工，便于楼层和地面的运输，运距要短。塔式起重机要注意考虑起重高度、起重臂长度和起重半径满足要求，使材料和构件可达到建筑物的任何地点。路基要按规定进行设计和建造。另外，要综合考虑、合理布置起重机械的开行路线。

2）运输道路的修筑。道路应按照材料和构件运输的需要，沿着仓库和堆场进行布置，使其畅通无阻。宽度要符合规定要求：一般单行道为3~3.5m，双车道为5.5~6m，消防车道不小于3.5m。

3）供水设施的布置。临时供水设施首先要经过计算、设计，然后再进行设置。供水设施设计主要包括用水量的计算、水源的选择以及临时给水系统和供水管径的确定等。

4）临时供电设施的布置。临时供电设施设计包括用电量计算、电源选择、电力系统选择和配置等。

（2）单位工程施工平面图的设计步骤：

1）确定起重机的位置。

2）确定搅拌站、仓库、材料和构件堆场、加工厂的位置。

3）确定运输道路的布置。

4）布置行政、文化、生活、福利用地等临时设施。

5）布置水、电管线。

6）计算技术经济指标。

（3）施工现场管理总体要求：

1）文明施工、安全有序、整洁卫生、不扰民、不损害公众利益。

2）在现场入口处的醒目位置公示"五牌""二图"（即建设项目概况牌，安全纪律牌，防火须知牌，安全无重大事故牌，安全生产、文明施工牌；施工总平面图，项目经理部组织架构及主要管理人员名单图）。

3）项目经理部应经常巡视检查施工现场，认真听取各方意见和反映，及时抓好整改。

【实习实作】按照绘制内容、程序及要求合理绘制单位工程施工平面图。

# 教学单元 7

## 施工项目管理

## 【教学要点】

本单元主要介绍了施工项目成本管理、进度管理、质量管理及职业健康和安全文明管理的概念、问题处理程序；详细介绍了施工成本分析方法中的因素分析法和赢得值法以及施工进度实际进度和计划进度的比较方法等；根据施工项目出现的问题，分析问题出现的原因，并能够结合实际情况给出合理的解决方法。

## 【教学目标】

### 知识目标

1. 能够准确叙述施工成本、工程进度管理、质量管理及职业健康和安全文明的基本概念。

2. 能够准确掌握因素分析法和赢得值法的计算要求及分析步骤。

3. 能够准确掌握工程质量事故和安全事故进行分类，熟悉工程事故处理程序及处理方法。

4. 熟悉施工进度实际进度和计划进度的比较方法的原理及结论。

### 能力目标

1. 能够准确区分施工成本、工程进度管理、质量管理及职业健康和安全文明的基本概念。

2. 能够运用因素分析法找出成本偏差原因并给出合理的解决方案。

3. 能够运用赢得值法计算费用偏差、进度偏差、费用绩效指数及进度绩效指数等，找出出现偏差的原因并给出合理的解决方法。

4. 能够对工程实际发生的质量和安全事故进行分类，结合事故处理程序和方法合理解决事故。

5. 能够运用施工进度实际进度和计划进度的比较方法进行检验进度，分析偏差出现的原因并给出解决进度偏差的措施。

## 【教学资源】

建筑工程施工图、工程施工合同、预算书、建筑施工组织实例、施工现场照片、企业案例、施工现场或实训基地等。

## 【教学方法】

资料展示、现场实物对照、分组学习、案例分析、课堂讨论、多媒体教学、讲授等。

## 7.1　施工项目成本管理

**学习目标**

知识目标：了解施工项目成本的概念；掌握施工项目成本控制的基本方法及运行；掌握施工项目成本分析方法。

能力目标：能够运用因素分析法和赢得值法进行施工项目成本分析，并给出合理的处理方案。

**重点难点**

重点：施工项目成本的概念，施工项目成本控制的基本方法及运行，施工项目成本分析方法。

难点：根据施工成本分析方法，运用因素分析法和赢得值法分析成本偏差，给出合理的解决方案。

### 7.1.1　施工项目成本的概念

施工项目成本是指工程项目的施工成本，是在工程施工过程中所发生的全部生产费用的总和。它包括所消耗的原材料、辅助材料、构配件等的费用，周转材料的摊销费或租赁费等，施工机械的使用费或租赁费等，支付给生产工人的工资、奖金、工资性质的津贴等，以及进行施工组织与管理所发生的全部费用支出。它也是建筑业企业以施工项目作为核算对象，在施工过程中所耗费的生产资料转移价值和劳动者必要劳动所创造价值的货币形式。

### 7.1.2　施工项目成本控制的基本方法

**1. 施工图预算控制成本支出**

在工程项目的成本控制中，可按施工图预算实行"以收定支"。主要针对人工费、材料费、周转材料、设备使用费、施工机械费、构配件加工费及分包工程费分别进行对比控制，视控制深度和广度不同而进行不同层次的对比控制。

**2. 施工预算控制资源消耗**

资源消耗数量的货币表现就是成本费用。因此，资源消耗的减少就等于成本费用的节约，控制了资源消耗，也等于控制了成本费用。

**3. 成本与进度同步跟踪，控制分部分项工程成本**

主要做法是按照工程进度计划（横道图或网络图）分别进行各分部分项工程的成本控制范围和控制内容的划分，将成本控制模块化、单元化。

**4. 建立月度财务收支计划，控制成本费用支出**

在月度财务收支计划的执行过程中，项目财务成本员应该根据各部门的实际情况做好记录，并于下月月初反馈给相关部门，由各部门自行检查分析节超原因，吸取经验教训。对于节超幅度较大的部门，应以书面分析报告分送项目经理和财务部门，以便项目经理和财务部门采取有针对性的措施。

**5. 加强质量管理，控制质量成本**

质量成本是指项目为保证和提高产品质量而支出的一切费用，以及为达到质量指标而发生的一切损失费用。质量成本包括控制成本和故障成本。控制成本包括预防成本和鉴定成本，属于质量成本保证费用，与质量水平成正比关系；故障成本包括内部故障成本和外部故障成本，属于损失性费用，与质量水平成反比关系。控制质量成本的主要方法是细化质量预控措施、控制质量鉴定成本、设法降低故障成本。

**6. 坚持现场管理标准化，减少浪费**

施工现场临时设施费用是工程直接成本的一个组成部分。在项目管理中，降低施工成本有硬手段和软手段两个途径。所谓硬手段，主要是指优化施工技术方案，应用价值工程方法，结合施工对设计提出改进意见，以及合理配置施工现场临时设施，控制施工规模，降低固定成本的开支；软手段主要是指通过加强管理、克服浪费、提高效率等来降低单位建筑产品物化劳动和活劳动的消耗。

**7. 开展"三同步"检查，防止成本盈亏异常**

项目经济核算的"三同步"是指统计核算、业务核算和会计核算的同步。统计核算即产值统计；业务核算即人力资源和物质资源的消耗统计；会计核算即成本会计核算。根据项目经济活动的规律，这三者之间有着必然的同步关系。这种规律性的同步关系具体表现为完成多少产值，消耗多少资源，发生多少成本，三者应该同步。否则，项目成本就会出现盈亏异常情况。

【知识拓展】施工项目管理包含着丰富的内容，是一个完整的合同履约过程。它既包括质量管理、进度管理、资源管理、安全管理，也包括合同管理、分包管理、预算管理。这一切管理内容，无不与成本管理息息相关。在一项管理内容的每一过程中，成本无不伸出无形的手，在制约、影响、推动或者迟滞着各项专业管理活动，并且与管理的结果产生直接的关系。企业所追求的目标，不仅是质量好、工期短、业主满意，同时也是投入少、产出大、企业获利丰厚的建筑产品。因此，离开了成本的预测、计划、控制、核算和分析等一整套成本管理的系列化运动，任何美好的愿望都是不现实的。

### 7.1.3　施工项目成本分析方法

由于施工项目成本涉及的范围很广，需要分析的内容也很多，应该在不同的情况下采取不同的分析方法。这里按成本分析的基本方法、综合成本的分析方法和成本项目的分析方法分别进行介绍。

**1. 成本分析的基本方法**

成本分析的基本方法包括对比分析法、因素分析法、差额计算法和赢得值法四种。

（1）对比分析法。该方法贯彻量价分离原则，分析影响成本节超的主要因素，包括实际成本与两种目标成本的对比分析、实施工程量和工程量清单的对比分析、实际消耗量与计划消耗量的对比分析、实际采用价格与计划价格的对比分析、各种费用实际发生额与计划支出额的对比分析。对比分析法通常有下列形式：

1）本期实际指标和上期实际指标对比。通过这种对比，可以看出各项技术经济指标的变动情况，反映施工管理水平的提高程度。

2）将实际指标与目标指标对比。以此检查目标完成情况，分析影响目标完成的积极因素和消极因素，以便及时采取措施，保证成本目标的实现。在进行实际指标与目标指标对比时，还应注意目标本身有无问题。如果目标本身出现问题，则应调整目标，重新正确评价实际工作的成绩。

3）与本行业平均水平和先进水平对比。通过这种对比，可以反映本项目的技术管理和经济管理水平与行业平均水平和先进水平的差距，进而采取措施赶超先进水平。

（2）因素分析法。因素分析法又称连环替代法。该方法可以对影响成本节超的各种因素的影响程度进行数量分析。例如，影响人工成本的因素是工程量、人工量（工日）和日工资单价。如果实际人工成本与计划人工成本发生差异，则可用此方法分析三个因素各有多少影响。计算时先列式计算计划数，再用实际工程量代替计划工程量计算，得数与前者相减，即得出工程量对人工成本偏差的影响。然后依次替代人工数、单价数进行计算，并各与前者相减，得出人工的影响数和单价的影响数。利用此方法的关键是排好替代的顺序，规则是先替代绝对数，后替代相对数；先替代物理量，后替代价值量。因素分析法的计算步骤如下：

1）确定分析对象，并计算出实际数与目标数的差异。

2）确定该指标是由哪几个因素组成的，并按其相互关系进行排序。

3）以目标数为基础，将各因素的目标数相乘，作为分析替代的基数。

4）将各个因素的实际数按照上面的排列顺序进行替换计算，并将替换后的实际数保留下来。

5）将每次替换计算所得的结果与前一次的计算结果相比较，两者的差异即为该因素对成本的影响程度。

6）各个因素的影响程度之和，应与分析对象的总差异相等。

## 【案例 7-1】

某钢筋混凝土框架剪力墙结构工程施工，采用 C40 的商品混凝土，其中标准层一层的目标成本为 166860 元，而实际成本为 176715 元，比目标成本增加了 9855 元，其他有关资料见表 7-1。试用因素分析法分析其成本增加的原因。

表 7-1  目标成本与实际成本对比表

| 项　　目 | 单　位 | 目　　标 | 实　　际 | 差　　额 |
|---|---|---|---|---|
| 产量 | m³ | 600 | 630 | 30 |
| 单价 | 元 | 270 | 275 | +5 |
| 损耗率 | % | 3 | 2 | −1 |
| 成本 | 元 | 166860 | 176715 | 9855 |

**【案例解析】**

（1）分析对象是一层结构商品混凝土的成本，实际成本与目标成本的差额为 9855 元。

（2）该指标由产量、单价和损耗率三个因素组成，其排序情况见表 7-1。

（3）目标数 166860 元（600 × 270 元 × 1.03）为分析替代的基础。

（4）替换。

第 1 次替换：产量因素，以 630 替代 600，得（630 × 270 × 1.03）元 = 175203 元。

第 2 次替换：单价因素，以 275 替代 270，并保留上次替换后的值，得（630 × 275 × 1.03）元 = 178447.5 元。

第 3 次替换：损耗率因素，以 1.02 替代 1.03，并保留上两次替换后的值，得（630 × 275 × 1.02）元 = 176715 元。

（5）计算差额。

第 1 次替换与目标数的差额 = 175203 元 - 166860 元 = 8343 元。

第 2 次替换与第一次替换的差额 = 178447.5 元 - 175203 元 = 3244.5 元。

第 3 次替换与第二次替换的差额 = 176715 元 - 178447.5 元 = -1732.5 元。产量增加使成本增加了 8343 元，单价提高使成本增加了 3244.5 元，损耗率下降使成本减少了 1732.5 元。

（6）各因素和影响程度之和 = 8343 元 + 3244.5 元 - 1732.5 元 = 9855 元，与实际成本和目标成本的总差额相等。

**【职业技能训练】**某建筑企业二季度 A 产品的材料支出情况见表 7-2，已知材料费超支 1442.5 万元。使用因素分析法分析 A 产品材料费超出的原因。

表 7-2　某建筑企业二季度 A 产品的材料支出情况

| 指　标 | 单　位 | 计　划 | 实　际 |
|---|---|---|---|
| 材料支出额 | 万元 | 5600 | 7042.5 |
| 产品产量 | m³ | 400 | 450 |
| 单位产品材料耗损定额 | kg/m³ | 140 | 125 |
| 材料单价 | 元/kg | 1000 | 1252 |

（3）差额计算法。此方法与因素分析法本质相同，也可以说是因素分析法的简化计算法，是直接用因素的实际数与计划数相减的差额计算对成本的影响量进行分析的方法。

（4）赢得值法。赢得值法又称挣值法（Earned Value Management，EVM），作为一项先进的项目管理技术，它最初是由美国国防部于 1967 年首次确立的。目前，国际上先进的工程企业已普遍采用赢得值法进行工程项目的费用、进度综合分析控制。它是通过分析项目成本目标实施与项目成本目标期望之间的差异，从而判断项目实施的费用和进度绩效的一种方法。用赢得值法进行费用、进度综合分析控制有三项基本参数，即已完工作预算成本、计划工作预算成本和已完工作实际成本。

1）已完成工作预算成本。已完成工作预算成本简称 BCWP，是指在某一时间已经完成的工作（或部分工作）以批准认可的预算为标准所需要的成本总额。由于业主正是根据这个值为承包商完成的工作量支付相应的成本，也就是承包商获得（挣得）的金额，故称赢得值或挣值。

$$\text{已完成工作预算成本} = \text{已完成工程量} \times \text{预算成本单价} \tag{7-1}$$

2）计划完成工作预算成本。计划完成工作预算成本简称 BCWS，即根据进度计划，在某一时刻应当完成的工作（或部分工作）以预算为标准计算所需要的成本总额。一般来说，除非合同有变更，否则 BCWS 在工作实施过程中应保持不变。

$$\text{计划完成工作预算成本} = \text{计划工程量} \times \text{预算成本单价} \tag{7-2}$$

3）已完成工作实际成本。已完成工作实际成本简称 ACWP，即到某一时刻为止，已完成的工作（或部分工作）所实际花费的成本金额。

$$\text{已完成工作实际成本} = \text{已完成工程量} \times \text{实际成本单价} \tag{7-3}$$

赢得值法的计算公式：在三个成本值的基础上，可以确定赢得值法的四个评价指标，它们也都是时间的函数。

1）成本偏差（CV），计算公式为

$$CV = BCWP - ACWP \tag{7-4}$$

当 CV 为负值时，即表示项目运行超出预算成本；当 CV 为正值时，表示项目运行节支，实际成本没有超出预算成本。

2）进度偏差（SV），计算公式为

$$SV = BCWP - BCWS \tag{7-5}$$

当 SV 为负值时，表示进度延误，即实际进度落后于计划进度；当 SV 为正值时，表示进度提前，即实际进度快于计划进度。

3）成本绩效指数（CPI），计算公式为

$$CPI = BCWP/ACWP \tag{7-6}$$

当 CPI < 1 时，表示超支，即实际费用高于预算成本；当 CPI > 1 时，表示节支，即实际费用低于预算成本。

4）进度绩效指数（SPI），计算公式为

$$SPI = BCWP/BCWS \tag{7-7}$$

当 SPI < 1 时，表示进度延误，即实际进度比计划进度滞后；当 SPI > 1 时，表示进度提前，即实际进度比计划进度快。

赢得值法主要运用三个成本值进行分析，分别是已完成工作预算成本、计划完成工作预算费用和已完成工作实际成本。

**【案例 7-2】**

某项目进展到 21 周后,对前 20 周的工作进行统计检查,有关情况见表 7-3。

表 7-3　检查记录表

| 工作代号 | 计划完成工作预算成本（BCWS）/万元 | 已完成工作量（%） | 已完成工作实际成本（ACWP）/万元 | 赢得值（BCWP）/万元 |
|---|---|---|---|---|
| A | 200 | 100 | 210 | |
| B | 220 | 100 | 220 | |
| C | 400 | 100 | 430 | |
| D | 250 | 300 | 250 | |
| E | 300 | 300 | 310 | |
| F | 540 | 50 | 400 | |
| G | 840 | 100 | 800 | |
| H | 600 | 100 | 600 | |
| I | 240 | 0 | 0 | |
| J | 150 | 0 | 0 | |
| K | 1600 | 40 | 800 | |
| L | 0 | 30 | 1000 | |
| M | 0 | 100 | 800 | |
| N | 0 | 60 | 420 | |
| 合计 | | | | |

注：L、M、N 原来没有计划,统计时已进行施工；I、J 虽有计划,但未施工。

问题：（1）赢得值法使用的三项成本值是什么？

（2）求出前 20 周每项工作的 BCWP 以及 20 周周末的 BCWP。

（3）计算 20 周周末的合计 ACWP、BCWS。

（4）计算 20 周的 CV、SV,并分析成本和进度状况。

（5）计算 20 周的 CPI、SPI,并分析成本和进度状况。

**【案例解析】**

（1）赢得值法的三项成本值是已完成工作预算成本（BCWP）、计划完成工作预算成本 BCWS 和已完成工作实际成本（ACWP）。

（2）对表 7-3 进行计算,求得 20 周周末每项工作的 BCWP；20 周周末总的 BCWP 为 6370 万元（见表 7-4）。

表 7-4 计算结果

| 工作代号 | 计划完成工作预算成本（BCWS）/万元 | 已完成工作量（%） | 已完成工作实际成本（ACWP）/万元 | 赢得值（BCWP）/万元 |
|---|---|---|---|---|
| A | 200 | 100 | 210 | 200 |
| B | 220 | 100 | 220 | 220 |
| C | 400 | 100 | 430 | 400 |
| D | 250 | 100 | 250 | 250 |
| E | 300 | 100 | 310 | 300 |
| F | 540 | 50 | 400 | 270 |
| G | 840 | 100 | 800 | 840 |
| H | 600 | 100 | 600 | 600 |
| I | 240 | 0 | 0 | 0 |
| J | 150 | 0 | 0 | 0 |
| K | 1600 | 40 | 800 | 640 |
| L | 0 | 30 | 1000 | 1200 |
| M | 0 | 100 | 800 | 900 |
| N | 0 | 60 | 420 | 550 |
| 合计 | 5340 | — | 6240 | 6370 |

（1）20 周周末 ACWP 为 6240 万元，BCWS 为 5340 万元（见表 7-4）。

（2）CV = BCWP − ACWP = 6370 万元 − 6240 万元 = 130 万元，由于 CV 为正，说明成本节约 130 万元。

SV = BCWP − BCWS = 6370 万元 − 5340 万元 = 1030 万元，由于 SV 为正，说明进度提前 1030 万元。

（3）CPI = BCWP/ACWP = 6370 万元/6240 万元 = 1.02，由于 CPI > 1，成本节约 2%。

SPI = BCWP/BCWS = 6370 万元/5340 万元 = 1.19，由于 SPI > 1，进度提前 19%。

【职业技能训练】某施工项目进行到 15 周周末时对各项工作进行了统计检查，有关情况见表 7-5。

表 7-5 某施工项目 15 周周末的工作情况

| 工作代号 | 计划工作预算成本（BCWS）/万元 | 已完成工作预算成本（BCWP）/万元 | 已完成工作实际成本（ACWP）/万元 |
|---|---|---|---|
| A | 300 | 300 | 310 |
| B | 280 | 280 | 290 |
| C | 260 | 260 | 250 |
| D | 560 | 560 | 560 |

问题：（1）求出 15 周周末的总成本偏差（CV）。

（2）求出 15 周周末的总进度偏差（SV）。

（3）求出 15 周周末的总进度绩效指数（SPI）。

（4）求出 15 周周末的总成本绩效指数（CPI）。

（5）对 15 周周末的总进度和成本绩效情况进行分析并给出相应的措施。

【现场观摩】教师将学生带入施工现场或实训基地，学习施工项目成本的分析和考核，并结合施工项目实际熟悉成本分析的方法，培养学生专业学习的兴趣爱好，激发学习自信心和动力，培养学生解决工程实际问题的能力。

## 7.2　建筑工程进度控制

 学习目标

知识目标：了解建筑工程进度控制的概念及程序；熟悉施工进度控制的措施；掌握施工实际进度与计划进度的比较与调整。

能力目标：结合工程项目实际情况，运用施工实际进度与计划进度的比较与调整方法找出进度控制原因，并给出合理的进度控制措施和解决方法。

 重点难点

重点：建筑工程进度控制的程序及措施、施工实际进度与计划进度的比较与调整方法。

难点：根据工程进度情况，准确找出影响进度的原因，并给出合理的进度控制措施和解决方法。

### 7.2.1　建筑工程进度控制的概念

建筑工程进度控制是对工程项目建设各阶段的工作内容、工作程序、持续时间和衔接关系根据进度总目标及资源优化配置的原则编制计划并付诸实施，然后在进度计划的实施过程中经常检查实际进度是否按计划要求进行，对出现的偏差情况进行分析，采取补救措施或调整、修改原计划后再付诸实施，如此循环，直到建设工程竣工验收、交付使用的一个过程。

### 7.2.2　施工进度控制的程序

施工进度控制是各项目标得以实现的重要工作，其任务是实现项目的工期或进度计划。施工进度控制的基本程序如图 7-1 所示。

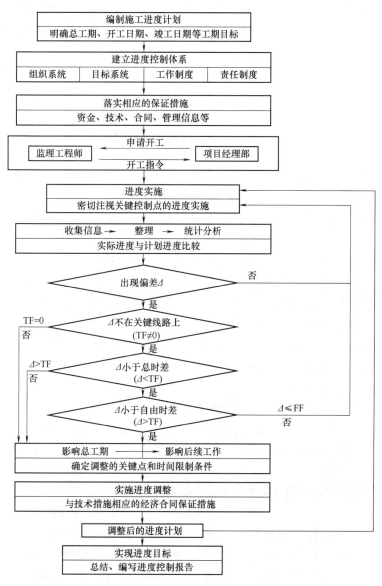

图 7-1　施工阶段进度控制的基本程序

### 7.2.3　建筑工程施工进度计划的控制措施

施工进度计划的控制措施包括组织措施、经济措施、技术措施和管理措施，其中最重要的措施是组织措施，最有效的措施是经济措施。

1. 组织措施

施工进度计划控制的组织措施包括：

（1）系统的目标决定了系统的组织，组织是目标能否实现的决定性因素，因此首先建立项目的进度控制目标体系。

（2）充分重视健全项目管理的组织体系，在项目组织结构中，应有专门的工作部门和

**201**

符合进度控制岗位资格的专人负责进度控制工作。进度控制的主要工作环节包括进度目标的分析和论证，编制进度计划，定期跟踪进度计划的执行情况，采取纠偏措施，以及调整进度计划。这些工作任务和相应的管理职能应在项目管理组织设计的任务分工表和管理职能分工表中标示并落实。

（3）建立进度报告、进度信息沟通网络、进度计划审核、进度计划实施中的检查分析、图样审查、工程变更和设计变更管理等制度。

（4）应编制项目进度控制的工作流程，如确定项目进度计划系统的组成，确定各类进度计划的编制程序、审批程序和计划调整程序等。

（5）进度控制工作包含大量的组织和协调工作，而会议是组织和协调的重要手段。建立进度协调会议制度，应进行有关进度控制会议的组织设计，以明确会议的类型，各类会议的主持人及参加单位和人员，各类会议的召开时间、地点，以及各类会议文件的整理、分发和确认等。

**2. 经济措施**

施工进度计划控制的经济措施包括：

（1）为确保进度目标的实现，应编制与进度计划相适应的资源需求计划（资源进度计划），包括资金需求计划和其他资源（人力和物力资源）需求计划，以反映工程实施的各时段所需要的资源。通过对资源需求的分析，可发现所编制进度计划实现的可能性，若资源条件不具备，则应调整进度计划；同时，考虑可能的资金总供应量、资金来源（自有资金和外来资金）以及资金供应的时间。

（2）及时办理工程预付款及工程进度款支付手续。

（3）在工程预算中，应考虑加快工程进度所需要的资金，其中包括为实现进度目标将要采取的经济激励措施所需要的费用，如对应急赶工给予优厚的赶工费用及对工期提前给予奖励等。

（4）对工程延误收取误期损失赔偿金。

**3. 技术措施**

施工进度计划控制的技术措施包括：

（1）不同的设计理念、设计技术路线、设计方案会对工程进度产生不同的影响。在设计工作的前期，特别是在设计方案评审和选用时，应对设计技术与工程进度的关系做分析比较。

（2）采用技术先进和经济合理的施工方案，改进施工工艺和施工技术、施工方法，选用更先进的施工机械。

**4. 管理措施**

建设工程施工进度控制的管理措施涉及管理的思想、管理的方法、管理的手段、承发包模式、合同管理和风险管理等。在理顺组织的前提下，科学和严谨的管理显得十分重要。

施工进度计划采取相应的管理措施时，必须注意以下问题：

（1）建设工程项目进度控制在管理观念方面存在的主要问题是：缺乏进度计划系统的观念，分别编制各种独立而互不联系的计划，无法形成计划系统；缺乏动态控制的观念，只重视计划的编制，而不重视及时进行计划的动态调整；缺乏进度计划多方案比较和选优的观念。合理的进度计划应体现资源的合理使用、工作面的合理安排，有利于提高建设质量，有利于文明施工，有利于合理地缩短建设周期。因此，对于建设工程项目进度控制，必须有科学的管理思想。

（2）运用工程网络计划的方法编制进度计划，必须严谨地分析和考虑工作之间的逻辑关系。通过工程网络的计算可以发现关键工作和关键路线，也可以知道非关键工作可利用的时差。工程网络计划的方法有利于实现进度控制的科学化，是一种科学的管理方法。

（3）重视信息技术（包括相应的软件、局域网、互联网以及数据处理设备）在进度控制中的应用。它的应用有利于提高进度信息处理的效率、有利于提高进度信息的透明度、有利于促进进度信息的交流和项目各参与方的协同工作。

（4）承发包模式的选择直接关系到工程实施的组织和协调。为了实现进度目标，应选择合理的合同结构，以避免过多的合同交界面而影响工程的进展。

（5）加强合同管理和索赔管理，协调合同工期与进度计划的关系，保证合同中进度目标的实现；同时，严格控制合同变更，尽量减少由于合同变更引起的工程拖延。

（6）为实现进度目标，不但应进行进度控制，还应注意分析影响工程进度的风险，并在分析的基础上采取风险管理措施，以减少进度失控的风险量。常见的影响工程进度的风险有组织风险、管理风险、合同风险、资源（人力、物力和财力）风险及技术风险等。

### 7.2.4  建筑工程施工实际进度与计划进度的比较与调整

常见的检查方法有横道图比较法、S形曲线比较法、香蕉形曲线比较法、前锋线比较法等。

#### 1. 横道图比较法

横道图比较法是把在项目施工中检查实际进度收集的信息经整理后直接用横道线并列标于原计划的横道图上，进行直观比较的方法。

完成任务量可以用实物工程量、劳动消耗量和工作量三种物理量表示。为了比较方便，一般用它们实际完成量的累计百分比与计划应完成量的累计百分比进行比较。

（1）匀速施工横道图比较法。匀速施工是指项目施工中每项工作的施工进展都是匀速的，即在单位时间内完成的任务量都是相等的，累计完成的任务量与时间呈直线变化，如图7-2和图7-3所示。

匀速施工横道图比较法的步骤为：

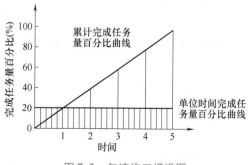

图7-2  匀速施工横道图

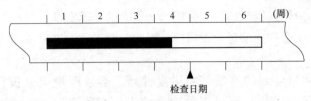

图 7-3　匀速施工横道图比较法

1）编制横道图进度计划。

2）在进度计划上标出检查日期。

3）将检查收集的实际进度数据按比例用涂黑的粗线标于计划进度线的下方。

4）比较分析实际进度与计划进度：涂黑粗线的右端与检查日期相重合，表明实际进度与施工计划进度相一致；涂黑粗线的右端在检查日期的左侧，表明实际进度拖后；涂黑粗线的右端在检查日期的右侧，表明实际进度超前。

必须指出，该方法只适用于工作从开始到完成的整个过程中，施工速度不变、累计完成的任务量与时间成正比的情况。

（2）双比例单侧横道图比较法。双比例单侧横道图比较法是在表示工作实际进度的涂黑粗线的同时，在图上标出某对应时刻实际完成任务的累计百分比，将该百分比与其同时刻计划完成任务的累计百分比相

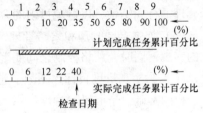

图 7-4　双比例单侧横道图比较法

比较，判断工作的实际进度与计划进度之间关系的一种方法，如图 7-4 所示。

双比例单侧横道图比较法的步骤为：

1）编制横道图进度计划。

2）在横道线上方标出各工作主要时间的计划完成任务累计百分比。

3）在计划横道线的下方标出工作的相应日期实际完成任务的累计百分比。

4）用涂黑粗线标出实际进度线，并从开工日起，同时反映出施工过程中工作的连续与间断情况。

5）对照横道线上方计划完成任务的累计百分比与同时间的下方实际完成任务的累计百分比，比较得出实际进度与计划进度的偏差。

若同一时刻上下两个累计百分比相等，表明该时刻实际进度与计划进度一致；若同一时刻上面的累计百分比大于下面的累计百分比，表明该时刻实际施工进度拖后，拖后的量为二者之差；若同一时刻上面的累计百分比小于下面的累计百分比，表明该时刻实际施工进度超前，超前的量为二者之差。

实际进度的涂黑粗线是从实际工程的开始日期画起，若工作实际施工间断，也可在图中将涂黑粗线做相应的空白。

【案例 7-3】

某钢筋混凝土基础工程分三段组织流水施工时，将其施工的实际进度与计划进度比较，如图 7-5 所示。试分析进度情况。

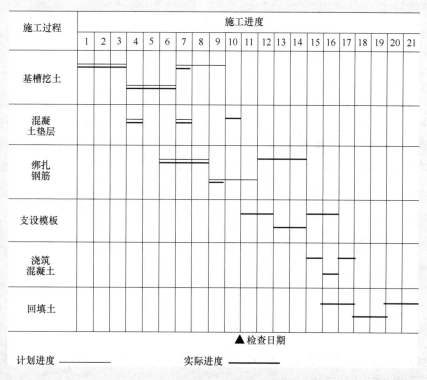

图 7-5　实际进度与计划进度比较横道图

## 【案例解析】

从比较中可以看出，第 10 天末进行施工进度检查时，基槽挖土施工应在检查的前一天全部完成，但实际进度仅完成了 7 天的工程量，约占计划总工程量的 77.8%，尚未完成而拖后的工程量约占计划总工程量的 22.2%；混凝土垫层施工也应全部完成，但实际进度仅完成了 2 天的工程量，约占计划总工程量的 66.7%，尚未完成而拖后的工程量约占计划总工程量的 33.3%；绑扎钢筋施工按计划进度要求应完成 5 天的工程量，但实际进度仅完成了 4 天的工程量，约占计划完成量的 80%（约为绑扎钢筋总工程量的 44.4%），尚未完成而拖后的工程量约占计划完成量的 20%（约为绑扎钢筋总工程量的 11.1%）。

### 2. S 形曲线比较法

所谓 S 形曲线比较法，是以横坐标表示进度时间、纵坐标表示累计完成任务量而绘制出一条按计划时间累计完成任务量的 S 形曲线，将施工项目的各检查时间实际完成的任务量与 S 形曲线实际进度与计划进度进行比较的一种方法。

（1）S 形曲线的绘制步骤如下：

1）确定工程进展速度曲线。根据单位时间内完成的任务量（实物工程量、投入劳动量或费用），计算出单位时间的计划量值（$qt$）。

2）计算规定时间累计完成的任务量。其计算方法是将各单位时间完成的任务量累加求和。可按下式计算

$$Q_j = \sum_{t=1}^{j} qt \qquad (7-8)$$

式中　$Q_j$——$j$ 时刻的计划累计完成任务量；

　　　$qt$——单位时间计划完成任务量。

从整个工程项目的施工全过程而言，一般开始和结尾阶段单位时间投入的资源量较少，中间阶段单位时间投入的资源量较多，与其相关，单位时间完成的任务量也是同样变化的，如图 7-6a 所示；而随时间推移累计完成的任务量则应该呈 S 形变化，如图 7-6b 所示。

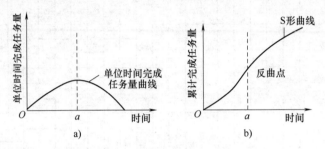

图 7-6　时间与完成任务量的关系曲线

3）绘制 S 形曲线。按各规定的时间及其对应的累计完成任务量 $Q_j$ 绘制 S 形曲线。

（2）S 形曲线的比较方法。

1）S 形曲线比较法同横道图比较法一样，也是在图上直观地对施工项目实际进度与计划进度进行比较。一般情况下，计划进度控制人员在计划实施前绘制 S 形曲线。在项目施工过程中，按规定时间将检查的实际完成情况绘制在与计划 S 形曲线的同一张图上，可得出实际进度 S 形曲线，如图 7-7 所示。

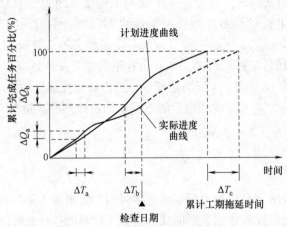

图 7-7　S 形曲线比较图

2）比较两条 S 形曲线，可以得到如下信息：

①项目实际进度与计划进度相比较，若实际工程进展点落在计划进度 S 形曲线的左侧，

则表示此时实际进度比计划进度超前；若落在其右侧，则表示实际进度比计划进度拖后；若刚好落在其上，则表示二者一致。

②项目实际进度比计划进度超前或拖后的时间。

③任务量完成情况，即工程项目实际进度比计划进度超额或拖欠的任务量。

④后期工程进度预测。

**【案例 7-4】**

假设某工程项目施工总进度计划如图 7-8 所示，根据图中各子项的任务量（施工产值）及其进度分布，可以画出计划 S 形曲线，如图 7-9 所示。假定在工程开工后的每个月跟踪统计施工实际数据见表 7-6，并据此在同一图上画出实际任务完成的累计曲线，试进行实际进度和计划进度的比较分析。

| 施工子项 | 任务量/万元 | 进度计划/月 | | | | | | | | | |
|---|---|---|---|---|---|---|---|---|---|---|---|
| | | 1 | 2 | 3 | 4 | 5 | 6 | 7 | 8 | 9 | 10 |
| 厂房土建 | 500 | 50 | 60 | 100 | 110 | 110 | 70 | | | | |
| 厂房建筑设备 | 200 | | | | 30 | 50 | 70 | 50 | | | |
| 办公楼 | 150 | | | | | | 30 | 60 | 60 | | |
| 仓库 | 100 | | | | | | | 20 | 40 | 40 | |
| 零星 | 50 | | | | | | | | | 20 | 20 |
| 合计 | 1000 | 50 | 60 | 100 | 140 | 160 | 170 | 130 | 100 | 60 | 20 |

图 7-8　某工程项目施工总进度计划

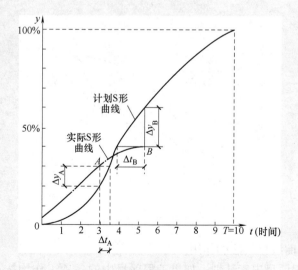

图 7-9　任务量累计曲线比较

表 7-6　施工实际跟踪统计表

| 月　份 | 1 | 2 | 3 | 4 | 5 | 6 | … |
|---|---|---|---|---|---|---|---|
| 当月完成量/万元 | 70 | 80 | 110 | 100 | 100 | 120 | … |
| 累计完成量/万元 | 70 | 150 | 260 | 360 | 460 | 580 | … |

【案例解析】

通过 S 形曲线比较法，具体可获得如下信息：

（1）实际工程进展情况。

（2）进度超前或落后。

（3）工程量完成情况。

（4）后期工程进度预测。

**3. 香蕉形曲线比较法**

从 S 形曲线比较法中得知，按某一时间开始的工程项目的进度计划，其计划实施过程中进行时间与累计完成任务量的关系都可以用一条 S 形曲线表示。对于一个工程项目的网络计划，在理论上总是分为最早和最迟两种开始与完成时间的。因此，一般情况下，任何一个工程项目的网络计划都可以绘制出两条曲线：

一条是计划以各项工作的最早开始时间安排进度而绘制的 S 形曲线，称为 ES 曲线；另一条是计划以各项工作的最迟开始时间安排进度而绘制的 S 形曲线，称为 LS 曲线。

两条 S 形曲线都是从计划的开始时刻开始和到完成时刻结束，因此两条曲线是闭合的。香蕉形曲线就是两条 S 形曲线组合成的闭合曲线，如图 7-10 所示。

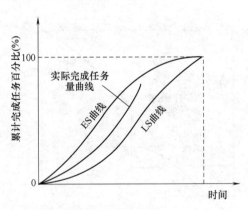

图 7-10　香蕉形曲线比较图

（1）香蕉形曲线比较法的作用。

1）合理安排工程项目进度计划。如果工程项目中的各项工作均按其最早开始时间安排进度，将导致项目的成本加大；而如果各项工作都按其最迟开始时间安排进度，则一旦受到影响因素的干扰，又将导致工期拖延，使工程进度风险加大。

2）定期比较工程项目的实际进度与计划。进度在工程项目的实施过程中，根据每次检查收集到的实际完成任务量，绘制出实际进度 S 形曲线，便可以与计划进度进行比较。工程项目实施进度的理想状态是任一时刻工程实际进展点都应落在香蕉形曲线的范围之内。

如果工程实际进展点落在 ES 曲线的左侧，表明此刻实际进度比各项工作按其最早开始时间安排的计划进度超前；如果工程实际进展点落在 LS 曲线的右侧，则表明此刻实际进度比各项工作按其最迟开始时间安排的计划进度拖后。

3）确定检查状态下后期工程的 ES 曲线和 LS 曲线的发展趋势。

（2）香蕉形曲线的绘制方法。香蕉形曲线的绘制方法与 S 形曲线的绘制方法基本相同，所不同之处在于，香蕉形曲线是以工作按最早开始时间安排进度和按最迟开始时间安排进度分别绘制的两条 S 形曲线组合而成的。

其绘制步骤如下：

1）以工程项目的网络计划为基础，计算各项工作的最早开始时间和最迟开始时间。

2）确定各项工作在各单位时间的计划完成任务量，分别按以下两种情况考虑：

① 根据各项工作按最早开始时间安排的进度计划，确定各项工作在各单位时间的计划完成任务量。

② 根据各项工作按最迟开始时间安排的进度计划，确定各项工作在各单位时间的计划完成任务量。

3）计算工程项目总任务量，即对所有工作在各单位时间内计划完成的任务量累加求和。

4）分别根据各项工作按最早开始时间、最迟开始时间安排的进度计划，确定工程项目在各单位时间计划完成的任务量，即对各项工作在某一单位时间内计划完成的任务量求和。

5）分别根据各项工作按最早开始时间、最迟开始时间安排的进度计划，确定不同时间累计完成的任务量或任务量的百分比。

6）绘制香蕉形曲线。分别根据各项工作按最早开始时间、最迟开始时间安排的进度计划而确定的累计完成任务量或任务量的百分比描绘各点，并分别连接相应各点得到 ES 曲线和 LS 曲线，由 ES 曲线和 LS 曲线组成香蕉形曲线。

**4. 前锋线比较法**

（1）前锋线比较法的概念。前锋线比较法是一种简单的进行工程实际进度与计划进度的比较方法。它主要适用于时标网络计划。其主要方法是从检查时刻的时标点出发，首先连接与其相邻的工作箭线的实际进度点，由此再去连接该箭线相邻工作箭线的实际进度点。依此类推，将检查时刻正在进行工作的点都依次连接起来，组成一条一般为折线的前锋线。按前锋线与箭线交点的位置判定工程实际进度与计划进度的偏差。简而言之，前锋线法就是通过工程项目实际进度前锋线，比较工程实际进度与计划进度偏差的方法。

（2）前锋线比较法的步骤。采用前锋线比较法进行实际进度与计划进度的比较，其步骤如下：

1）绘制时标网络计划图。工程项目实际进度前锋线在时标网络计划图上标示，为清楚起见，可在时标网络计划图的上方和下方各设一时间坐标。

2）绘制实际进度前锋线。一般从时标网络计划图上方时间坐标的检查日期开始绘制，依次连接相邻工作的实际进展位置点，最后与时标网络计划图下方坐标的检查日期相连接。

工作实际进展位置点的标定方法有以下两种：

① 按该工作已完成任务量的比例进行标定。假设工程项目中的各项工作均匀速进行，根据实际进度检查时刻该工作已完成任务量占其计划完成总任务量的比例，在工作箭线上从左至右按相同的比例标定其实际进展位置点。

② 按尚需作业时间进行标定。当某些工作的持续时间难以按实物工程量来计算而只能凭经验估算时，可以先估算出检查时刻到该工作全部完成尚需作业的时间，然后在该工作箭线上从右向左逆向标定其实际进展位置点。

3）进行实际进度与计划进度的比较。前锋线可以直观地反映出检查日期有关工作实际进度与计划进度之间的关系。对某项工作来说，其实际进度与计划进度之间的关系可能存在以下三种情况：

① 工作实际进展位置点落在检查日期的左侧，表明该工作实际进度拖后，拖后的时间为二者之差。

② 工作实际进展位置点与检查日期重合，表明该工作实际进度与计划进度一致。

③ 工作实际进展位置点落在检查日期的右侧，表明该工作实际进度超前，超前的时间为二者之差。

应当注意的是，以上比较的是匀速进展的工作。对于非匀速进展的工作，其比较方法较为复杂。

4）预测进度偏差对后续工作及总工期的影响。通过实际进度与计划进度的比较确定进度偏差后，还可根据工作的自由时差和总时差预测该进度偏差对后续工作及项目总工期的影响。

5）前锋线比较法的适用范围。前锋线比较法既适用于工作实际进度与计划进度之间的局部比较，又可用来分析和预测工程项目的整体进度状况。

## 【案例7-5】

某分部工程施工网络计划在第四天下班时检查，工作C完成了该工作的工作量，工作D完成了该工作的工作量，工作E已全部完成该工作的工作量，则实际进度前锋线如图7-11上点画线构成的折线。试记录和比较进度情况。

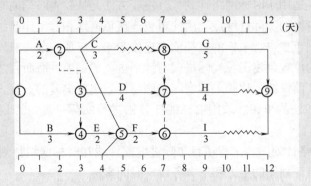

图7-11　网络计划前锋线比较图

**【案例解析】**

通过比较可以看出：

（1）工作 C 实际进度拖后 1 天，其总时差和自由时差均为 2 天，既不影响总工期，也不影响其后续工作的正常进行。

（2）工作 D 实际进度与计划进度相同，对总工期和后续工作均无影响。

（3）工作 E 实际进度提前 1 天，对总工期无影响，将使其后续工作 F、I 的最早开始时间提前 1 天。

综上所述，该检查时刻各工作的实际进度对总工期无影响，将使工作 F、I 的最早开始时间提前 1 天。

### 7.2.5 施工进度计划的调整方法

**1. 缩短某些工作的持续时间**

这种方法不改变工作之间的逻辑关系，而是缩短某些工作的持续时间，使施工进度加快，并保证实现计划工期的方法。这些被压缩持续时间的工作是位于由于实际施工进度的拖延而引起总工期延长的关键线路和某些非关键线路上的工作。这种方法实际上就是网络计划优化中的工期优化方法和工期与费用优化方法。

**2. 改变某些工作之间的逻辑关系**

当工程项目实施中产生的进度偏差影响到总工期，且有关工作的逻辑关系允许改变时可以改变关键线路和超过计划工期的非关键线路上的有关工作之间的逻辑关系，以达到缩短工期的目的。

这种方法通常可在网络图上直接进行，其调整方法一般可分为以下两种情况：

（1）网络计划中某项工作进度拖延的时间在该项工作的总时差范围内和自由时差以外。若用 $\Delta$ 表示此项工作拖延的时间，FF 表示该工作的自由时差，TF 表示该工作的总时差，则有 $FF < \Delta < TF$。此时并不会对总工期产生影响，而只对后续工作产生影响。因此，在进行调整前，需确定后续工作允许拖延的时间限制，并以此作为进度调整的限制条件。当后续工作由多个平行的分包单位负责实施时，后续工作在时间上的拖延可能使合同不能正常履行而使受损的一方提出索赔。因此，应注意寻找合理的调整方案，把对后续工作的影响减小到最低程度。

（2）网络计划中某项工作进度拖延的时间在该项工作的总时差以外，即 $\Delta > TF$。此时，不管该工作是否为关键工作，这种拖延都对后续工作和总工期产生影响。其进度计划的调整方法可分为以下三种情况：

1）项目总工期不允许拖延。这时只能通过缩短关键线路上后续工作的持续时间来保证总工期目标的实现。

2）项目总工期允许拖延。此时可用实际数据代替原始数据，并重新计算网络计划有关参数即可。

3）项目总工期允许拖延的时间有限。此时可以总工期的限制时间作为规定工期，并对还未实施的网络计划进行工期优化，通过压缩网络计划中某些工作持续时间，来使总工期满足规定工期的要求。

**3. 调整资源供应**

对于因资源供应发生异常而引起进度计划执行问题的情况，应采用资源优化方法对计划进行调整，或采取应急措施，使其对工期影响最小。

**4. 增减施工内容**

增减施工内容应做到不打乱原计划的逻辑关系，只对局部逻辑关系进行调整。在增减施工内容以后，应重新计算时间参数，分析对原网络计划的影响。当对工期有影响时，应采取调整措施，以保证计划工期不变。

**5. 增减工程量**

增减工程量主要是指改变施工方案、施工方法，从而导致工程量的增加或减少。

**6. 改变起止时间**

起止时间的改变应在相应的工作时差范围内进行，如延长或缩短工作的持续时间，或将工作在最早开始时间和最迟完成时间范围内移动。每次调整都必须重新计算时间参数，观察该项调整对整个施工计划的影响。

## 7.3　建筑工程质量管理

 **学习目标**

知识目标：熟悉质量、工程项目质量、质量控制的含义；掌握质量控制的主要途径和方法，以及质量事故的处理程序和处理方法。

能力目标：能够准确区分质量、工程项目质量和质量管理的含义，并能够在施工过程中进行质量控制，根据实际发生的质量事故进行科学的处理。

 **重点难点**

重点：区分质量、工程项目质量和质量管理的含义，掌握施工质量检验的主要方式、质量事故的分类及质量事故处理程序。

难点：在施工过程中进行质量控制，根据实际发生的质量事故进行科学的处理。

### 7.3.1　工程项目质量及质量控制的含义

**1. 质量的含义**

质量是指一组固有特性满足要求的程度。

固有是指在某事或某物中本来就有的；特性是指可区分的特征；要求是指明示的、隐含的或必须履行的需求或期望。

质量的主体可以是产品，也可以是某项活动或过程的工作质量，还可以是质量管理体系运行的质量。

**2. 工程项目质量的含义**

工程项目质量是指国家现行的法律、法规、技术标准、设计文件及工程合同中对工程的安全、使用、经济、美观等特性的综合要求。目前的工程项目质量是在合同环境下形成的，包括业主的要求和国家、行业标准及地方标准的有关规定和标准。

**3. 质量控制的含义**

质量控制是质量管理的一部分，致力于满足质量要求。质量控制的目标就是确保项目质量能满足有关方面所提出的质量要求（如适用性、可靠性、安全性等）。质量控制的范围涉及项目质量形成全过程的各个环节。

## 7.3.2 施工质量控制的主要途径和方法

**1. 施工质量检验检查**

（1）施工质量检验的主要方式。

1）自我检验，简称"自检"，即作业组织和作业人员的自我质量检验。

2）相互检验，简称"互检"，即相同工种、相同施工条件的作业组织和作业人员，在实施同一施工任务时相互之间的质量检验。

3）专业检验，简称"专检"，即专职质量管理人员的例行专业查验，也是施工企业质量管理部门对现场施工质量的监督检查方式之一。

4）交接检验，通过施工质量交接检验，可以控制上道工序的质量隐患，也有利于形成层层设防的质量保证链。

（2）施工质量检验的方法。

1）目测法，即用观察、触摸等感观方式所进行的检查。实践中，人们把它归纳为"看、摸、敲、照"的检查操作方法。

2）量测法，即使用测量器具进行具体的量测，获得质量特性数据，分析判断质量状况及其偏差情况的检查方法。实践中，人们把它归纳为"量、靠、吊、套"的检查操作方法。

3）试验法，即利用理化试验或借助专门仪器判断检验对象质量是否符合要求的检查方法。它主要包括理化试验和无损测试或检验。

（3）施工质量检查的方式。

1）日常检查，是指施工管理人员所进行的施工质量经常性检查。

2）跟踪检查，是指设置施工质量控制点，指定专人所进行的相关施工质量跟踪检查。

3）专项检查，是指对某种特定施工方法、特定材料、特定环境等的施工质量或某类质量通病所进行的专项质量检查。

4）综合检查，是指根据施工质量管理的需要或企业职能部门的要求所进行的不定期的或阶段性的全面质量检查。

5）监督检查，是指业主、监理机构、政府质量监督部门的各类例行检查。

（4）施工质量检查的一般内容。

1）检查施工依据，即检查是否严格按质量计划的要求和相关的技术标准进行施工，有无擅自改变施工方法、粗制滥造、降低质量标准的情况。

2）检查施工结果，即检查已完施工的成果是否符合规定的质量标准。

3）检查整改落实，即检查生产组织和人员对质量检查中已被指出的质量问题或需要改进的事项是否认真执行整改。

**2. 施工质量检测试验**

检测试验是施工质量控制的重要手段，也是贯彻执行建设法律法规强制性条文的重要内容。施工质量检测试验必须委托有相应资质的检测机构进行。

常见的施工质量检测试验有：桩基础承载力的静载和动载试验检测；基础及结构物的沉降检测；大体积混凝土施工的温控检测；建筑材料物理力学性能的试验检测；砂浆、混凝土试块的强度检测；供水、供气、供油管道的承压试验检测；涉及结构安全和使用功能的重要分部工程的抽样检测；室内装饰装修的环境和空气质量检测等。

**3. 隐蔽工程施工验收**

隐蔽工程施工验收的要求包括：

（1）隐蔽工程在隐蔽前应由施工单位通知有关单位进行验收，并形成验收文件。

（2）隐蔽工程的施工质量验收应按规定的程序和要求进行。

（3）隐蔽工程验收的范围、内容和合格质量标准，应严格执行国家标准《建筑工程施工质量验收统一标准》（GB 50300—2013）有关检验批、分项分部工程的质量验收标准。

（4）对于基础工程的隐蔽验收，应根据政府工程质量监督部门的质量监督要求，约请监督人员实施全面核查核验，经批准认可后才能隐蔽覆盖，进行后续主体结构工程施工。

**4. 施工技术复核**

施工技术复核是指对用于指导施工或提供施工依据的技术数据、参数、样本等的复查核实工作。其目的在于保证技术基准的正确性。

施工技术复核的要点如下：

（1）施工技术复核必须以施工技术标准、施工规范和设计规定为依据，保证技术基准的正确性。

（2）施工技术复核必须贯彻技术工作责任制度，担任技术复核的人员必须具备相应的技术资格和业务能力。

（3）凡涉及工程施工主要技术基准、影响施工总体质量的技术复核内容，以及按照施工监理细则要求必须报监理工程师核准的技术复核项目，施工单位必须按规定报送，获准后才能作为施工依据。

**5. 施工计量管理**

从工程质量控制的角度来看，施工计量管理主要是指施工现场的投料计量和施工测量、检验的计量管理。它是有效控制工程质量的基础工作，计量失真和失控，不但会造成工程质量隐患，而且也会造成经济损失。

**6. 施工例会和质量控制活动**

施工例会是施工过程中沟通信息、协调关系的常用手段，对解决施工质量、进度、成本、职业健康安全和环境管理目标控制过程中的各种矛盾和问题，具有十分重要的作用。

### 7.3.3 工程质量事故的分类及处理

**1. 工程质量事故的分类**

质量不合格：凡工程产品没有满足某个规定的要求，称为质量不合格；而没有满足某个预期使用要求或合格的期望要求，称为质量缺陷。

质量问题：凡工程质量不合格，必须进行返修、加固或报废处理，由此造成直接经济损失低于 5000 元的，称为质量问题。

质量事故：凡工程质量不合格，必须进行返修、加固或报废处理，由此造成直接经济损失在 5000 元以上的，称为质量事故。

（1）按工程状态分类。

1）在建工程施工质量事故。它是指在施工期间，因某种或几种主观责任过失、客观不可抗力等因素的分别或共同作用而发生的致使工程质量特性不能符合规定标准并造成规定数额以上经济损失，甚至发生在建工程的整体或局部坍塌事件。

2）竣工工程施工质量事故。它是指已经竣工的工程在使用过程中，出现建筑物、构筑物明显倾斜、偏移、结构开裂，安全和使用功能存在重大隐患；或由于质量低劣需要加固补强，致使建筑物外形尺寸改变，造成永久性缺陷。严重时，工程使用过程中出现建筑物整体或局部坍塌、桥梁断裂、隧道渗水、豆腐渣道路等。

（2）按照事故造成损失的严重程度分类。

1）一般质量事故：凡具备下列条件之一者，为一般质量事故。

① 直接经济损失在 5000 元以上（含 5000 元）5 万元以下。

② 影响使用功能或结构安全，造成永久质量缺陷。

2）严重质量事故：凡具备下列条件之一者，为严重质量事故。

① 直接经济损失在 5 万元以上（含 5 万元）10 万元以下。

② 严重影响使用功能或结构安全，存在重大质量隐患。

③ 造成重伤 2 人以下。

3）重大质量事故：凡具备下列条件之一者，为重大质量事故。

① 直接经济损失在 10 万元以上（含 10 万元）500 万元以下。

② 工程倒塌或报废。

③ 造成重伤 3 人以上或人员死亡。

4）特别重大质量事故：凡具备下列条件之一者，为特别重大质量事故。

① 直接经济损失在 500 万元以上。

② 造成死亡 30 人以上。

③ 其他性质特别严重。

（3）按责任原因分类。

1）指导责任事故。例如，施工技术方案未经分析论证，贸然组织施工；材料配方失误；违背施工程序指挥施工等。

2）操作责任事故。例如，工序未执行施工操作规程，无证上岗等。

**2. 施工质量事故的处理程序**

（1）事故报告。施工现场发生质量事故时，施工负责人（项目经理）应按规定的时间和规定的程序及时向企业报告事故状况。报告内容包括：事故发生的工程名称、部位、时间、地点；事故经过及主要状况和后果；事故原因的初步分析判断；现场已采取的控制事态的措施；对企业紧急请求的有关事项等。

（2）现场保护。当施工过程中发生质量事故，尤其是导致土方、结构、施工模板、平台坍塌等安全事故造成人员伤亡时，施工负责人应视事故的具体状况，组织在场人员果断采取应急措施保护现场，救护人员，防止事故扩大；同时，做好现场记录、标识、拍照等，为后续的事故调查保留客观、真实的场景。

（3）事故调查。事故调查是弄清质量事故原因、有效进行技术处理、分清质量事故责任的重要手段。

事故调查包括现场施工管理组织的自查和来自企业的技术、质量管理部门的调查；此外，根据事故的性质，需要接受政府建设行政主管部门、工程质量监督部门以及监察、劳动部门等的调查，现场施工管理组织应积极配合，如实提供情况和资料。

（4）事故处理。事故处理包括两大方面：事故的技术处理，解决施工质量不合格和缺陷问题；事故的责任处罚，根据事故性质、损失大小、情节轻重对责任单位和责任人做出行政处分直至追究刑事责任等不同处罚。

（5）恢复施工。对停工整改、处理质量事故的工程，经过对施工质量的处理过程和处理结果的全面检查验收，并有明确的质量事故处理鉴定意见后，报请工程监理单位批准恢复正常施工。

### 3. 施工质量事故的处理方法

事故处理方法应当正确地分析和判断事故产生的原因。通常可以根据质量问题的情况，确定以下几种不同性质的处理方法：

（1）返工处理，即推倒重来，重新施工或更换零部件，自检合格后重新进行检查验收。

当工程质量未达到规定的标准和要求，存在严重的质量问题，对结构的使用和安全构成重大影响，且又无法通过修补处理的情况下，可对检验批、分项、分部甚至整个工程返工处理。

（2）修补处理，即经过适当的加固补强、修复缺陷，自检合格后重新进行检查验收。

这是最常用的一类处理方案。通常当工程的某个检验批、分项或分部的质量虽未达到规定的规范、标准或设计要求，存在一定缺陷，但通过修补或更换器具、设备后还可达到要求的标准，又不影响使用功能和外观要求的情况下，可以进行修补处理。

（3）让步处理，即对质量不合格的施工结果，经设计人的核验，虽未达到设计的质量标准，但尚不影响结构安全和使用功能，经业主同意后可予验收。

（4）降级处理，如对已完工部位，因轴线、标高引测差错而改变设计平面尺寸，若返工损失严重，在不影响使用功能的前提下，经承发包双方协商验收。

（5）不做处理。某些工程质量问题虽然不符合规定的要求和标准而构成质量事故，但视其严重程度，经过分析、论证、法定检测单位鉴定和设计等有关单位认可，对工程或结构使用及安全影响不大，也可不做专门处理。例如，轻微的施工质量缺陷，如面积小、点数多、程度轻的混凝土蜂窝麻面、露筋等在施工规范允许范围内的缺陷，可通过后续工序进行修复。

（6）报废处理。出现质量事故的工程，通过分析或实践，采取上述处理方法后仍不能满足规定的质量要求或标准，则必须予以报废处理。

【职业技能训练】某服装厂大楼工程为4层框架结构，现浇钢筋混凝土柱、梁，楼面采用预应力圆孔板，砖砌填充墙，钢筋混凝土基础。柱网前面和后面均为 4m × 10.5m，每层层高为 4m，总高度为 16.8m，总长度为 48m，总宽度为 21m，总建筑面积为 4280m²。该工程无正规图样，仅有几张草图，且计算错误，因此，该工程未经审批，未办任何手续，无施工许可证，且施工中粗制滥造。该工程经省、市建设行政主管部门判定为劣质工程，并难以用加固办法确保工程质量和使用安全。

问题：（1）分析该工程质量事故发生的原因。

（2）依据事故的严重程度，工程质量事故分为哪几类？该工程质量事故属于哪一类？依据是什么？

（3）鉴于该工程的劣质程度并难以用加固办法确保工程质量和使用安全，应如何处理？

（4）工程质量事故处理的基本要求是什么？

## 7.4 建筑工程职业健康安全与环境管理

**学习目标**

知识目标：了解建筑工程职业健康安全事故分类及文明施工的要求；掌握安全事故处理程序；熟悉环境保护和文明施工的各项措施。

能力目标：能够判断职业健康安全事故，并按照安全处理程序进行事故处理。

**重点难点**

重点：安全事故处理程序及文明施工与环境保护的各项措施。

难点：按照安全事故处理程序进行事故处理；合理编制环境保护和文明施工的保障措施。

### 7.4.1 建设工程职业健康安全

**1. 职业健康安全**

职业健康安全是指影响工作场所内员工、临时工作人员、合同方人员、访问者和其他人员健康安全的条件和因素。

事故即造成死亡、疾病、伤害、损坏或其他损失的意外情况。职业健康安全事故分两大类，即职业伤害事故与职业病。

**2. 职业伤害事故**

职业伤害事故是指因生产过程及工作原因或与其相关的其他原因造成的伤亡事故。

（1）按照事故发生的原因分类。按照我国《企业职工伤亡事故分类》（GB 6441—1986）

的规定，职业伤害事故分为20类，见表7-7。

表7-7　按事故发生的原因分类的职业伤害事故

| 序　号 | 职业伤害事故 | 序　号 | 职业伤害事故 |
|---|---|---|---|
| 1 | 物体打击 | 11 | 冒顶片帮 |
| 2 | 车辆伤害 | 12 | 透水 |
| 3 | 机械伤害 | 13 | 放炮 |
| 4 | 起重伤害 | 14 | 火药爆炸 |
| 5 | 触电 | 15 | 瓦斯爆炸 |
| 6 | 淹溺 | 16 | 锅炉爆炸 |
| 7 | 灼烫 | 17 | 容器爆炸 |
| 8 | 火灾 | 18 | 其他爆炸 |
| 9 | 高处坠落 | 19 | 中毒和窒息 |
| 10 | 坍塌 | 20 | 其他伤害 |

（2）按事故造成的人员伤亡或者直接经济损失程度分类

1）特别重大事故：是指造成30人以上死亡，或者100人以上重伤（包括急性工业中毒，下同），或者1亿元以上直接经济损失的事故。

2）重大事故：是指造成10人以上30人以下死亡，或者50人以上100人以下重伤，或者5000万元以上1亿元以下直接经济损失的事故。

3）较大事故：是指造成3人以上10人以下死亡，或者10人以上50人以下重伤，或者1000万元以上5000万元以下直接经济损失的事故。

4）一般事故：是指造成3人以下死亡，或者10人以下重伤，或者1000万元以下直接经济损失的事故。

注：以上所称的"以上"包括本数，所称的"以下"不包括本数。

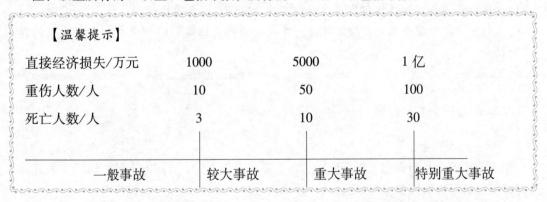

【温馨提示】

| 直接经济损失/万元 | 1000 | 5000 | 1亿 |
| 重伤人数/人 | 10 | 50 | 100 |
| 死亡人数/人 | 3 | 10 | 30 |

一般事故　　较大事故　　重大事故　　特别重大事故

### 7.4.2　建设工程职业健康安全事故的处理

#### 1. 安全事故的处理原则

安全事故应遵循"四不放过"的处理原则，即事故原因不清楚不放过；事故责任者和员工没有受到教育不放过；事故责任者没有处理不放过；没有制定防范措施不放过。

**2. 安全事故的处理程序**

（1）迅速抢救伤员并保护好事故现场。事故发生后，现场人员不要惊慌失措，要有组织、听指挥，首先抢救伤员和排除险情，制止事故蔓延扩大。同时，为了事故调查分析需要，应该保护好事故现场。确因抢救伤员和排险而必须移动现场物品时，应做出标识，并且要求各种物件的位置、颜色、形状及其物理、化学性质等尽可能保持事故结束时的原来状态，必须采取一切可能的措施防止人为或自然因素的破坏。

（2）组织调查组。接到事故报告后，单位领导应立即赶赴现场组织抢救，并迅速组织调查组开展调查。轻伤、重伤事故由企业负责人或其指定人员组织生产、技术、安全等部门及工会组成事故调查组进行调查；死亡事故由企业主管部门会同企业所在地区的行政安全部门、公安部门、工会组成事故调查组进行调查；重大死亡事故按照企业的隶属关系，由省、自治区、直辖市企业主管部门或者国务院有关主管部门会同同级行政安全管理部门、公安部门、监察部门、工会组成事故调查组进行调查。死亡和重大死亡事故调查组应邀请人民检察院参加，还可邀请有关专业技术人员参加。与发生事故有直接利害关系的人员不得参加调查组。

（3）现场勘察。现场勘察是技术性很强的工作，涉及广泛的科技知识和实践经验，对事故的现场勘察必须及时、全面、准确、客观。

（4）分析事故原因。通过全面的调查来查明事故经过，弄清造成事故的原因，包括人、物、生产管理和技术管理等方面的问题，经过认真、客观、全面、细致、准确的分析，确定事故的性质和责任。

事故分析步骤：首先整理和仔细阅读调查材料，按《企业职工伤亡事故分类》（GB 6441—1986）附录 A 中规定的受伤部位、受伤性质、起因物、致害物、伤害方法、不安全状态和不安全行为七项内容进行分析，确定直接原因、间接原因和事故责任者。

分析事故原因时，应根据调查所确认事实，从直接原因入手逐步深入到间接原因。

（5）事故性质。

1）责任事故。它是因人的过失而造成的事故。

2）非责任事故。它是因人们不能预见的自然条件变化或不可抗力所造成的事故；或是在技术改造、发明创造、科学试验活动中，由于科学技术条件的限制而发生的无法预料的事故。但是，能够预见并可以采取措施加以避免的伤亡事故或没有经过认真研究解决技术问题而造成的事故，不能包括在内。

3）破坏性事故。它是为达到既定目的而故意制造的事故。对已确定为破坏性事故的，应由公安机关认真追查破案，依法处理。

（6）制定预防措施。根据对事故原因的分析，制定防止类似事故再次发生的预防措施；同时，根据事故后果和事故责任者应负的责任，提出处理意见。对重大未遂事故不可掉以轻心，也应认真按上述要求查找原因，分清责任，严肃处理。

（7）写出调查报告。调查组应着重把事故发生的经过、原因，责任分析，处理意见，以及本次事故的教训和改进工作的建议等写成报告，经调查组全体人员签字后报批。如果调查组内部意见有分歧，则应在弄清事实的基础上，对照法律、法规进行研究，统一认识；对于个别同志仍持有的不同意见允许保留，并令其在签字时写明自己的意见。

（8）事故审理和结案。

1）事故调查处理结论应经有关机关审批后方可结案。伤亡事故处理工作应当在 90 天内结案，特殊情况不得超过180天。

2）事故案件的审批权限同企业的隶属关系及人事管理权限一致。

3）对事故责任者的处理应根据其情节轻重和损失大小来判断。

4）事故调查处理的文件、图样、照片、资料等记录应妥善地保存起来。

（9）员工伤亡事故登记。

1）员工重伤、死亡事故调查报告书，现场勘察资料（记录、图样、照片等）。

2）技术鉴定和试验资料。

3）物证、人证调查材料。

4）医疗部门对伤亡者的诊断结论及影印件。

5）事故调查组人员的姓名、职务并应逐个签字。

6）企业或其主管部门对该事故所做的结案报告。

7）受处理人员的检查材料。

8）有关部门对事故的结案批复等。

**3. 工伤认定**

（1）国务院颁布的《工伤保险条例》划定了工伤的认定原则。职工有下列情形之一的，应当认定为工伤：

1）在工作时间和工作场所内，因工作原因受到事故伤害的。

2）工作时间前后在工作场所内，从事与工作有关的预备性或者收尾性工作受到事故伤害的。

3）在工作时间和工作场所内，因履行工作职责受到暴力等意外伤害的。

4）患职业病的。

5）因工外出期间，由于工作原因受到伤害或者发生事故下落不明的。

6）在上下班途中，受到非本人主要责任的交通事故或者城市轨道交通、客运轮渡、火车事故伤害的。

7）法律、行政法规规定应当认定为工伤的其他情形。

（2）职工有下列情形之一的，视同工伤：

1）在工作时间和工作岗位，突发疾病死亡或者在48小时之内经抢救无效死亡的。

2）在抢险救灾等维护国家利益、公共利益活动中受到伤害的。

3）职工原在军队服役，因战、因公负伤致残，已取得革命伤残军人证，到用人单位后旧伤复发的。

（3）职工有下列情形之一的，不得认定为工伤或者视同工伤：

1）故意犯罪的。

2）醉酒或者吸毒的。

3）自残或者自杀的。

**4. 职业病的处理**

（1）职业病报告。职业病报告实行以地方为主、逐级上报的办法。地方各级卫生行政部门指定相应的职业病防治机构或卫生防疫机构负责职业病统计和报告工作。

一切企业、事业单位发生的职业病，都应按规定要求向当地卫生监督机构报告，由卫生监督机构统一汇总上报。

（2）职业病处理。

1）职工被确诊患有职业病后，其所在单位应根据职业病诊断机构的意见，安排其医治或疗养。

2）在医治或疗养后被确认不宜继续从事原有害作业或工作的，应自确认之日起的两个月内将其调离原工作岗位，另行安排工作；对于因工作需要暂不能调离的生产、工作的技术骨干，调离期限最长不得超过半年。

3）患有职业病的职工变动工作单位时，其职业病待遇应由原单位负责或两个单位协调处理，双方商妥后方可办理调转手续，并将其健康档案、职业病诊断证明及职业病处理情况等材料全部移交新单位。调出、调入单位都应将情况报告所在地的劳动卫生职业病防治机构备案。

4）职工到新单位后，新发生的职业病不论与现工作有无关系，其职业病待遇由新单位负责。劳动合同制工人、临时工终止或解除劳动合同后，在待业期间新发现的职业病，与上一个劳动合同期工作有关时，其职业病待遇由原终止或解除劳动合同的单位负责。如原单位已与其他单位合并，由合并后的单位负责；如原单位已撤销，应由原单位的上级主管机关负责。

### 7.4.3　文明施工的要求

#### 1. 文明施工的内容和意义

文明施工是指保持施工现场良好的作业环境、卫生环境和工作秩序。

（1）文明施工的内容。主要包括：规范施工现场的场容，保持作业环境的整洁卫生；科学组织施工，使生产有序进行；减少施工对周围居民和环境的影响；遵守施工现场文明施工的规定和要求，保证职工的安全和身体健康。

（2）文明施工的重要意义。主要体现在：

1）文明施工能促进企业综合管理水平的提高。

2）文明施工适应现代化施工的客观要求。

3）文明施工能塑造企业的良好形象。

4）文明施工有利于员工的身心健康，有利于培养和提高施工队伍的整体素质。

#### 2. 文明施工的管理组织和管理制度

（1）管理组织。施工现场应成立以项目经理为第一责任人的文明施工管理组织。分包单位应服从总包单位的文明施工管理组织的统一管理，并接受监督检查。

（2）管理制度。各项施工现场管理制度应有文明施工的规定，包括个人岗位责任制、经济责任制、安全检查制度、持证上岗制度、奖惩制度、竞赛制度和各项专业管理制度等。

（3）文明施工的检查。加强和落实现场文明施工的检查、考核及奖惩管理，以促进文明施工管理工作。检查范围和内容应全面周到，包括生产区、生活区、场容场貌、周边环境及制度落实等内容，检查中发现问题应采取整改措施。

#### 3. 保存文明施工的文件和资料

（1）上级关于文明施工的标准、规定、法律、法规等。

（2）施工组织设计（方案）中对文明施工的管理规定，各阶段施工现场文明施工的措施。

（3）文明施工自检资料。

（4）文明施工教育、培训、考核计划的资料。

（5）文明施工活动的各项记录资料。

**4. 现场文明施工的基本要求**

（1）施工现场必须设置明显的标牌，标明工程项目名称、建设单位、设计单位、施工单位、项目经理和施工现场总代表人的姓名、开工和竣工日期、施工许可证批准文号等。施工单位负责现场标牌的保护工作。

（2）施工现场的管理人员应佩戴证明其身份的证卡。

（3）应当按照施工总平面布置图设置各项临时设施。现场堆放的大宗材料、成品、半成品和机具设备不得侵占场内道路及安全防护等设施。

（4）施工现场的用电线路、用电设施的安装和使用必须符合安装规范和安全操作规程，并按照施工组织设计进行架设，严禁任意拉线接电。

（5）施工机械应当按照施工总平面布置图规定的位置和线路设置，不得任意侵占场内道路。

（6）应保证施工现场道路畅通，排水系统处于良好的使用状态；保持场容场貌的整洁，随时清理建筑垃圾。

（7）施工现场的各种安全设施和劳动保护器具必须定期检查和维护，及时消除隐患，保证其安全有效。

（8）施工现场应当设置各类必要的职工生活设施，并符合卫生、通风、照明等要求。

（9）应当做好施工现场安全保卫工作，采取必要的防盗措施，在现场周边设立围护设施。

（10）应当严格依照《中华人民共和国消防条例》的规定，在施工现场建立和执行防火管理制度，设置符合消防要求的消防设施，并保持完好的备用状态。在容易发生火灾的地区施工，或者储存、使用易燃易爆器材时，应当采取特殊的消防安全措施。

（11）施工现场发生的工程建设重大事故的处理，依照《生产安全事故报告和调查处理条例》执行。

## 7.4.4 施工现场环境保护的措施

施工现场环境保护是按照法律、法规、各级主管部门和企业的要求，保护和改善作业现场的环境，控制现场的各种粉尘、废水、废气、固体废弃物、噪声、振动等对环境的污染和危害。环境保护也是文明施工的重要内容之一。

**1. 大气污染的防治**

（1）大气污染物的类型。

1）气体状态污染物，如二氧化硫、氮氧化物、一氧化碳、苯、苯酚、汽油等。

2）粒子状态污染物，包括降尘和飘尘。其中，飘尘又称为可吸入颗粒物，易随呼吸进入人体肺脏，危害人体健康。

工程施工工地对大气产生的主要污染物有锅炉、熔化炉、厨房烧煤产生的烟尘，建材破碎、筛分、碾磨、加料过程、装卸运输过程产生的粉尘，施工动力机械尾气排放等。

（2）施工现场空气污染的防治措施。

1）严格控制施工现场和施工运输过程中的降尘和飘尘对周围大气的污染，可采用清扫、洒水、遮盖、密封等措施降低污染。

2）严格控制有毒有害气体的产生和排放，如禁止随意焚烧油毡、橡胶、塑料、皮革、树叶、枯草、各种包装物等废弃物品，尽量不使用有毒有害的涂料等化学物质。

3）所有机动车的尾气排放应符合国家现行标准。

**2. 水污染的防治**

（1）水体的主要污染源和污染物。

1）水体污染源，包括工业污染源、生活污染源、农业污染源等。

2）水体的主要污染物，包括各种有机和无机有毒物质以及热温等。其中，有毒有机物质包括挥发酚、有机氯农药、多氯联苯等；有毒无机物质包括汞、镉、铬、铅等重金属以及氰化物等。

施工现场废水和固体废物随水流流入水体部分，包括泥浆、水泥、油漆、各种油类、混凝土添加剂、有机溶剂、重金属、酸碱盐等。

（2）防止水体污染的措施。

1）控制污水的排放。

2）改革施工工艺，减少污水的产生。

3）综合利用废水。

**3. 建设工程施工现场的噪声控制**

（1）噪声的分类。噪声按照振动性质可分为气体动力噪声、机械噪声、电磁性噪声；噪声按来源可分为交通噪声（如汽车、火车等）、工业噪声（如鼓风机、汽轮机等）、建筑施工噪声（如打桩机、混凝土搅拌机等）、社会生活噪声（如高音喇叭、收音机等）。

（2）施工现场噪声的控制措施。噪声控制措施可从声源、传播途径、接收者防护等方面来考虑。其中，从声源上降低噪声是防止噪声污染的最根本的措施。

1）从声源上控制噪声的具体做法包括：

① 尽量采用低噪声设备和工艺代替高噪声设备与工艺，如采用低噪声振捣器、风机、电动空压机、电锯等。

② 在声源处安装消声器消声，即在通风机、鼓风机、压缩机、燃气机、内燃机及各类排气放空装置等进出风管的适当位置设置消声器。

③ 严格控制人为噪声。

2）从传播途径上控制噪声的方法主要包括：

① 吸声。利用吸声材料（大多由多孔材料制成）或由吸声结构形成的共振结构（金属或木质薄板钻孔制成的空腔体）吸收声能，降低噪声。

② 隔声。应用隔声结构阻碍噪声向空间传播，将接收者与噪声声源分隔。

③ 消声。利用消声器阻止噪声传播。允许气流通过的消声降噪装置是防治空气动力性噪声（如空气压缩机、内燃机产生的噪声等）的主要装置。

④ 减振降噪。对由振动引起的噪声，可通过降低机械振动减小噪声，如将阻尼材料涂在振动源上，或改变振动源与其他刚性结构的连接方式等。

3）从接收者防护方面控制噪声的方法是：让处于噪声环境下的人员使用耳塞、耳罩等防护用品，减少相关人员在噪声环境中的暴露时间，以减轻噪声对人体的危害。

（3）施工现场噪声限值。在人口稠密区进行强噪声作业时，要严格控制作业时间，一般在晚 10 点到次日早 6 点之间停止强噪声作业。建筑施工现场噪声限值见表 7-8。

表 7-8　建筑施工现场噪声限值

| 施 工 阶 段 | 主要噪声源 | 噪声限值/dB | |
| --- | --- | --- | --- |
| | | 白　天 | 夜　间 |
| 土石方 | 推土机、挖掘机、装载机 | 75 | 55 |
| 打　桩 | 各种打桩机械 | 85 | 禁止施工 |
| 结　构 | 混凝土搅拌机振捣棒、电锯 | 70 | 55 |
| 装　修 | 吊车、升降机等 | 65 | 55 |

**4. 建设工程施工现场的固体废物处理**

固体废物是指生产、建设、日常生活和其他活动中产生的固态、半固态废弃物质。

施工工地上常见的固体废物包括建筑渣土，废弃的散装建筑材料，生活垃圾，设备、材料等的包装材料，粪便等。

固体废物处理的基本思路是采取资源化、减量化和无害化的处理，对固体废物进行综合利用，建立固体废物回收体系。

固体废物的主要处理和处置方法有：

（1）物理处理：压实浓缩、破碎、分选、脱水干燥等。

（2）化学处理：氧化还原、中和、化学浸出等。

（3）生物处理：好氧处理、厌氧处理。

（4）热处理：焚烧、热解、烘烧、烧结等。

（5）固化处理：水泥固化法、沥青固化法等。

（6）回收利用：回收利用和集中处理等资源化、减量化方法。

（7）处置：填埋、焚烧、贮留池贮存等。

【职业技能训练】某公司承接了小区 7 号楼的施工任务。2007 年 8 月 16 日，电焊工张某在工地 9 层楼梯间进行配电箱避雷跨接作业。电焊机原来放在 11 层，他本应从楼内将电焊机移到 9 层或从内拉线进行作业，但张某图省事，欲将电焊机从 11 层通廊外扔向 8 层通廊，结果焊把线落到了 8 层通廊顶槽内；王某从 9 层窗口去够焊把线，因重心失稳，不幸从 9 层窗口坠到首层采光井顶板上，坠落高度 20m，当场死亡。

经调查，电焊工张某是刚刚从农村来此工作不久的农民，虽然经过了培训，考核合格，但还未拿到特种作业上岗证。该项目安全管理工作涣散，制度执行不力，缺乏对职工进行安全生产有关法律、法规知识的培训教育，造成施工人员在法律知识和安全意识上淡漠、违章、冒险、蛮干。

问题：（1）分析造成这起事故的原因。

（2）分部工程安全技术交底的要求和主要内容是什么？

（3）简述建立安全管理体系的要求。

# 参 考 文 献

[1]　翟丽旻，姚玉娟. 建筑施工组织与管理[M]. 北京：北京大学出版社，2009.

[2]　余群舟，刘元珍. 建筑工程施工组织与管理[M]. 北京：北京大学出版社，2006.

[3]　李红立. 建筑工程施工组织编制与实施[M]. 天津：天津大学出版社，2010.

[4]　茹望民. 建筑施工组织[M]. 武汉：武汉理工大学出版社，2011.

[5]　黄文明，张国富. 建筑施工组织[M]. 合肥：合肥工业大学出版社，2010.

[6]　林孟洁，彭仁娥，刘孟良. 建筑施工组织[M]. 长沙：中南大学出版社，2013.

[7]　牟培超. 建筑工程施工组织与项目管理[M]. 上海：同济大学出版社，2011.

[8]　中国建设监理协会. 建设工程进度控制[M]. 北京：中国建筑工业出版社，2008.

[9]　汪绯，张云英. 建筑施工组织[M]. 北京：化学工业出版社，2002.

[10]　全国一级建造师执业资格考试用书编写委员会. 建设工程项目管理[M]. 北京：中国建筑工业出版社，2007.

[11]　丁士昭. 工程项目管理[M]. 北京：中国建筑工业出版社，2006.

[12]　危道军. 建筑施工组织[M]. 北京：中国建筑工业出版社，2004.

[13]　张新华，范建洲. 建筑施工组织[M]. 北京：中国水利水电出版社，2008.

[14]　丛培经. 工程项目管理[M]. 北京：中国建筑工业出版社，2006.

[15]　危道军. 工程项目管理[M]. 武汉：武汉理工大学出版社，2014.